"十四五"高等职业教育计算机类新形态一体化系列教材

虚拟化技术及应用

千锋教育◎编著

中国铁道出版社有限公司
CHINA RAILWAY PUBLISHING HOUSE CO., LTD.

内 容 简 介

本书针对高等职业教育计算机类专业要求，较为全面地介绍了目前主流的虚拟化技术，主要使用 VMware Workstation、VMware ESXi 与 VMware vSphere 等虚拟化产品进行网络、存储、虚拟机等资源管理。全书共 9 个项目，引入企业项目案例，针对重要知识点，将理论与技能深度融合，促进隐性知识与显性知识的相互转化。本书涵盖了虚拟化平台的安装部署、网络的规划、存储的加载、虚拟机迁移等操作实践，内容全面翔实，图文并茂，简明易学，逻辑清晰，可操作性强。

本书适合作为高等职业教育计算机类专业的教材，也可作为高校学生参加计算机电子技能大赛的培训用书。

图书在版编目（CIP）数据

虚拟化技术及应用 / 千锋教育编著 . —北京：中国铁道出版社有限公司，2023. 8

“十四五”高等职业教育计算机类新形态一体化系列教材

ISBN 978-7-113-30351-8

Ⅰ. ①虚…　Ⅱ. ①千…　Ⅲ. ①虚拟处理机 - 高等职业教育 - 教材　Ⅳ. ① TP338

中国国家版本馆 CIP 数据核字（2023）第 120532 号

书　　名：虚拟化技术及应用
作　　者：千锋教育

策　　划：祁　云　　　　**编辑部电话：**（010）63551006
责任编辑：祁　云　李学敏
封面设计：尚明龙
责任校对：安海燕
责任印制：樊启鹏

出版发行：中国铁道出版社有限公司（100054，北京市西城区右安门西街 8 号）
网　　址：http://www.tdpress.com/51eds/
印　　刷：河北宝昌佳彩印刷有限公司
版　　次：2023 年 8 月第 1 版　2023 年 8 月第 1 次印刷
开　　本：850 mm×1 168 mm　1/16　**印张：**13.5　**字数：**366 千
书　　号：ISBN 978-7-113-30351-8
定　　价：42.00 元

序

党的二十大报告指出："加强企业主导的产学研深度融合，强化目标导向，提高科技成果转化和产业化水平。强化企业科技创新主体地位，发挥科技型骨干企业引领支撑作用，营造有利于科技型中小微企业成长的良好环境，推动创新链产业链资金链人才链深度融合。"报告中使用了"强化企业科技创新主体地位"的全新表达，特别强调要"加强企业主导的产学研深度融合"。

为了更好地贯彻落实党的二十大精神，北京千锋互联科技有限公司和中国铁道出版社有限公司联合组织开发了"'十四五'高等职业教育计算机类新形态一体化系列教材"。本系列教材编写思路：通过践行产教融合、科教融汇，紧扣产业升级和数字化改造，满足技术技能人才需求变化。本系列教材力争体现如下特色：

1.教材特设置探索性实践性项目

编者面对IT技术日新月异的发展环境，不断探索新的应用场景和技术方向，紧随当下新产业、新技术和新职业发展，并将其融合到高职人才培养方案和教材中。本系列教材注重理论与实践相融合，坚持科学性、先进性、生动性相统一，结构严谨、逻辑性强、体系完备。

本系列教材特设置探索性科学实践项目，以充分调动学生学习积极性和主动性，激发学生学习兴趣和潜能，增强学生创新创造能力。

2.立体化教学服务

（1）高校服务

千锋教育旗下的锋云智慧提供从教材、实训教辅、师资培训、赛事合作、实习实训，到精品特色课建设、实验室建设、专业共建、产业学院共建等多维度、全方位服务的产教融合模式，致力于融合创新、产学合作、职业教育改革，助力加快构建现代职业化教育体系，培养更多高素质技术技能人才。

锋云智慧实训教辅平台是基于教材专为中国高校打造的开放式实训教辅平台，为高校提供高效的数字化新形态教学全场景、全流程的教学活动支撑。平台由教师端、学生端构成，教师可利用平台中的教学资源和教学工具，构建高质量的教案和高效教辅流程。教师端和学生端可以实现课程预习、在线作业、在线实训、在线考试等教学环节和学习行为，以及结果分析统计，提升教学效果，延伸课程管理，推进“三全育人”教改模式。扫下方二维码 即可体验该平台。

（2）教师服务

教师服务群（QQ群号：713880027）是由本系列教材编者建立的，专门为教师提供教学服务，分享教学经验、案例资源，答疑解惑，进行师资培训等。

锋云智慧公众号

（3）大学生服务

“千问千知”是一个有问必答的IT学习平台，平台上的专业答疑辅导老师承诺在工作日的24小时内答复读者学习时遇到的专业问题。本系列教材配套学习资源可通过添加QQ号2133320438或扫下方二维码索取。

千锋教育是一家拥有核心教研能力以及校企合作能力的职业教育培训企业，2011年成立于北京，秉承“初心至善，匠心育人”的企业文化，以坚持面授的泛IT职业教育培训为根基。公司现有教育培训、高校服务、企业服务三大业务板块。教育培训分为大学生职业技能培训和职后技能培训；高校服务主要提供校企合作全解决方案与定制服务。

千问千知公众号

本系列教材编写理念前瞻、特色鲜明、资源丰富，是值得关注的一套好教材。我们希望本系列教材能实现促进技能人才培养质量大幅提升的初衷，为高等职业教育的高质量发展起到推动作用。

千锋教育

2023年6月

前　言

教育、科技、人才是全面建设社会主义现代化国家的基础性和战略性支持。在此前提下，社会生产力变革对IT行业从业者提出了新的要求，以适应中国式现代化的高速发展。从业者不仅要具备专业技术能力、业务实践能力，更要具备健全的职业素质，复合型技术技能人才更受企业青睐。为深入实施科教兴国战略、人才强国战略、创新驱动发展战略，高等职业教育教材也应紧随新一代信息技术和新职业要求的变化并及时更新。

虚拟化技术是一项将物理资源虚拟化的技术，能够更加合理地利用计算资源，避免资源浪费。随着虚拟化技术的成熟，在互联网领域的应用也越来越多，逐渐成为互联网企业常用的技术之一。

本书针对高等职业教育计算机类专业要求，倡导"快乐学习，实战就业"，在语言描述上力求准确、通俗易懂；引入企业项目案例，针对重要知识点，精心挑选案例，将理论与技能深度融合，促进隐性知识与显性知识的相互转化；从动手实践的角度，帮助读者逐步掌握前沿技术，为高质量就业赋能。

本书在编写上采用循序渐进的方式，内容精炼且全面。在阐述中尽量避免使用专业晦涩的术语，从软件对环境的实际需求入手，将理论知识与实际应用相结合，促进学习和成长，快速积累虚拟化业务维护与管理经验，从而在职场中拥有较高起点。

本书内容如下：

项目一，主要论述VMware Workstation、虚拟机、操作系统的安装，以及虚拟机配置方式。

项目二，主要论述在VMware Workstation中安装、配置、管理ESXi虚拟机平台。

项目三，主要论述VMware vCenter Server的安装与配置，以及通过VMware vCenter Server管理主机与虚拟机。

项目四，主要论述vSphere网络的概念，以及通过vSphere标准交换机配置网络连接。

项目五，主要论述vSphere存储的相关知识点，以及通过Openfiler搭建配置iSCSI存储服务器。

项目六，主要论述虚拟机迁移相关概念，以及vMotion与storage vMotion迁移的原理与条件。

项目七，主要论述资源管理的相关知识，包括资源管理的组成、资源分配设置、CPU虚拟化知识、内存虚拟化知识、资源池、集群等。

项目八，主要论述vSphere高可用的相关知识，包括vSphere高可用基本方案、Fault Tolerance和vCenter High Availability。

项目九，实训项目，通过实训进一步加强读者对VMware虚拟化技术的掌握。

通过对本书的系统学习，读者能够快速掌握当今主流的VMware虚拟化技术，并根据实际项目需求部署安全可靠的虚拟化环境。

本书的编写和整理工作由北京千锋互联科技有限公司高教产品部完成，其中主要的参与人员有王雅琦、李伟、邢梦华等。除此之外，千锋教育的500多名学员参与了本书的试读工作，他们站在初学者的角度对本书提出了许多宝贵的修改意见，在此一并表示衷心的感谢。

在本书的编写过程中，虽然力求完美，但难免有一些不足之处，欢迎各界专家和读者朋友们提出宝贵的意见，联系方式：textbook@1000phone.com。

千锋教育

2023年7月

目　录

项目一

搭建使用 VMware Workstation

◎了解虚拟机和 VMware Workstation。

◎掌握 VMware Workstation、虚拟机及操作系统的安装。

◎掌握 VMware Workstation 的使用。

虚拟机跟物理机一样都是运行操作系统和应用程序的计算机，从某种意义上说，虚拟机也是一台物理机，它们都拥有相同的硬件资源，只不过虚拟机的硬件资源为虚拟资源。虚拟机由主机的物理资源提供支持，因此需要将虚拟机安装到一种模拟主机物理资源的软件上，本章选用VMware Workstation软件为大家介绍虚拟机的安装及使用。

项目准备

云计算是一种新型的业务交付模式，同时也是新型的IT基础设施管理方法。通过新型的业务交付模式，将处于底层的硬件、软件、网络资源等进行优化，并以业务的形式提供给用户。在将底层硬件优化的过程中，通常需要使用虚拟化技术，将硬件资源整合为可自由分配的虚拟资源，由此诞生了一系列虚拟化产品。VMware Workstation作为当前主流的虚拟化产品之一，其功能齐全，能够帮助用户快速、便捷地创建、管理虚拟机。学习本章后读者能够在任意一台服务器上创建、运行多个操作系统，为不同的业务服务提供服务载体。VMware Workstation窗口如图1.1所示。

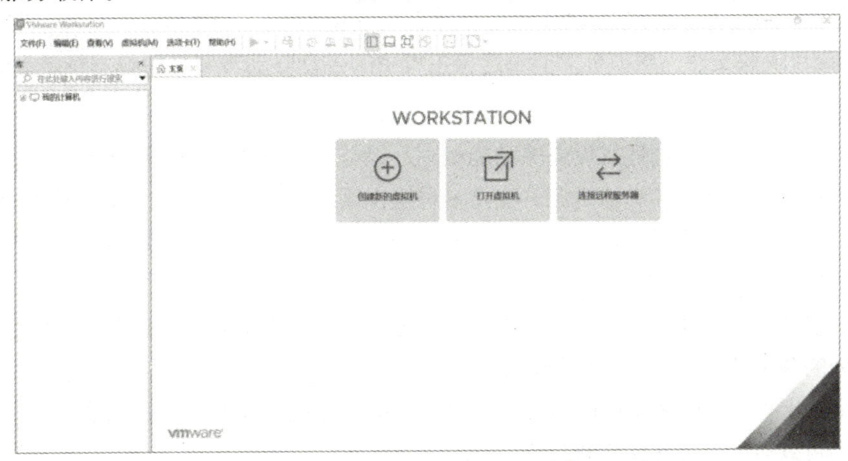

图 1.1　VMware Workstation 窗口

本项目选用功能强大的VMware Workstation作为虚拟化部署软件，选用Linux发行版中的CentOS 7作为虚拟机操作系统。接下来对VMware Workstation以及虚拟机进行详细介绍。

1. VMware Workstation 简介

VMware Workstation（中文名“威睿工作站”）是一款功能强大的桌面虚拟计算机软件，为用户提供了在单一桌面上同时运行不同操作系统的平台，用户可在此基础上开发、测试、部署新的应用程序。VMware Workstation能够在一台主机上模拟用户所需的网络环境与操作便捷的虚拟主机，其优越的灵活性与先进的技术，使其更优于市面上其他大部分虚拟计算机软件。

安装VMware Workstation的物理机称为主机，主机上的操作系统称为主机操作系统，VMware Workstation的安装对主机及其操作系统有一定要求。接下来讲解在主机上安装VMware Workstation的各项要求。

（1）处理器要求

除2010年Westmere微架构的Intel处理器外，2010年之前的处理器均不支持VMware Workstation。

有三种系统不能安装VMware Workstation，分别是2011年Bonnell微架构的Intel Atom处理器、2012年Saltwell微架构的Intel Atom处理器以及Llano和Bobcat微架构的AMD处理器。2012年发布的CPU处理器基本都支持VMware Workstation。

如果虚拟机需要运行64位的操作系统，则主机的处理器系统必须使用这两种系统的其中一个，具有AMD-V支持的AMD CP和具有VT-x支持的Intel CPU。

（2）操作系统要求

可在主机操作系统为Windows或Linux的主机上安装VMware Workstation。

（3）内存容量要求

主机的内存容量需要满足主机操作系统、主机应用、虚拟机软件、虚拟机、虚拟机应用以及虚拟机操作系统的运行，要求主机的内存容量最少为2 GB，但是官方建议为4 GB及以上，若运行的虚拟机操作系统为图形化界面时，则主机内存容量最少为3 GB。

（4）显示要求

主机的显示适配器必须为16位或32位，建议使用Windows 10以上版本。

（5）磁盘驱动器要求

主机需支持IDE、SATA、SCSI和NVMe硬盘驱动器，应最少具有1.5 GB可用磁盘空间，为虚拟机分配磁盘时最少分配1 GB。CD-ROM和DVD光盘驱动器要支持IDE、SATA和SCSI光驱，CD-ROM和DVD驱动器以及ISO磁盘映像文件，虚拟机需能够连接主机中的磁盘驱动器并且能够支持磁盘映像文件。

2. 虚拟机简介

虚拟机虚拟设备的功能与物理机设备的功能相同，但是虚拟设备的可移植性更强、安全性更高且易于管理。虚拟机拥有操作系统和虚拟资源，支持多种操作系统，如Windows、CentOS和Ubuntu等。操作系统无法识别它的宿主机是物理机还是虚拟机，对于操作系统及运行在操作系统上的软件来说，虚拟机与物理机都是一样的。

虚拟机内有多个组成文件，主要包括日志文件、配置文件、虚拟磁盘文件和快照信息存储文件。接下来对虚拟机内的各个类型的文件做详细介绍。

- .log文件：此类型文件是虚拟机的日志文件，包括了虚拟机软件对虚拟机的操作信息，如果虚拟机出现故障，则可以通过日志文件诊断故障。

● .vmx文件：此类型文件是虚拟机的配置文件，包括了虚拟机的所有配置信息与硬件信息，用户对虚拟机的所有操作，都会以文本的形式存储到配置文件中。

● .vmdk文件：此类型文件是虚拟机的磁盘文件，包括了虚拟机磁盘驱动器中的信息。虚拟机可以由一个或多个虚拟磁盘文件构成。新建虚拟机时，如果将虚拟磁盘文件指定为一个单独文件，则虚拟机内只有一个.vmdk文件。

● .vmsd和.vmsn文件：这两种类型文件是存储快照相关信息的文件，前者存储快照的信息和元数据，后者存储快照的状态信息。

虚拟机通常包括操作系统、虚拟硬件设备，用户可以像管理物理机组件一样管理虚拟机的组件。接下来详细介绍虚拟机的组件。

（1）操作系统

在虚拟机上安装操作系统的方法与在物理机上安装系统的方法一致，但是在安装系统前需要从系统供应商那里获取CD/DVD-ROM或ISO映像。虚拟机支持多种操作系统，虚拟机与虚拟机之间处于隔离状态，这就实现了在一台主机上同时运行多个操作系统且系统之间互不干扰。

（2）硬件设备

与物理机一样，虚拟机也拥有CPU、内存和磁盘资源。一个CPU运行在一个物理核心上，如果虚拟机上运行的应用占据大量CPU，则可以配置多个CPU。虚拟机的内存资源是有限的，因为虚拟机与主机共用内存，所以给虚拟机分配内存容量时需要考虑为主机的运行预留足够内存容量。磁盘性能往往会影响虚拟机的I/O负载，要合理规划阵列磁盘数量以及运行在磁盘上的虚拟机数量。

任务一　安装配置 VMware Workstation

本任务主要是让读者掌握如何安装VMware Workstation。

1. 安装

进入VMware Workstation官方网站产品下载页面，单击“Workstation for Windows”下方的“立即下载”下载安装包，如图1.2所示。

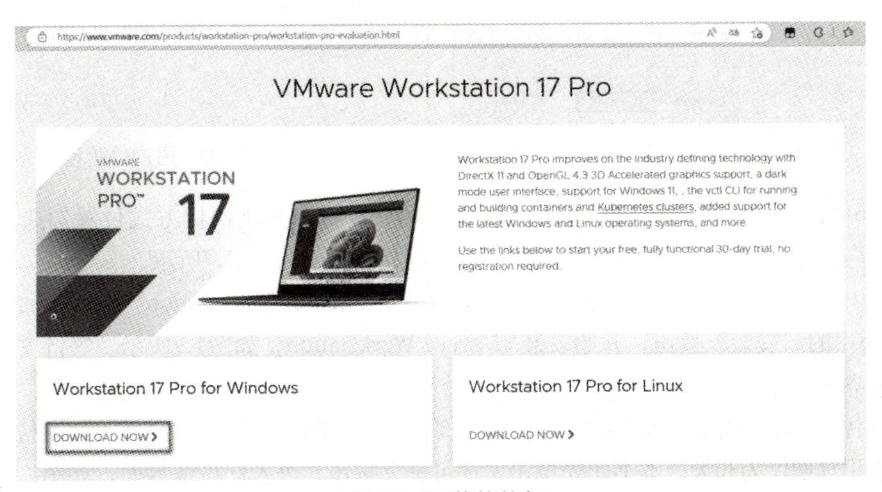

图 1.2　下载软件包

下载完成后双击安装包进入Workstation安装界面，如图1.3所示。单击图1.3中的“下一步”按钮，进入“最终用户许可协议”窗口，如图1.4所示。

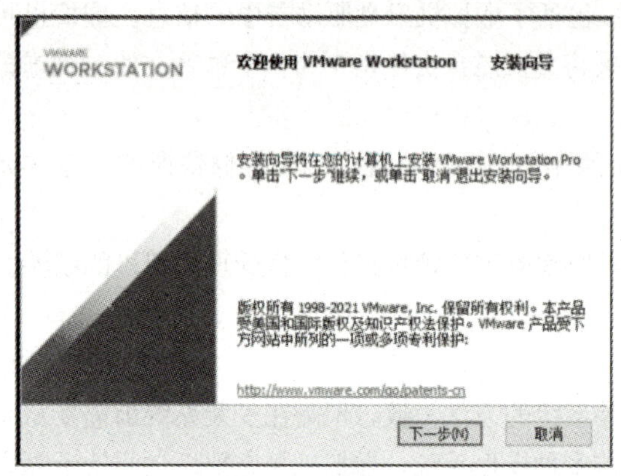

图 1.3　安装向导

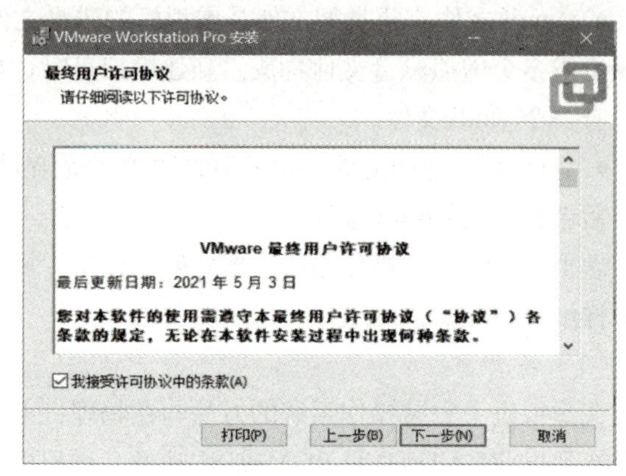

图 1.4　“最终用户许可协议”窗口

勾选图1.4中的“我接受许可协议中的条款（A）”复选框，单击“下一步”按钮，进入“自定义安装”窗口，如图1.5所示。

单击图1.5中的“更改”按钮，可以更换虚拟机的安装路径，单击“下一步”按钮，进入“用户体验设置”窗口，默认勾选“启动时检查产品更新”和“加入VMware客户体验提升计划”复选框，用户可根据个人情况选择勾选与否，如图1.6所示。

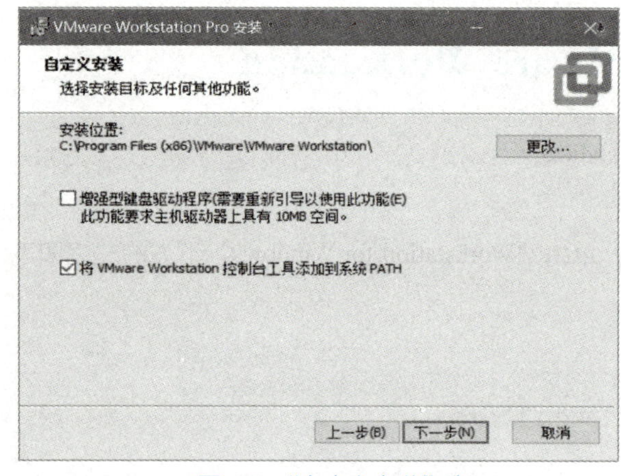

图 1.5　“自定义安装”窗口

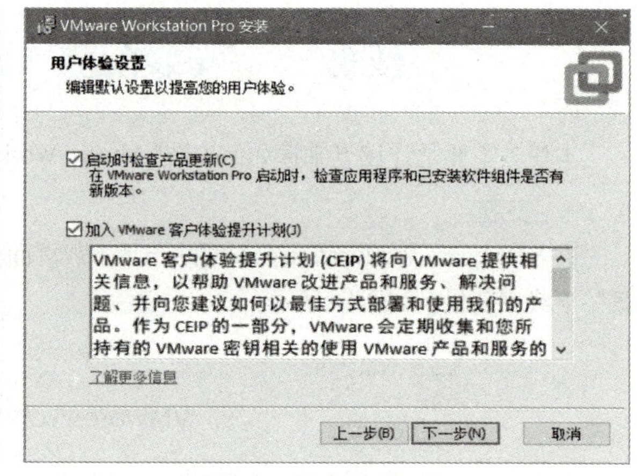

图 1.6　用户体验设置

单击图1.6中的“下一步”按钮，进入“快捷方式”窗口，默认快捷方式位置勾选了“桌面”和“开始菜单程序文件夹”复选框，读者可根据个人情况取消勾选，如图1.7所示。

单击图1.7中的“下一步”按钮，进入“已准备好安装VMware Workstation”窗口，如图1.8所示。

单击图1.8中的“安装”按钮，开始安装VMware Workstation，如图1.9所示。等待安装结束，进入安装向导结束界面，如图1.10所示。

在图1.10中，读者可选择进入许可证界面输入许可证激活码，或单击“完成”按钮结束安装使用试用版软件，使用日期仅为30天。本书此处单击“许可证”按钮，进入许可证界面，如图1.11所示。

输入密钥，单击图1.11中的“输入”按钮进入安装向导已完成界面，如图1.12所示。

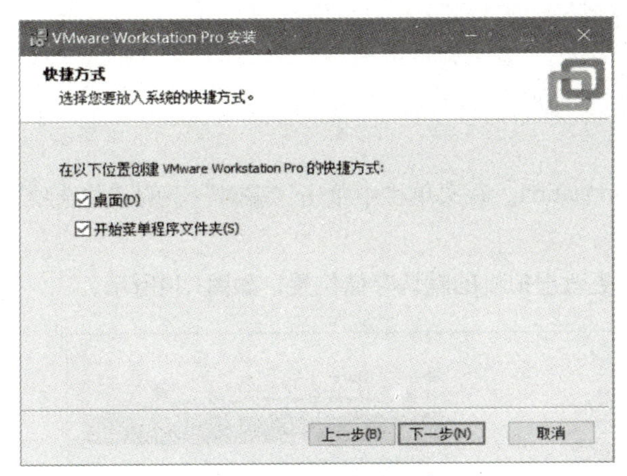

图 1.7　“快捷方式”窗口

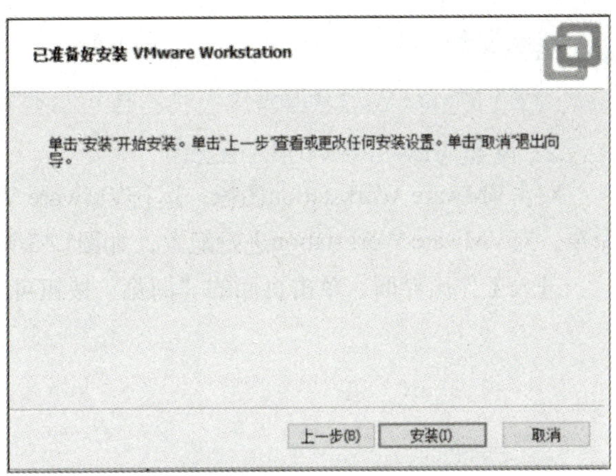

图 1.8　“已准备好安装 VMware Workstation”窗口

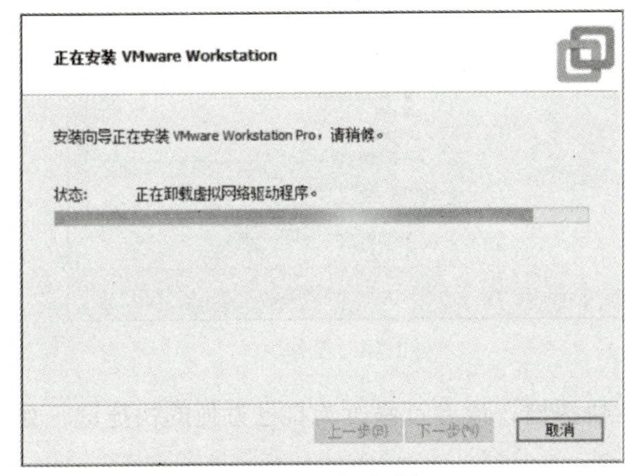

图 1.9　安装过程

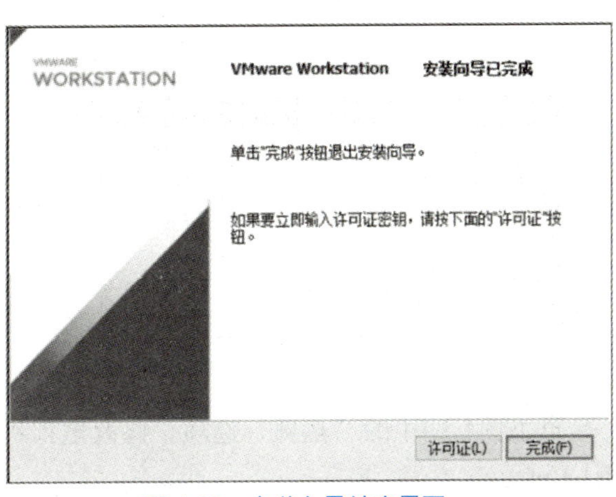

图 1.10　安装向导结束界面

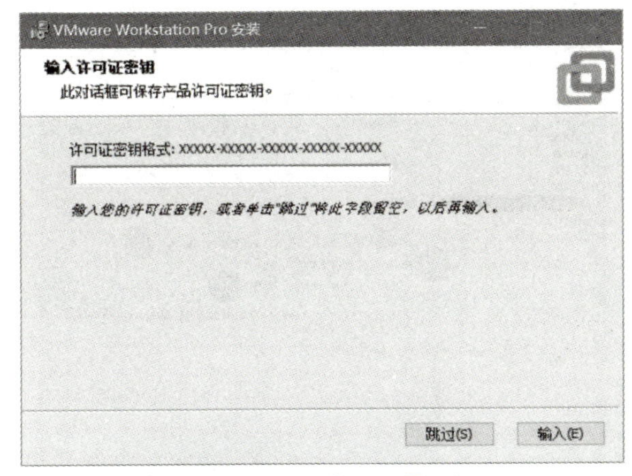

图 1.11　许可证界面

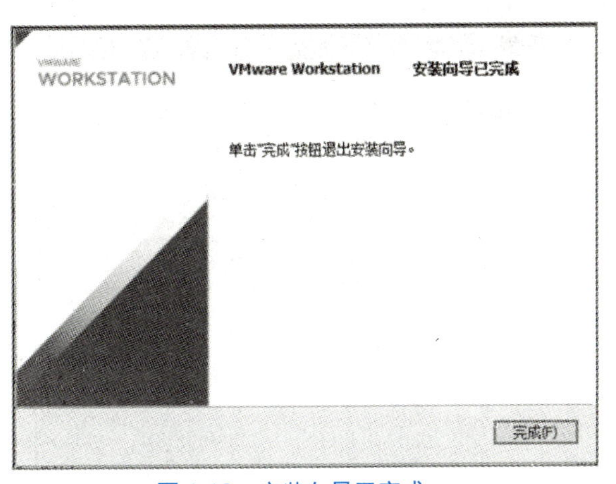

图 1.12　安装向导已完成

单击图1.12中的“完成”按钮，VMware Workstation安装结束。

技能提升

安装VMware Workstation软件的主机不能有VMware其他软件，否则不兼容。

2. 配置 VMware Workstation

双击VMware Workstation图标，运行VMware Workstation。在菜单栏中单击“编辑”下的“首选项”命令，对VMware Workstation进行配置，如图1.13所示。

进入工作区界面，单击页面的“浏览”按钮可以更改虚拟机的默认存储位置，如图1.14所示。

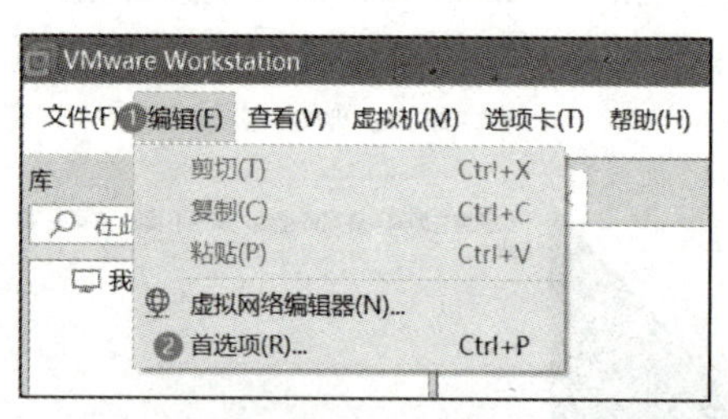

图 1.13　配置 VMware Workstation 首选项

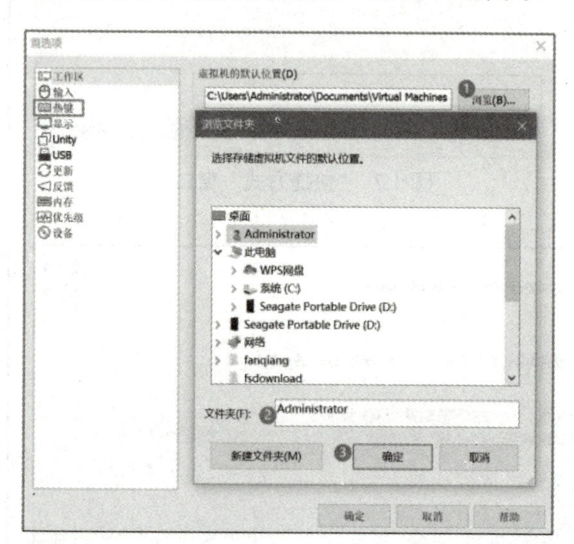

图 1.14　工作区

单击图1.14中的“热键”选项，修改虚拟机的快捷键，读者可修改为自己方便的快捷键，如图1.15所示。

单击图1.15中的“内存”选项，为虚拟机的运行配置内存容量，如图1.16所示。

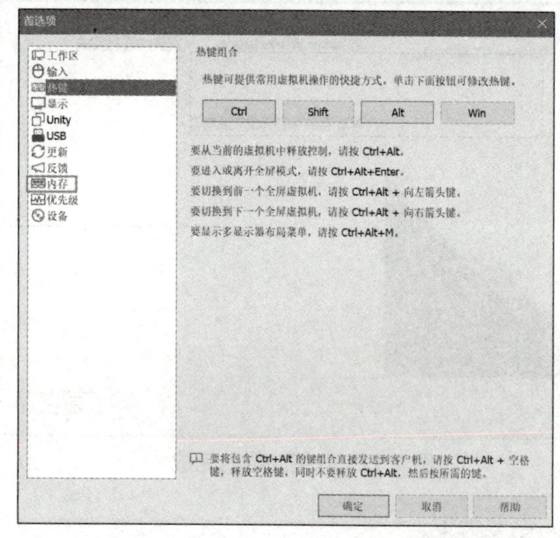

图 1.15　热键

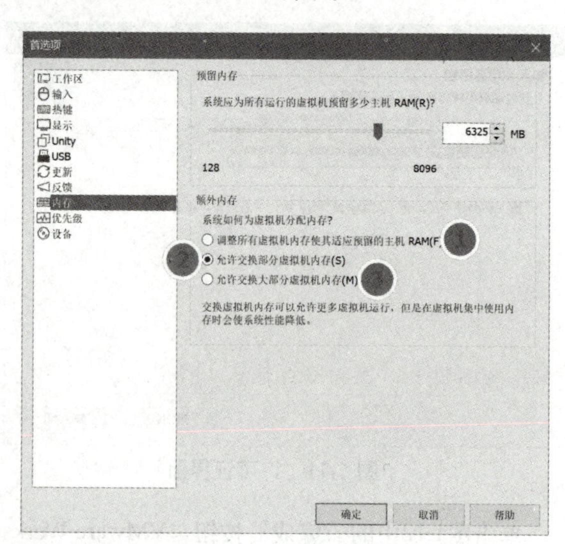

图 1.16　内存

由图1.16可知，内存设置中有两种内存类型，一种是预留内存，即VMware Workstation为所有运行的虚拟机预留的最大主机内存容量，主机运行也需要内存容量，若预留内存容量设置过大，则主机运行其他应用时CPU会不稳定。

另一种是额外内存，有三种选择，当物理内存容量较大时，可以选择第一种，这时所有的虚拟机会使用上述设置的预留内存容量，不会将磁盘作为扩展。当物理内存容量稍大并且希望虚拟机运行流畅时，可以选择第二种，这时主机的内存管理器可将适度的虚拟机内存容量调换到磁盘内。当物理内存容量偏小时，可以选择第三种，这时主机的内存管理器会尽可能多的将虚拟机内存容量调换到磁盘内。

此处默认选择第二种，单击图1.16中的“确定”按钮结束首选项配置。

任务二　创建虚拟机与安装操作系统

本任务主要是让读者掌握虚拟机的创建和操作系统的安装。

1. 创建虚拟机

创建虚拟机有两种操作方式：在VMware Workstation菜单栏中，单击“文件”→“新建虚拟机”命令创建，也可以单击VMware Workstation主页面的“创建新的虚拟机”按钮进行创建，如图1.17所示。

单击“创建新的虚拟机”选项打开“新建虚拟机向导”对话框，选择配置类型，此处默认选择为“典型”单选按钮，如图1.18所示。

图 1.17　新建虚拟机

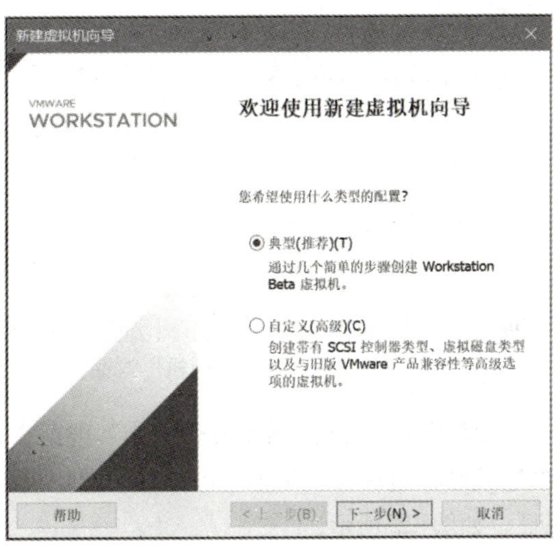

图 1.18　虚拟机类型选择

单击图1.18中的“下一步”按钮，进入“安装客户机操作系统”对话框，如图1.19所示。此处选择“稍后安装操作系统”单选按钮。单击图1.19中的“下一步”按钮，进入“选择客户机操作系统”对话框，如图1.20所示。

本书此处选择Linux操作系统，版本选择为CentOS 7，单击图1.20中的“下一步”按钮，进入“命名虚拟机”对话框，如图1.21所示。

在图1.21中“虚拟机名称”下方的文本框内输入虚拟机的名称，单击“浏览”按钮为虚拟机设置存储位置，名称与位置设置完成后单击“下一步”按钮，进入“指定磁盘容量”对话框，如图1.22所示。

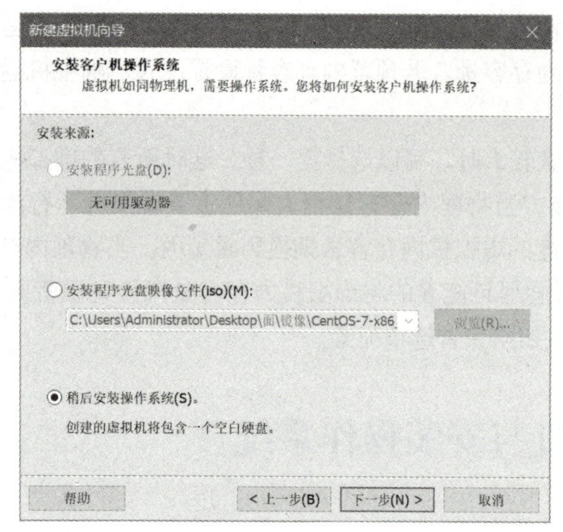

图 1.19 “安装客户机操作系统”对话框

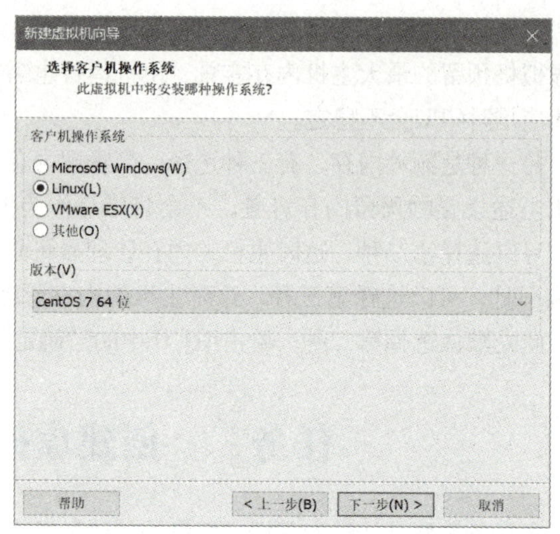

图 1.20 “选择客户机操作系统”对话框

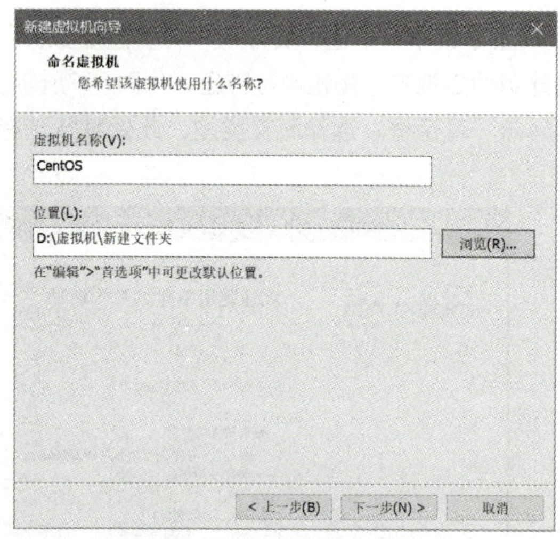

图 1.21 “命名虚拟机”对话框

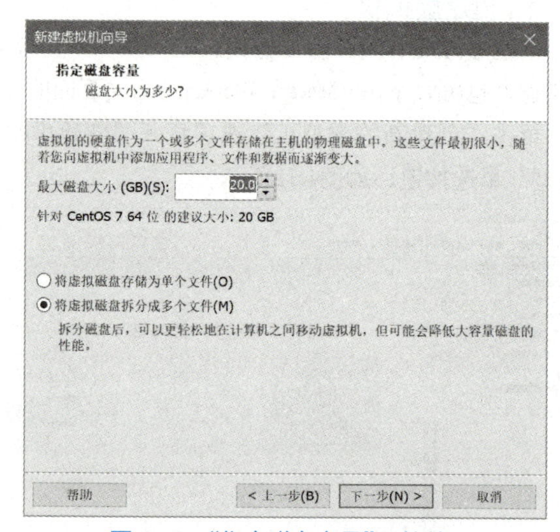

图 1.22 “指定磁盘容量”对话框

图1.22中，此处“最大磁盘大小”根据官方建议设置为20 GB，选择“将虚拟磁盘拆分成多个文件”单选按钮，这样有利于在主机内移动虚拟机，单击“下一步”按钮后，向导提示“已准备好创建虚拟机”，如图1.23所示。

单击图1.23中的“完成”按钮结束虚拟机的安装。

2. 安装操作系统

CentOS 7系统是基于Red Hat Linux系统的稳定发行版，且免费开源，因此选择CentOS 7作为虚拟机的客户端操作系统，本节任务主要讲解如何安装CentOS 7操作系统。

安装操作系统一般有两种方式：一种是直接使用物理光驱来安装；另一种是使用ISO镜像来安装。物理光驱是指实体光驱，如光盘硬件，ISO镜像属于虚拟驱动器，是虚拟软件将系统做成的镜像文件。两种安装方式的步骤基本相同，接下来介绍如何使用ISO镜像安装操作系统。

在CentOS官网获取CentOS 7的ISO镜像，如图1.24所示。

新建虚拟机向导

已准备好创建虚拟机

单击"完成"创建虚拟机。然后可以安装 CentOS 7 64 位。

将使用下列设置创建虚拟机:

名称:	CentOS
位置:	D:\虚拟机\新建文件夹
版本:	Workstation Beta
操作系统:	CentOS 7 64 位
硬盘:	20 GB, 拆分
内存:	1024 MB
网络适配器:	NAT
其他设备:	CD/DVD, USB 控制器, 打印机, 声卡

自定义硬件(C)...　　< 上一步(B)　完成　取消

图 1.23　已准备好创建虚拟机

CentOS Linux

8 (2111)　7 (2009)

ISO	Packages	Others
x86_64	RPMs	Cloud | Containers | Vagrant
ARM64 (aarch64)	RPMs	Cloud | Containers | Vagrant
IBM Power BE (ppc64)	RPMs	Cloud | Containers | Vagrant
IBM Power (ppc64le)	RPMs	Cloud | Containers | Vagrant
ARM32 (armhfp)	RPMs	Cloud | Containers | Vagrant
i386	RPMs	Cloud | Containers | Vagrant

Release Notes　Release Email　Documentation

图 1.24　选择镜像

单击图1.24中的“x86_64”选项，任意单击一个安装链接进入，选择一个镜像进行下载，如图1.25所示。

../		
0_README.txt	06-Nov-2020 14:32	2495
CentOS-7-x86_64-DVD-2009.iso	04-Nov-2020 11:37	4712300544
CentOS-7-x86_64-DVD-2009.torrent	06-Nov-2020 14:44	180308
CentOS-7-x86_64-Everything-2009.iso	02-Nov-2020 15:18	10200547328
CentOS-7-x86_64-Everything-2009.torrent	06-Nov-2020 14:44	389690
CentOS-7-x86_64-Minimal-2009.iso	03-Nov-2020 14:55	1020264448
CentOS-7-x86_64-Minimal-2009.torrent	06-Nov-2020 14:44	39479
CentOS-7-x86_64-NetInstall-2009.iso	26-Oct-2020 16:26	602931200
CentOS-7-x86_64-NetInstall-2009.torrent	06-Nov-2020 14:44	23567
sha256sum.txt	04-Nov-2020 11:38	398
sha256sum.txt.asc	06-Nov-2020 14:37	1258

图 1.25　下载镜像

镜像获取后，单击创建的虚拟机“CentOS”进入虚拟机主页面，如图1.26所示。

单击图1.26中的“编辑虚拟机设置”选项，进入“虚拟机设置”对话框，单击“CD/DVD（IDE）”选项进入镜像连接界面，如图1.27所示。

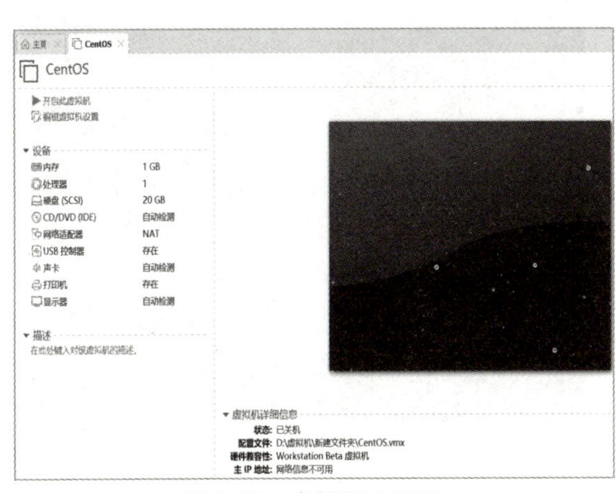

图 1.26　虚拟机主页面

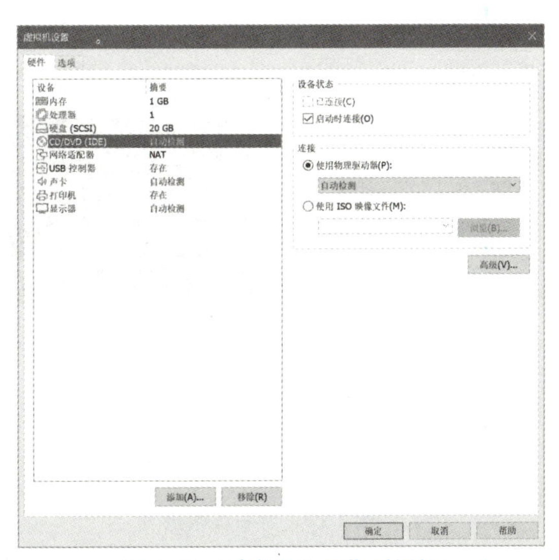

图 1.27　“虚拟机设置”对话框

此时的连接方式默认为使用物理驱动器，选择“使用ISO映像文件”单选按钮，单击“浏览”按钮找到ISO镜像文件的存放路径，如图1.28所示。

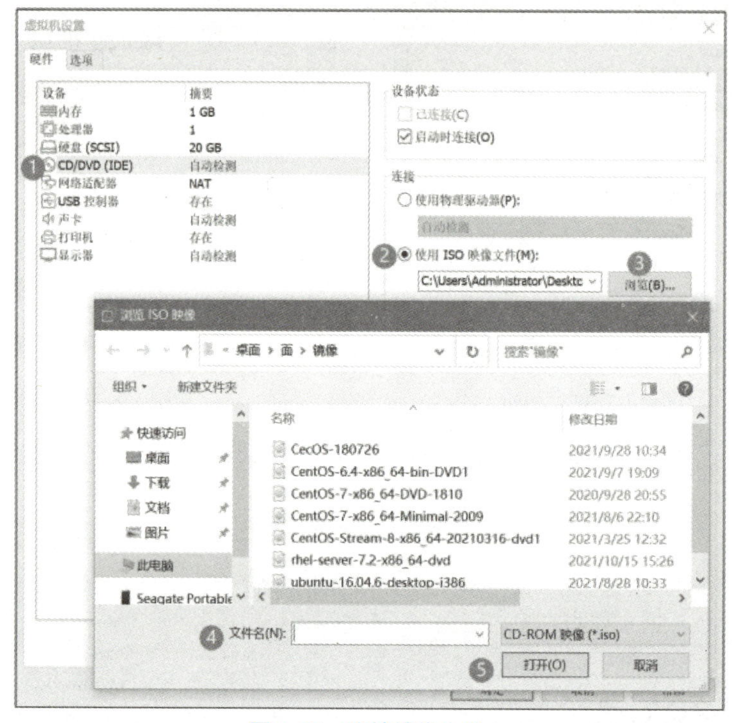

图 1.28　连接镜像文件

选择相应的镜像文件，单击图1.28中的“打开”按钮，镜像连接完成，准备安装操作系统。单击虚拟机主页面的“开启此虚拟机”按钮，如图1.29所示。进入安装界面，选择直接安装或测试后安装，如图1.30所示。

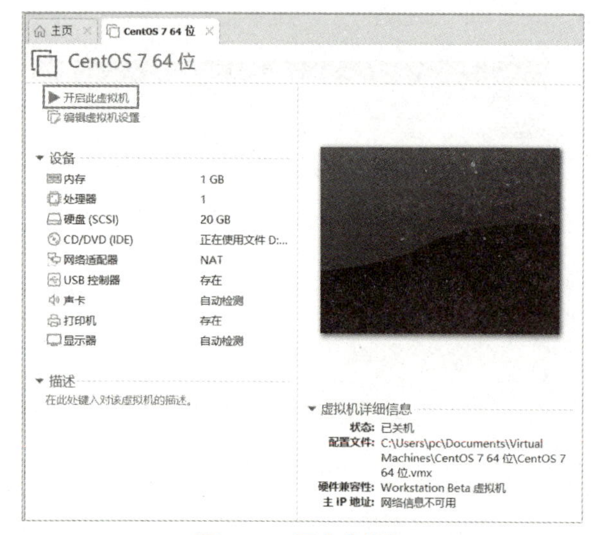

图 1.29　开启虚拟机

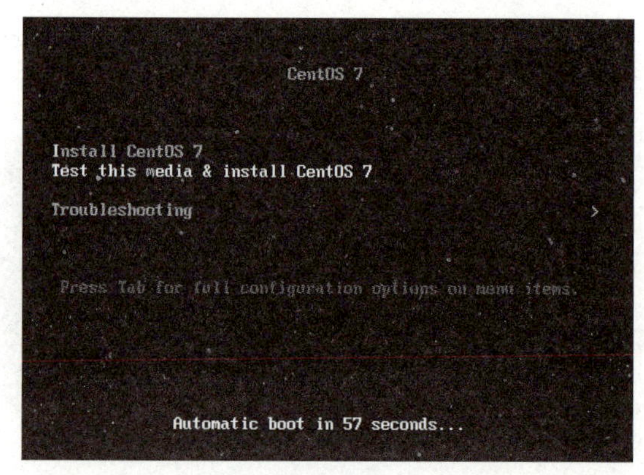

图 1.30　安装方式

系统安装结束后进入语言选择界面，本书选择“English”,如图1.31所示。

单击图1.31中的Continue按钮，进入安装配置界面，如图1.32所示。

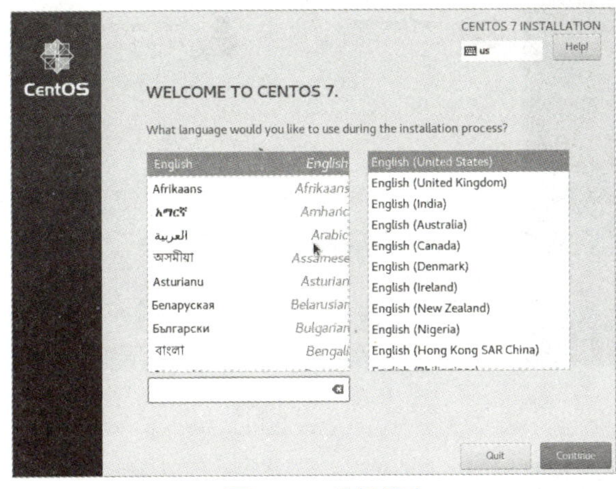

图 1.31 选择语言

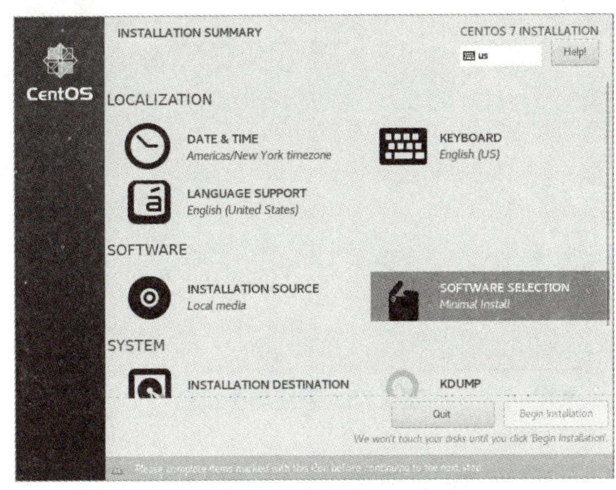

图 1.32 安装配置

接下来对图1.31中的重点配置分别做详细介绍。

① SOFTWARE SELECTION：操作系统形式，此处选择最小化安装，如图1.33所示。

② INSTALLATION DESTINATION：安装路径配置，默认系统配置，单击“Done”按钮即可，如图1.34所示。

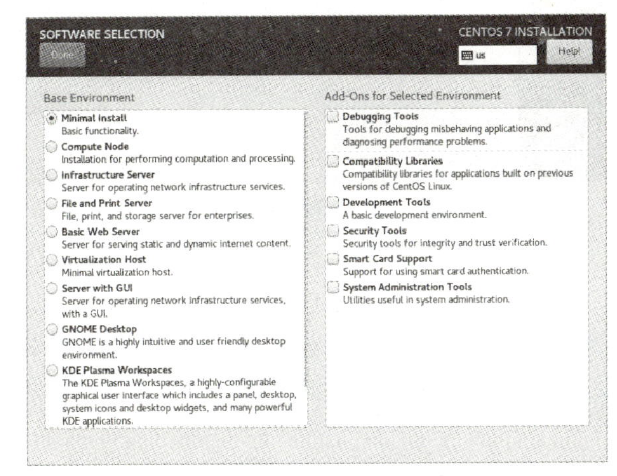

图 1.33 操作系统形式

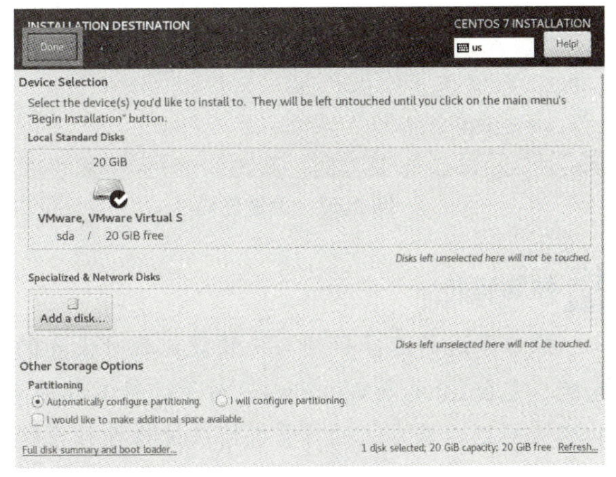

图 1.34 安装路径

③ NETWORK&HOSTNAME：网络与主机名配置，单击Ethernet右边的按钮，开启网络，如图1.35所示。

设置完成后，单击图1.32中的Begin Installation按钮开始正式安装，如图1.36所示。

单击图1.37中的Root Password文本框设置root密码，如图1.37所示。

安装结束后，单击Reboot按钮重启虚拟机，虚拟机启动成功后，操作系统安装完成，如图1.38所示。

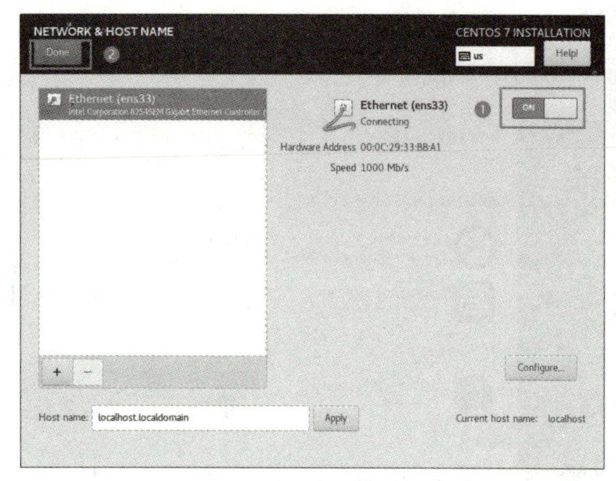

图 1.35　网络与主机名

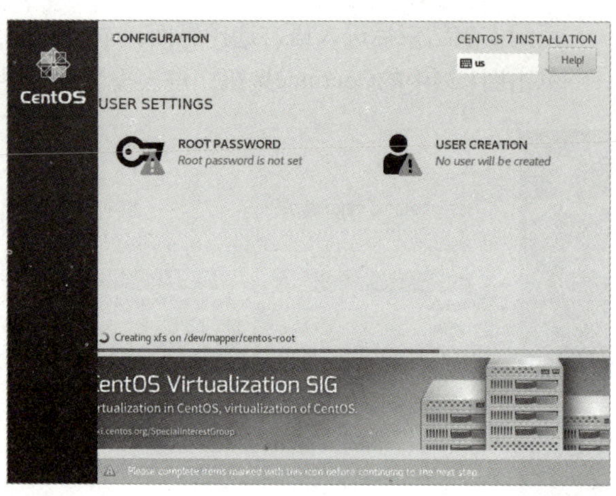

图 1.36　安装过程

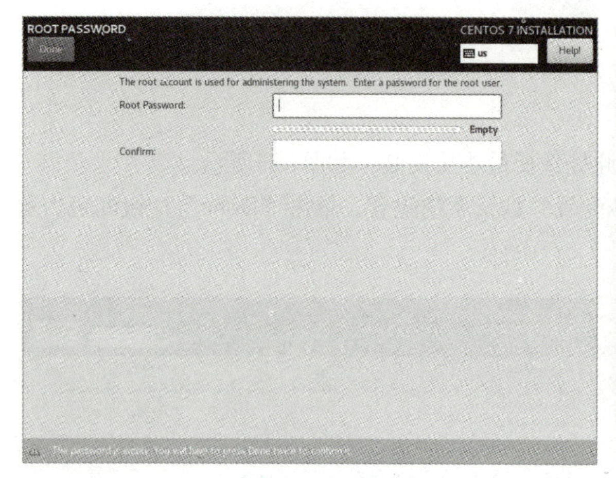

图 1.37　设置密码

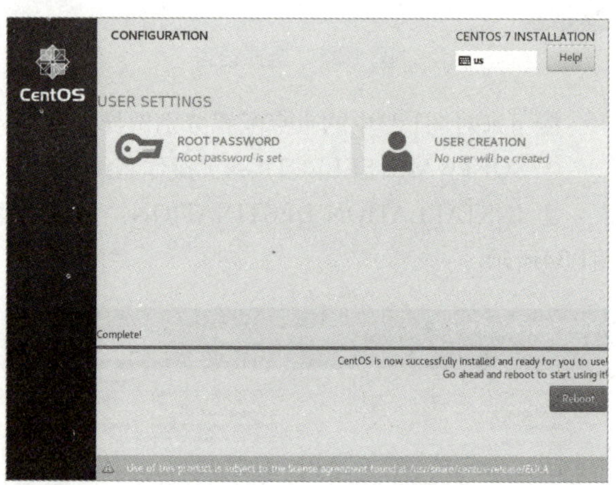

图 1.38　重启虚拟机

技能提升

操作系统的选择必须与安装虚拟机时设置的系统一致，目前VMware Workstation支持众多操作系统，包括Linux与Windows。对于运维工程师来说，Linux操作系统是首要选择，读者可根据自己的职业规划以及系统操作掌握情况选择操作系统。

任务三　配置管理虚拟机

本任务主要是让读者掌握虚拟机的相关配置及使用。

1. 配置虚拟机

（1）为虚拟机添加硬件

单击VMware Workstation界面的“虚拟机”下方的“设置”，打开“虚拟机设置”对话框，如图1.39所示。

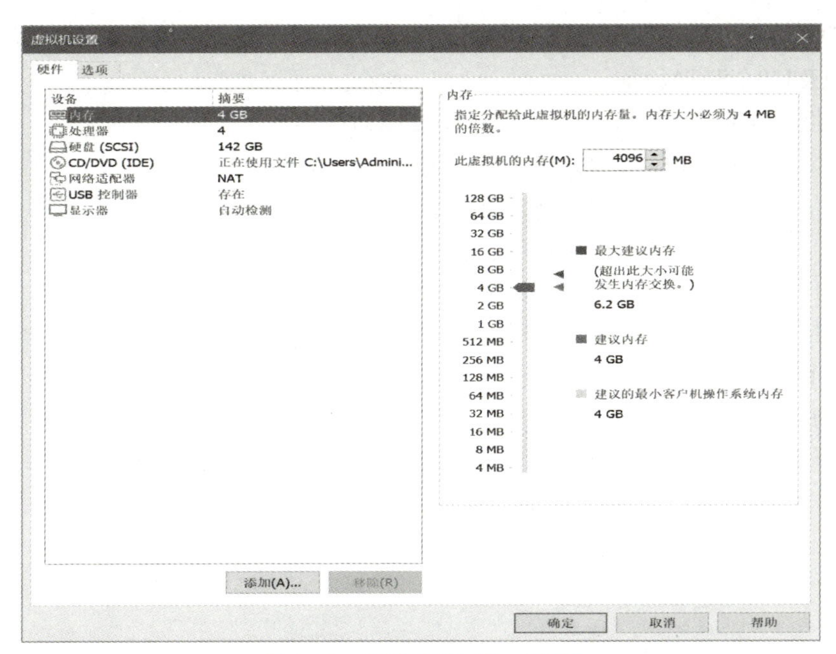

图 1.39 “虚拟机设置”对话框

在“虚拟机设置”对话框中单击“添加”按钮进入“添加硬件向导”对话框，为其添加硬件设备，如图1.40所示。

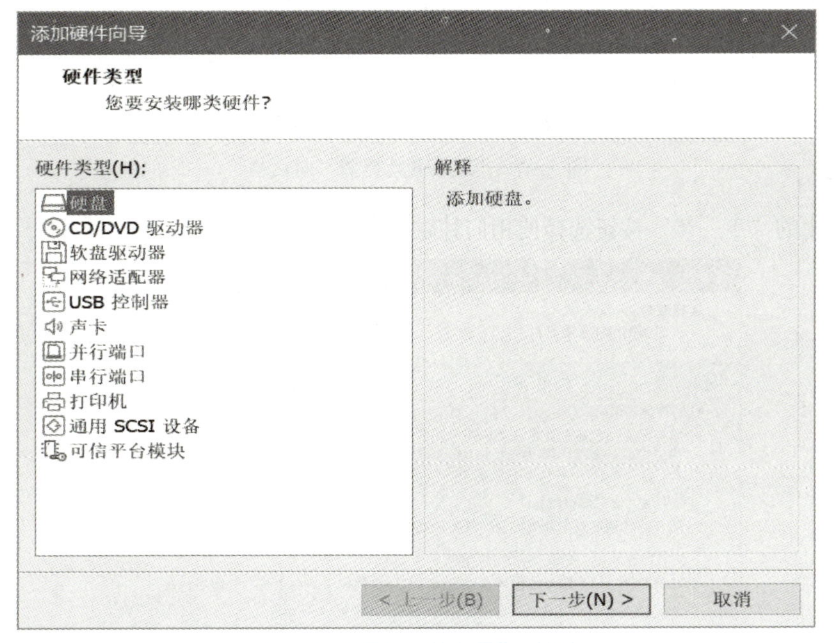

图 1.40 “添加硬件向导”对话框

接下来介绍硬件类型在虚拟机中可添加的最大数量。

- 硬盘：硬盘分为IDE、SCSI、SATA和NVMe，虚拟机内最多可以添加四个IDE设备、60个SCSI设备、120个SATA设备以及60个NVMe设备。

- CD/DVD驱动器：CD/DVD驱动器分为IDE、SCSI和SATA，虚拟机内最多可以添加四个IDE设备、60个SCSI设备以及120个SATA设备。
- 软盘驱动器：虚拟机内最多可以添加两个软盘驱动器。
- 网络适配器：虚拟机内最多可以添加10个虚拟网络适配器。
- 并行端口：虚拟机内最多可以添加三个并行端口。
- 串行端口：虚拟机内最多可以添加四个串行端口。
- 通用SCSI设备：虚拟机内最多可以添加60个SCSI设备。

在某些特定场景中，需要添加硬盘至虚拟机，如配置磁盘阵列。在添加硬件向导界面选中“磁盘”，单击“下一步”按钮进入磁盘类型选择界面，该页面提供了四种磁盘类型，此处选择官方推荐的SCSI类型，如图1.41所示。

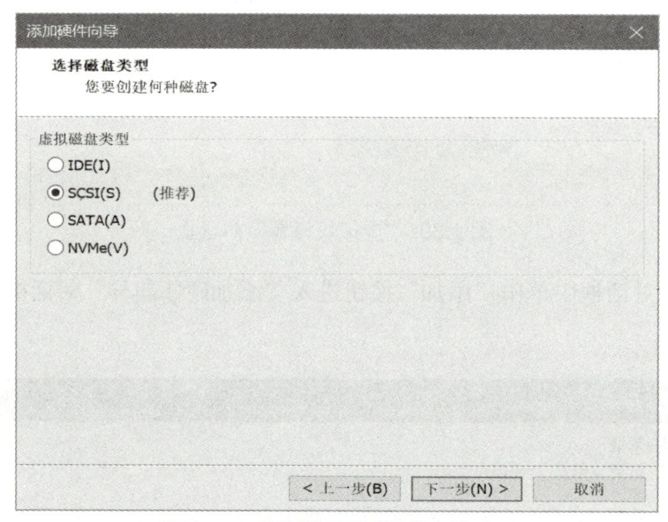

图 1.41 “选择磁盘类型”对话框

单击图1.41中的“下一步”按钮选择使用何种磁盘，如图1.42所示。

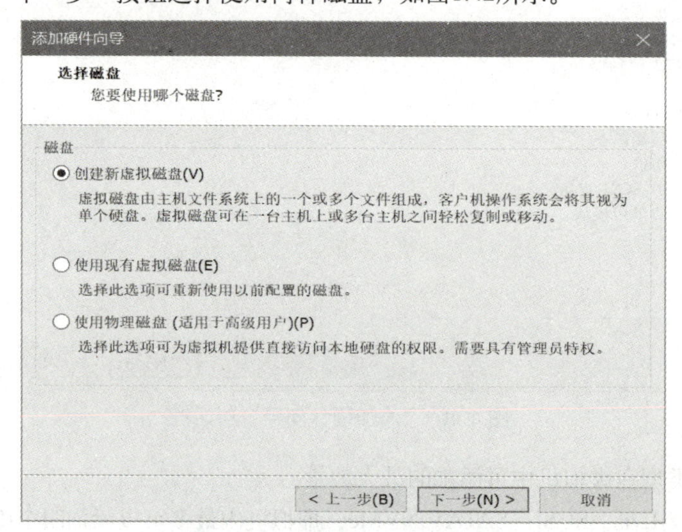

图 1.42 “选择磁盘”对话框

选择“创建新虚拟磁盘”单选按钮，单击图1.42中的“下一步”按钮进入“指定磁盘容量”界面，系统默认将“最大磁盘大小”设置为20 GB，读者也可根据自己主机的磁盘容量设置虚拟磁盘的容量。为了方便在主机内移动虚拟机，此处选择“将虚拟磁盘拆分成多个文件”单选按钮，如图1.43所示。

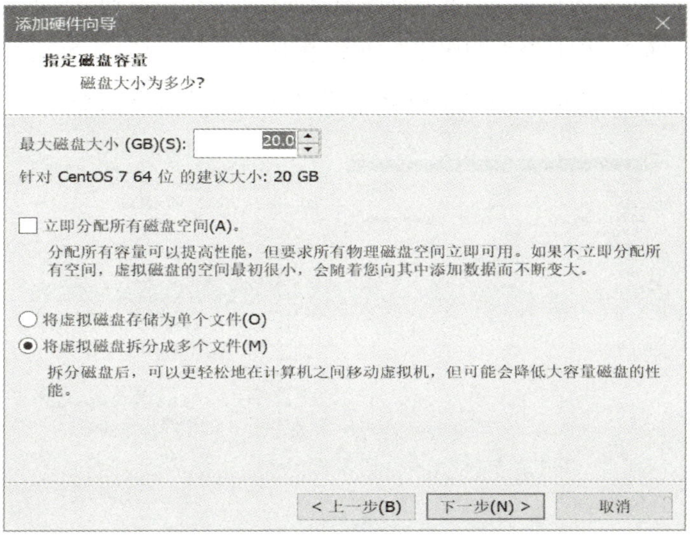

图 1.43 “指定磁盘容量”对话框

单击图1.43中的“下一步”按钮为新建虚拟磁盘设置存储位置，如图1.44所示。

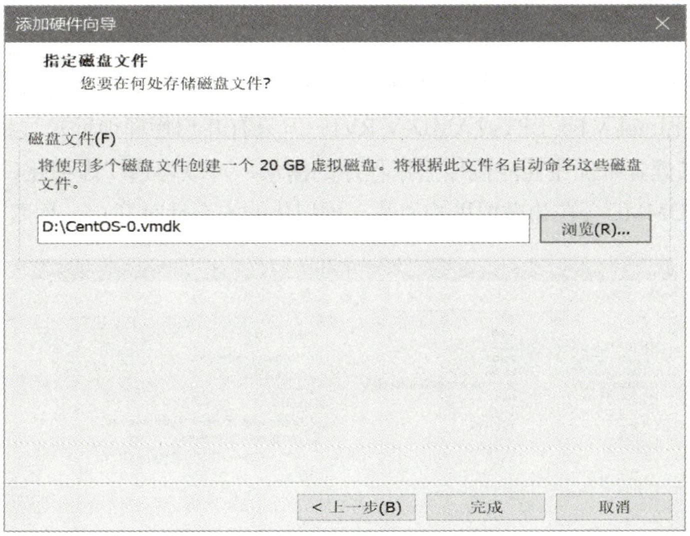

图 1.44 “指定磁盘文件”对话框

单击图1.44中的“浏览”按钮为新建的虚拟磁盘指定存放位置，并且可以为新建虚拟磁盘命名，指定位置后单击“完成”按钮，即可完成虚拟磁盘的添加。

（2）调整虚拟机内存容量

虚拟机中应用或服务的运行都需要占用内存，读者可根据虚拟机的应用情况为虚拟机设置内存容量。若虚拟机中的应用或服务对内存容量要求较高，则需要分配更多内存容量。但是虚拟机内存容量也不可设置过高，还要考虑主机应用或服务运行时所需的内存容量，通常虚拟内存容量最大设为物理内存容量的1.5~3倍。此处需要注意，为运行中的虚拟机设置内存容量时，数值最大只能为3 GB，若想设置更高的数值，需要将虚拟机关闭。

打开虚拟机设置界面，在内存界面的文本框内输入内存容量值或滑动下方的箭头设置内存容量，单击“确定”按钮即可完成设置内存容量的操作，如图1.45所示。

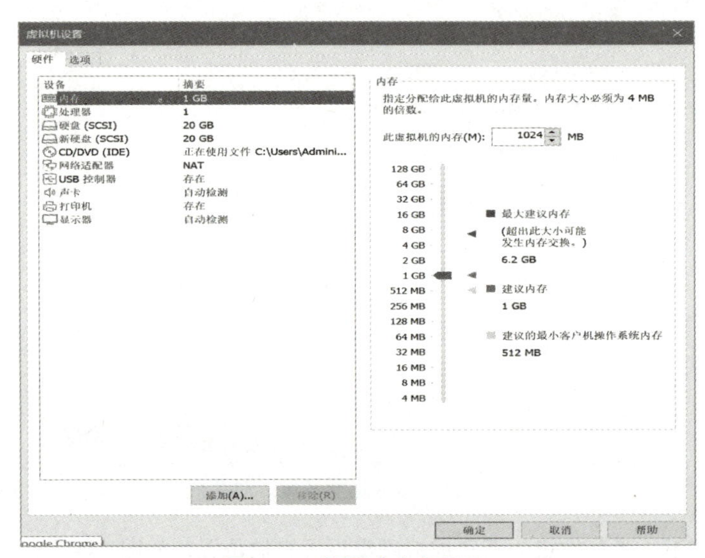

图 1.45　设置内存容量值

（3）配置虚拟机处理器

在虚拟机设置界面，将处理器核数设置为1核。虚拟化引擎中，VMware Workstation强制将虚拟机的执行模式设置为虚拟化Intel VT-x/EPT或AMD-V/RVI，但只有开启物理地址扩展模式后虚拟化AMD-V/RVI才能被使用。如果读者有优化性能监控应用程序的需求，可以勾选“虚拟化CPU性能计数器”复选框将其开启。虚拟化IOMMU会在为虚拟机启用基于虚拟化的安全性时开启，如图1.46所示。

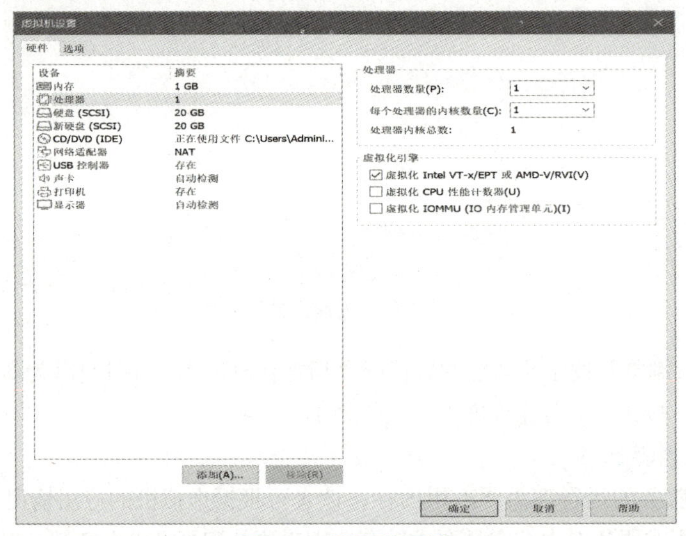

图 1.46　配置处理器

单击“确定”按钮即可完成虚拟机处理器配置。

（4）配置硬盘

接下来讲解磁盘的四种使用工具。

● 将虚拟机磁盘映射到本地卷：顾名思义便是将虚拟机的硬盘映射到主机上，用户使用主机可以直接管理虚拟机内的数据。打开“虚拟机设置”对话框，进入硬盘界面，单击“磁盘实用工具”组的“映射”按钮便可实现，如图1.47所示。

图 1.47　磁盘映射

● 整理文件碎片并整合可用空间：对虚拟机产生的碎片进行整合，重新排列文件、程序和空闲空间，加快文件读取和程序运行速度。打开虚拟机设置，进入硬盘界面，单击“磁盘实用工具”组的“碎片整理”按钮便可实现，如图1.48所示。

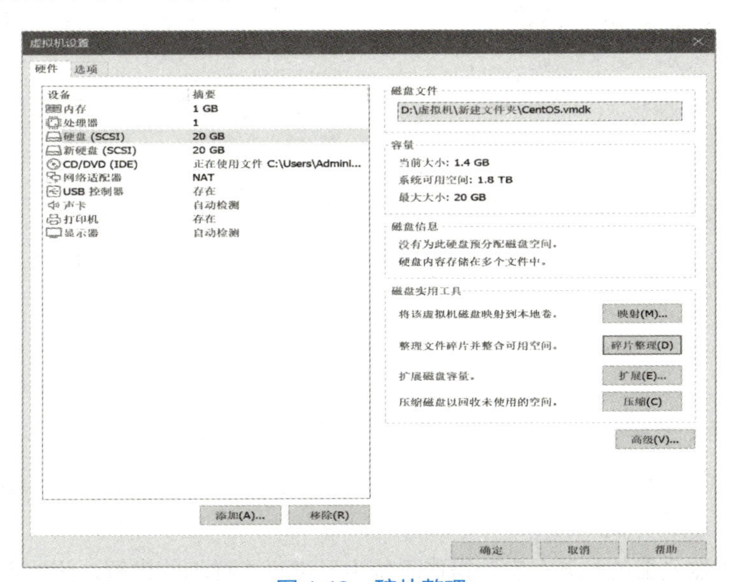

图 1.48　碎片整理

● 扩展磁盘容量：表示对虚拟机的磁盘容量进行扩展。当虚拟机磁盘容量不够时，可以扩展磁盘容量。打开“虚拟机设置”对话框，进入硬盘界面，单击“磁盘实用工具”组的“扩展”按钮便可实现，如图1.49所示。

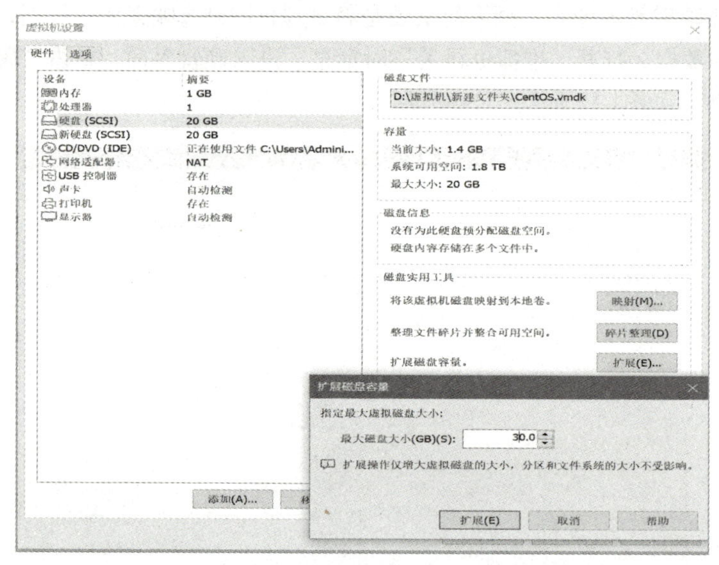

图 1.49 “扩展磁盘容量”对话框

● 压缩磁盘以回收未使用的空间：即将虚拟磁盘中未利用的空间进行回收，但是如果磁盘进行了映射将不能够被回收。打开“虚拟机设置”对话框，进入硬盘界面，单击“磁盘实用工具”组的“压缩”按钮便可实现，如图1.50所示。

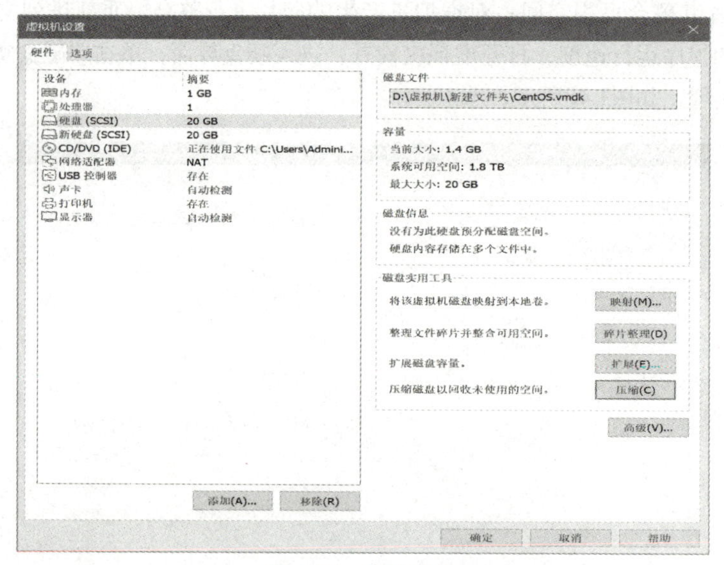

图 1.50 压缩磁盘

（5）配置CD-ROM和DVD驱动器

CD-ROM和DVD驱动器的配置在安装操作系统中已进行了详细的讲解，此处不再赘述。需要注意的是，本项目驱动器的连接设置均使用ISO镜像文件而非物理驱动器。

（6）配置虚拟网络适配器

打开“虚拟机设置”对话框，进入网络适配器界面，如图1.51所示。

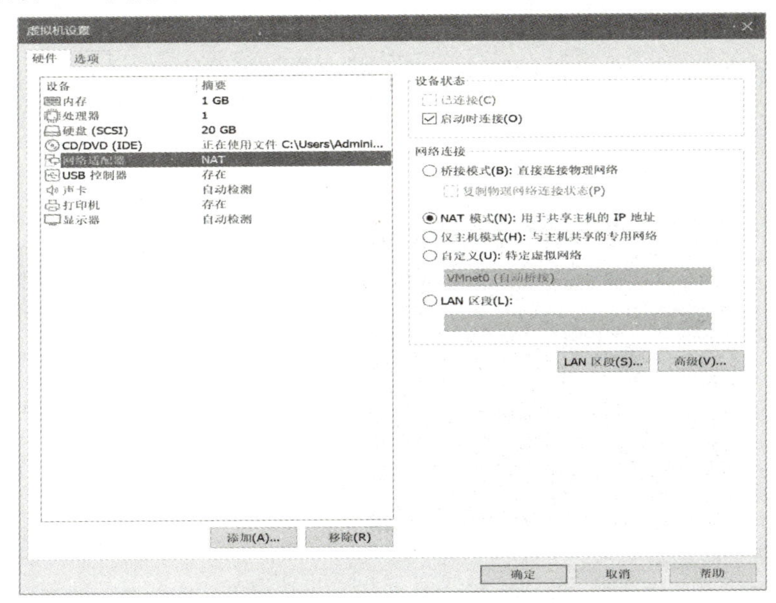

图 1.51　配置网络适配器

图1.51中，网络适配器中有两处地方需要配置。一处是设备状态，包括已连接和启动时连接，前者为虚拟机运行时连接网络，后者为启动虚拟机时连接。另一处是网络连接，包括桥接模式、NAT模式、仅主机模式、自定义和LAN区段。接下来对这几种网络连接模式做详细介绍。

- 桥接模式：配置桥接模式后，虚拟机会成为主机所在物理以太网中的一台计算机，使用主机系统上的网络适配器连接网络，虚拟机有自己的网络标识，此时主机所在局域网内的其他计算机也能够连接到该虚拟机。
- NAT模式：配置NAT模式后，虚拟机与主机共享一个网络标识，主机会为虚拟机划分一个独立的专用网络，VMware软件中的虚拟DHCP服务器在该网络中为虚拟机划分IP地址。此时虚拟机可以连接外部网络，如TCP/IP，但外部网络不能够连接到该虚拟机。
- 仅主机模式：配置仅主机模式后，虚拟机与主机使用VMware软件为其创建的一个虚拟专用网络（VPN）进行连接。
- 自定义网络：修改本地虚拟机的网络连接配置时，可以选择自定义网络；修改远程虚拟机的网络连接配置时，必须选择自定义网络；修改共享虚拟机的网络连接配置时，不得选择自定义网络。但可以使用自定义网络连接一个或多个外部网络，也可以在主机系统中完整独立地运行。

2. 快照管理

对于新手来说，操作失误是常常发生的事情，但有些操作会导致整个任务失败，VMware中的快照功能则能够很好地解决这个问题。拍摄快照时软件会完整地保存虚拟机的状态，即使后期操作失误导致任务失败也能够通过恢复快照，返回到失误前的状态。

快照内容包括虚拟机的硬件状态及其他配置，每个线性过程可拍摄100个及以上的快照，多个快照之间为父子项关系，前快照为后快照的父项，最后一个快照无子项。

（1）拍摄快照

此处需要注意的是，使用物理磁盘的虚拟机无法拍摄快照。

在CentOS虚拟机页面单击“开启此虚拟机”按钮启动虚拟机，如图1.52所示。

单击图1.52中的“ ”按钮拍摄快照，如图1.53所示。

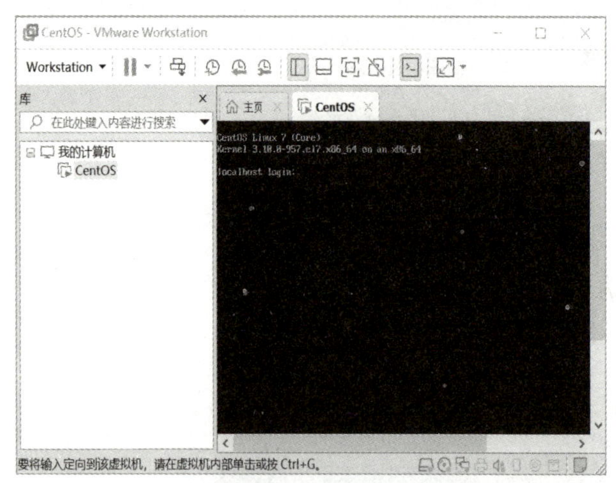

图 1.52 CentOS 虚拟机

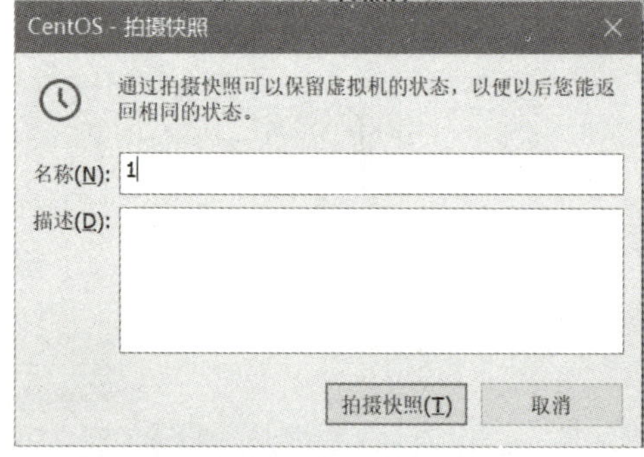

图 1.53 快照名称设置

图1.53中，可以为快照设置名称及描述，设置完成后单击“拍摄快照”按钮即可完成快照的拍摄。

（2）管理快照

快照拍摄结束后可以通过单击图1.52中的“ ”按钮管理之前拍摄的快照，如图1.54所示。

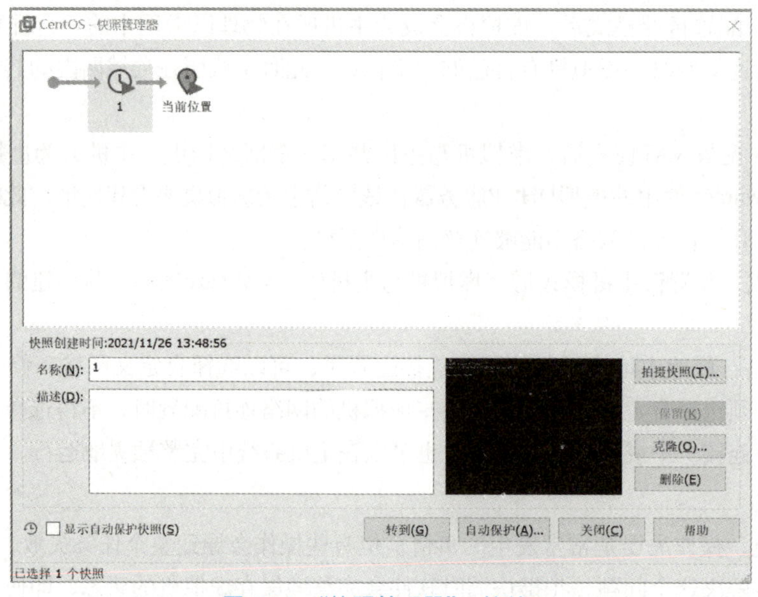

图 1.54 “快照管理器”对话框

图1.54中，使用快照管理器可以修改、拍摄、删除快照以及转到快照拍摄的虚拟机状态，接下来分别介绍这四种操作。

● 修改名称：读者可以根据个人喜好为快照设置名称，名称及描述的修改均为即时生效，将要修改的名称与描述输入到对应文本框中，单击对应快照，即可修改成功，如图1.55所示。

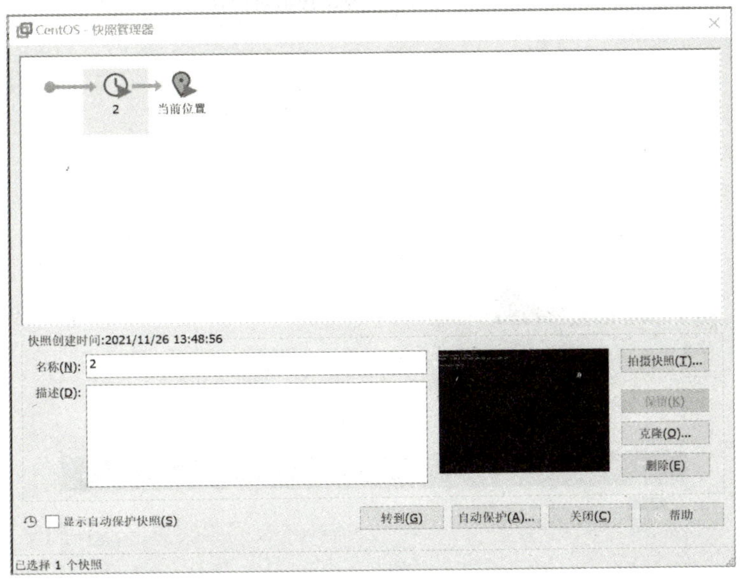

图 1.55　修改名称

● 拍摄快照：保留当前位置虚拟机的状态，同单击“ ”按钮的效果一致。

● 删除快照：删除所拍摄的快照，选中该快照名称，单击“删除”按钮后单击“是”按钮即可，如图1.56所示。

● 转到：转到某快照中的虚拟机状态界面，选中该快照名称，单击“转到”按钮后单击“是”按钮即可，同单击“ ”按钮的效果一致，如图1.57所示。

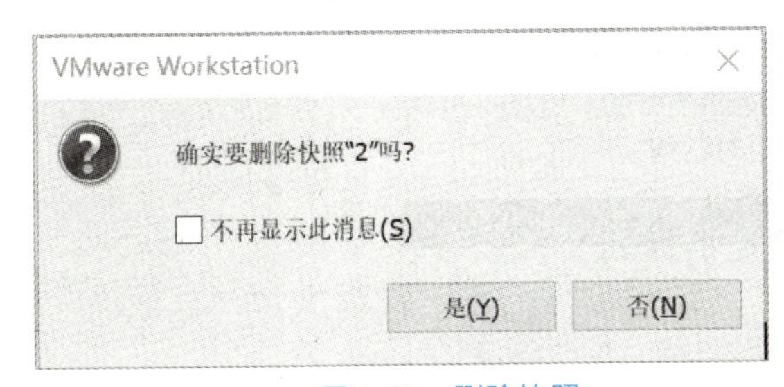

图 1.56　删除快照

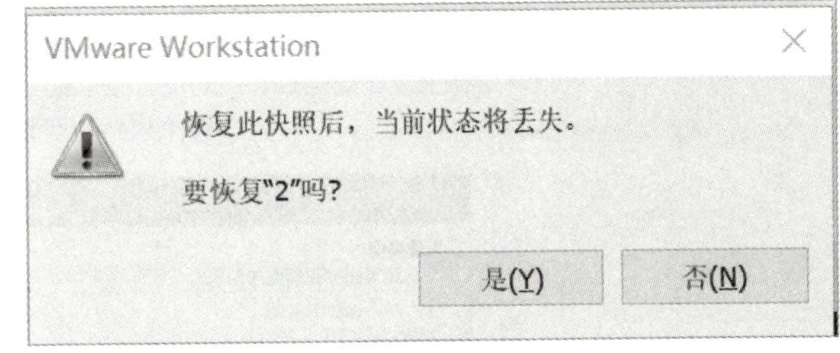

图 1.57　恢复快照

3. 克隆虚拟机

在集群扩展工作中，VMware Workstation的克隆功能为用户提供了便利，用户可根据现有虚拟机快速创建相同环境的虚拟机，节省了大量时间成本。在VMware Workstation页面右击“我的计算机”下方新创建的虚拟机，在右键菜单中选择“管理”→“克隆”命令进入“克隆虚拟机向导”对话框，如图1.58所示。

单击图1.58中的“下一步”按钮进入“克隆源”对话框，如图1.59所示。

此处的克隆源选择“虚拟机中的当前状态”单选按钮，单击“下一步”按钮选择克隆方法，如图1.60所示。

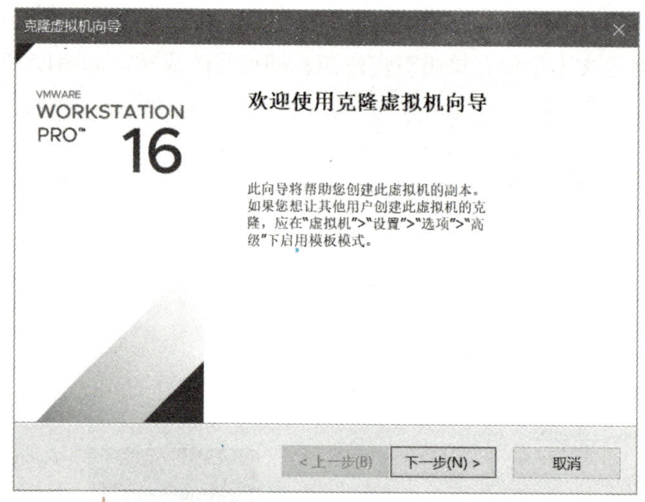

图 1.58 “克隆虚拟机向导”对话框

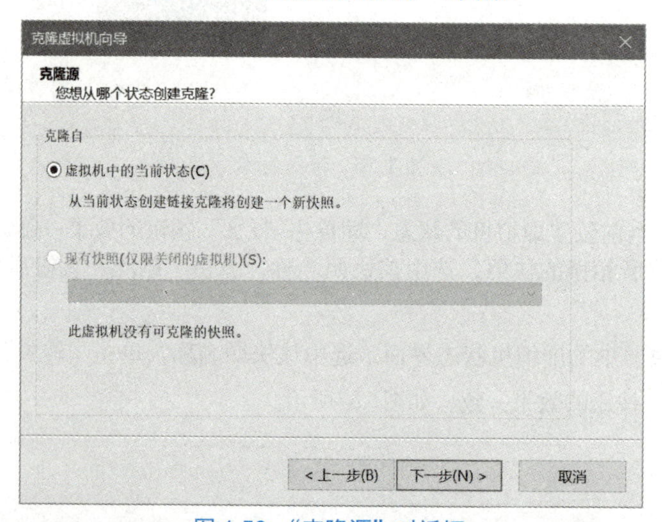

图 1.59 “克隆源”对话框

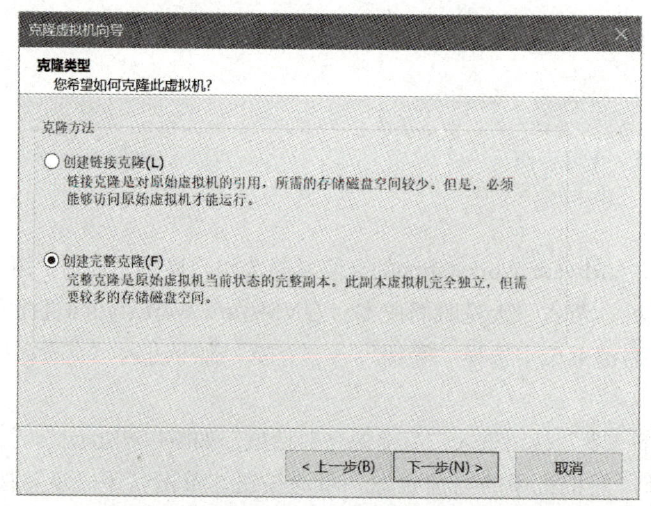

图 1.60 “克隆类型”对话框

克隆方法选择“创建完整克隆”单选按钮，完整克隆出来的虚拟机为独立状态，可以直接运行而不用访问原始虚拟机，单击“下一步”按钮设置克隆虚拟机的名称与存储位置，如图1.61所示。

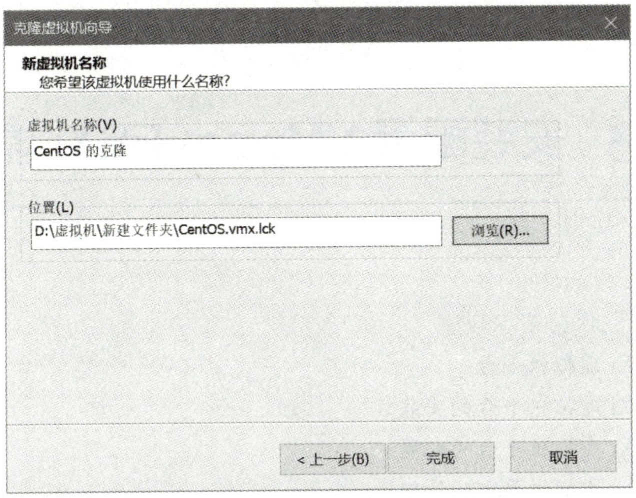

图 1.61　虚拟机名称与存储位置设置

单击图1.61中的“完成”按钮，克隆虚拟机完成。

项目小结

本项目首先介绍了VMware对系统的要求及虚拟机，然后讲解了如何创建虚拟机及操作系统。学习了本项目内容后，读者能够掌握VMware软件的安装使用、虚拟机及操作系统的安装和使用，为后期的学习奠定了基础。

习　题

1. 填空题

（1）安装VMware Workstation的物理机称为________，主机上的操作系统称为________。

（2）安装VMware软件的主机的显示适配器必须为________位或________位。

（3）主机需支持________、________、________和________硬盘驱动器。

（4）虚拟机的配置文件是________。

（5）虚拟机的磁盘文件是________。

2. 思考题

（1）简述额外内存和预留内存的区别。

（2）简述虚拟机中可添加的硬件类型。

（3）简述桥接模式和NAT模式的区别。

3. 实操题

安装VMware Workstation并创建一个虚拟机，配置及操作系统自行决定。

项目二

安装配置 VMware ESXi 虚拟机平台

学习目标

◎了解 VMware ESXi 虚拟机平台。
◎掌握 VMware ESXi 虚拟机平台的安装。
◎掌握 VMware ESXi 虚拟机平台的配置。
◎掌握 VMware ESXi 虚拟机平台的管理。

ESXi是一种裸金属架构的虚拟化技术，通过直接访问底层资源，能够有效地为硬盘分区来整合应用程序，从而为多台服务器提供虚拟化方案。VMware ESXi是VMware企业的基础产品，VMware企业中其他的产品，如VMware vSphere及VMware View等都基于VMware ESXi。

项目准备

VMware vSphere是VMware公司推出的一款全球领先的虚拟化平台，它可以将数据中心转换为一个高度可用、高度可扩展的计算基础设施，其中包括CPU、存储和网络资源等。vSphere可以帮助用户更有效地管理和部署IT基础架构，提供灵活的计算资源，并支持多种应用程序和操作系统。vSphere由多个物理构建块组成，例如x86虚拟化服务器、存储网络和阵列、IP网络、管理服务器和桌面客户端等。VMware vSphere的软件组件包括ESXi hypervisor、vCenter Server管理平台以及其他多个组件，这些组件可以在vSphere环境中实现多种不同的功能，如存储虚拟化、网络虚拟化和自动化管理等。VMware vSphere的基础架构如图2.1所示。vSphere的两个核心组件分别是ESXi和vCenter Server。ESXi是一种虚拟化平台，用于创建和运行虚拟机和虚拟设备。vCenter Server是一项服务，用于管理连接网络的ESXi主机资源，并将主机资源池化。

当前项目的目标就是在VMware Workstation中创建ESXi虚拟机平台，并对其进行配置管理。

1. VMware ESXi 简介

VMware ESXi是vSphere（VMware虚拟化应用产品）的核心组件之一，它是一种虚拟化的虚拟机管理程序，用于管理虚拟化数据中心内的物理或虚拟硬件，并提供虚拟机平台。使用ESXi，开发人员可以创建和运行虚拟机和虚拟设备，实现应用程序的快速部署和灵活性。ESXi是一种独立于通用操作系统的hypervisor，它以此提高了系统的安全性和稳定性。ESXi可以直接访问底层硬件资源，因此可以快速安装、配置和部署虚拟机，提高了虚拟化管理的效率和可靠性。VMware ESXi的体系架构如图2.2所示。

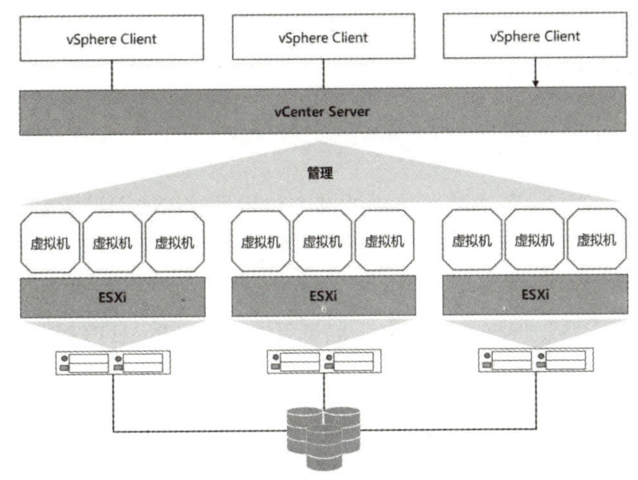

图 2.1　VMware vSphere 的基础架构

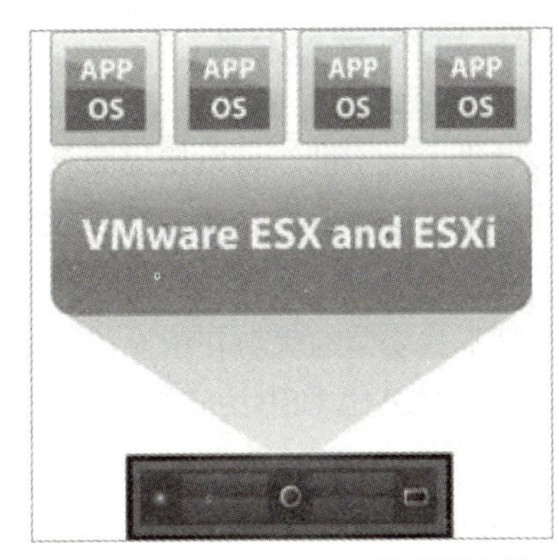

图 2.2　VMware ESXi 的体系架构

由图2.2所示，VMware ESXi架构包括虚拟化层和虚拟机。虚拟化层中包括两个重要组成部分，虚拟化管理程序VMkernel和虚拟机监视器VMM。

2. VMware ESXi、KVM 和 Xen 对比

目前市面上常用的虚拟化技术有VMware ESXi、KVM和Xen，在选择虚拟化技术时虚拟监控程序性能往往会成为考虑因素之一，KVM和ESXi均为1型虚拟机监控程序，可以直接在主机的硬件上运行，以管理虚拟客户机操作系统，性能优越。

KVM的运行基于内核，比起其他两种技术来说，速度较快，性能高。但它的宿主机操作系统必须为Linux操作系统，且只能运行在支持虚拟化扩展的x86和x86_64硬件架构上，这就说明它不能够运行在老式CPU上，也不能运行在不支持虚拟化的CPU上。

Xen是一个开放源代码虚拟机监控器，目前同时支持虚拟化和半虚拟化，Xen支持简化虚拟模式，不需要驱动程序便能够保证各个虚拟程序之间相互独立，但它的主机操作系统必须经过修改才能满足Xen的运行需求，且Xen运行复杂，维护成本高。

VMware ESXi如今已经发展为一个较为成熟的软件，极大地简化部署和配置项，支持多种管理方式，且市场占有率较高，因此本书选择VMware ESXi平台进行虚拟化架构的讲解。

3. ESXi 安装要求

① ESXi要求主机至少具有两个CPU内核。

② ESXi需要在BIOS中针对CPU启用NX/XD位。

③ ESXi需要至少4 GB的物理内存。

④ ESXi要求主机支持64位虚拟机，x64 CPU必须能够支持硬件虚拟化。

⑤ ESXi需要至少具有32 GB永久存储（如HDD、SSD或NVMe）的引导磁盘。

4. ESXi 安装环境

（1）在服务器上安装

可以在某些服务器上安装ESXi，但是安装时服务器的数据可能会丢失，需要提前备份数据。

（2）在PC上测试

在某些支持64位硬件虚拟化的PC上安装测试，将ESXi安装到U盘中，将SATA作为数据盘。

（3）在VMware Workstation虚拟机上测试

本书选择将ESXi安装到VMware Workstation中。

5. ESXi 安装方式

（1）交互式安装

对于少量主机，可以使用交互式安装。从CD、设备或是网络中的某个位置通过PXE引导安装程序，按照引导中的提示将ESXi安装到磁盘中。

（2）脚本式安装

脚本式安装的优势在于无须人工干预，但是需要将脚本安装在主机可以通过HTTP、HTTPS、FTP、NFS、CDROM或USB访问的位置，并通过引导程序进行引导安装。

（3）使用vSphere Auto Deploy安装

vSphere Auto Deploy可以为数百台服务器安装ESXi，并且可以指定镜像、主机、配置文件等。使用vSphere Auto Deploy安装时，vCenter Server可以将ESXi镜像直接加载到主机内存中。

6. VMware Host Client

管理VMware ESXi主机的方式有多种，如VMware Host Client、vSphere Web Client和vCenter Server。VMware Host Client是一种基于Web的管理工具，可让用户从任何现代浏览器中访问和管理VMware vSphere环境中的单个主机。它提供了一种轻量级的管理方式，可以用于虚拟机的创建、编辑、启动和停止、数据存储的管理、网络设置和用户权限等。这个工具跨平台，可以在支持HTML5和JavaScript的浏览器中使用，并且无须安装额外的软件。由于它的简单易用性和快速访问单个主机的特点，VMware Host Client成为了管理VMware vSphere环境中单个主机的理想工具。

任务一　安装 VMware ESXi

本任务主要是让读者掌握在VMware Workstation中安装VMware ESXi平台的方式。

1. 创建 ESXi 虚拟机

在VMware Workstation中，单击“创建新的虚拟机”按钮进入新建虚拟机向导界面，如图2.3所示。

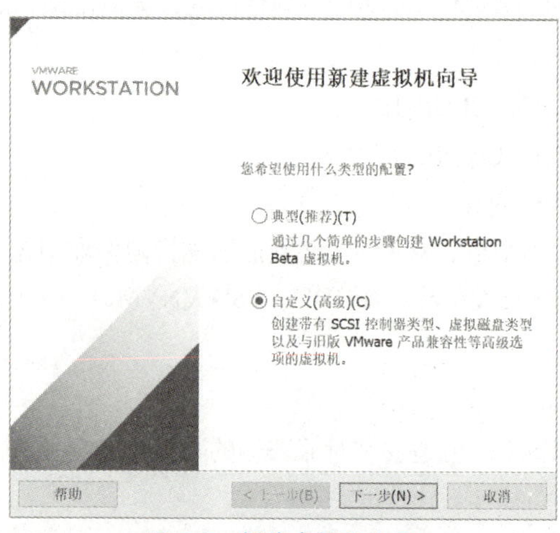

图 2.3　新建虚拟机向导

在图2.3中，选择“自定义”单选按钮。单击“下一步”按钮，在“选择虚拟机硬件兼容性”对话框，在“硬件兼容性”下拉列表中选择“Workstation 16.x”选项，如图2.4所示。

选择虚拟机硬件兼容性
该虚拟机需要何种硬件功能?
虚拟机硬件兼容性
硬件兼容性(H): Workstation 16.x
兼容: ESX Server(S)
兼容产品:
Fusion Beta
Fusion 12.x
Workstation Beta
Workstation 16.x
限制:
128 GB 内存
32 个处理器
10 个网络适配器
8 TB 磁盘大小
8 GB 共享图形内存
帮助　< 上一步(B)　下一步(N) >　取消

2.4　虚拟机硬件兼容性设置

单击“下一步”按钮，在“安装客户机操作系统”对话框，选择“稍后安装操作系统”单选按钮，如图2.5所示。

单击“下一步”按钮，在“选择客户机操作系统”对话框，选择“VMware ESX”单选按钮，版本选择“VMware ESXi 7和更高版本”，如图2.6所示。

安装客户机操作系统
虚拟机如同物理机，需要操作系统。您将如何安装客户机操作系统?
安装来源:
安装程序光盘(D):
无可用驱动器
安装程序光盘映像文件(iso)(M):
C:\Users\Administrator\Desktop\iso\镜像\CentOS-7-x86
浏览(R)...
稍后安装操作系统(S)。
创建的虚拟机将包含一个空白硬盘。
帮助　< 上一步(B)　下一步(N) >　取消

图 2.5　“安装客户机操作系统”对话框

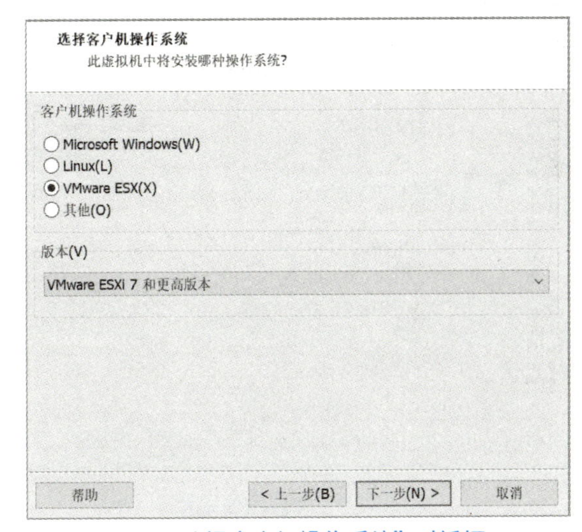

图 2.6　“选择客户机操作系统”对话框

单击“下一步”按钮，弹出“命名虚拟机”对话框，为虚拟机命名，如图2.7所示。

单击“下一步”按钮，弹出“处理器配置”对话框，配置处理器，设置两个处理器，每个处理器的内核设置为2，如图2.8所示。

命名虚拟机
您希望该虚拟机使用什么名称?
虚拟机名称(V):
ESXi
位置(L):
D:\虚拟机
浏览(R)...
在"编辑">"首选项"中可更改默认位置。
< 上一步(B) 下一步(N) > 取消

图 2.7 “命名虚拟机”对话框

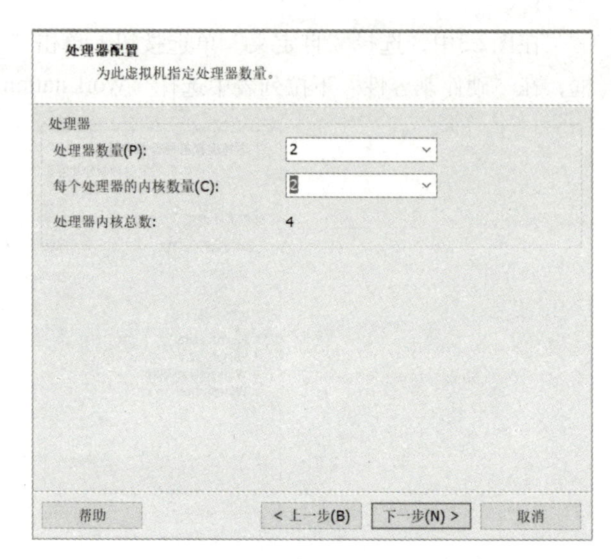

图 2.8 “处理器配置”对话框

单击“下一步”按钮设置虚拟机内存容量，为了后期的操作，此处将内存容量设置为13 GB，如图2.9所示。

单击“下一步”按钮，弹出“网络类型”对话框，设置网络类型，选择NAT模式，选中“使用网络地址转换（NAT）”单选按钮，如图2.10所示。

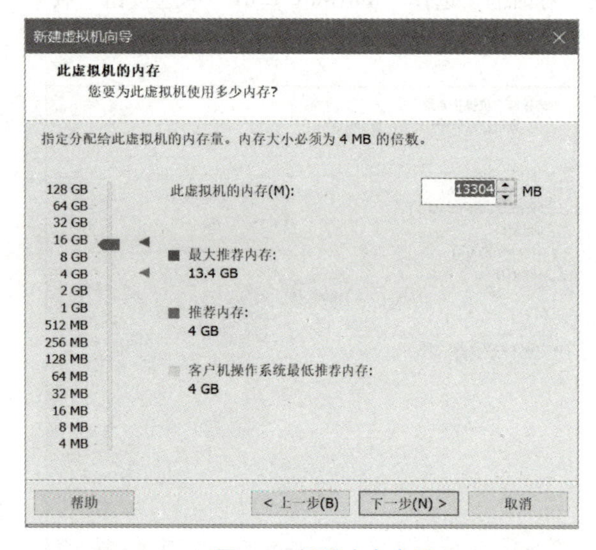

图 2.9 设置内存容量

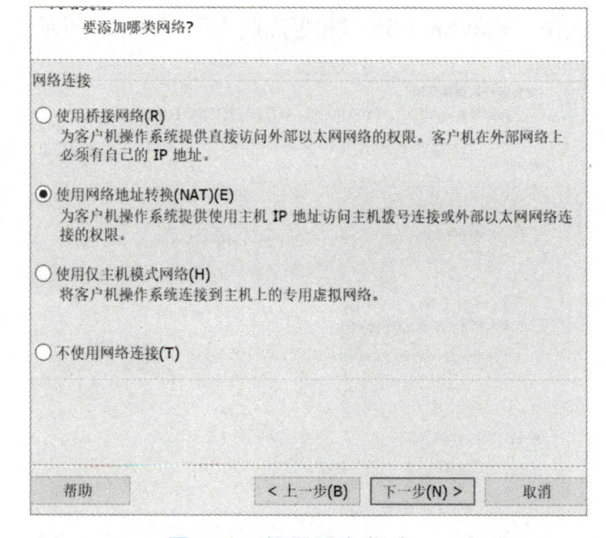

图 2.10 设置网络类型

单击“下一步”按钮，弹出“选择I/O控制器类型”对话框，选中“准虚拟化SCIP”单选按钮，如图2.11所示。

单击“下一步”按钮，弹出“选择磁盘类型”对话框，选中“SCSI”单选按钮，如图2.12所示。

单击“下一步”按钮，弹出“选择磁盘”对话框，选中“创建新虚拟磁盘”单选按钮有利于虚拟机在主机中移动，如图2.13所示。

单击“下一步”按钮，弹出“指定磁盘容量”对话框，此处根据官方建议将磁盘最大容量设置为142 GB，选中“将虚拟磁盘拆分成多个文件”单选按钮，如图2.14所示。

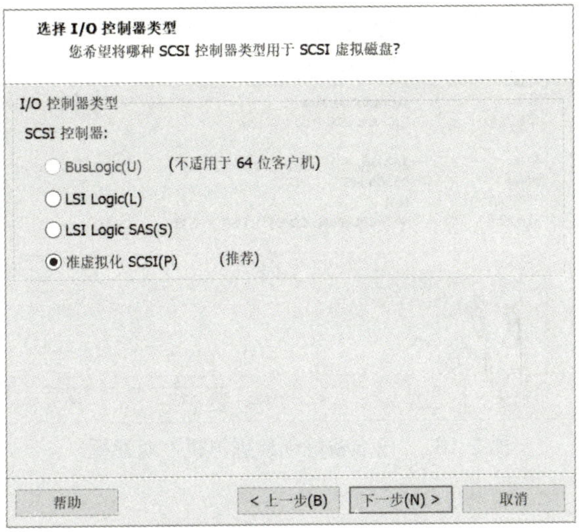

选择 I/O 控制器类型
您希望将哪种 SCSI 控制器类型用于 SCSI 虚拟磁盘?
I/O 控制器类型
SCSI 控制器:
BusLogic(U)
(不适用于 64 位客户机)
LSI Logic(L)
LSI Logic SAS(S)
准虚拟化 SCSI(P)
(推荐)
帮助
< 上一步(B)
下一步(N) >
取消

图 2.11 设置 I/O 控制器类型

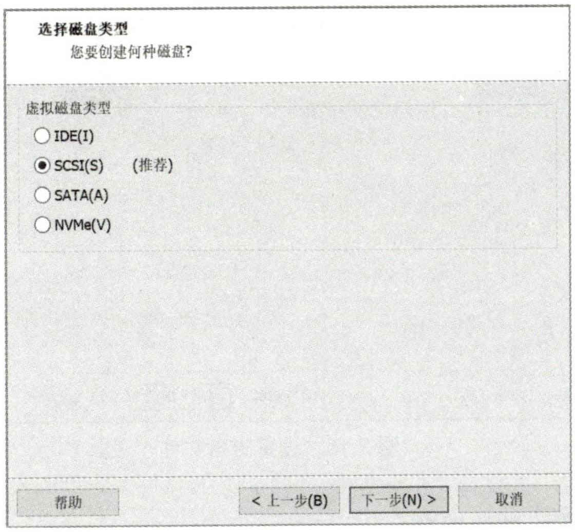

选择磁盘类型
您要创建何种磁盘?
虚拟磁盘类型
IDE(I)
SCSI(S)
(推荐)
SATA(A)
NVMe(V)
帮助
< 上一步(B)
下一步(N) >
取消

图 2.12 选择磁盘类型

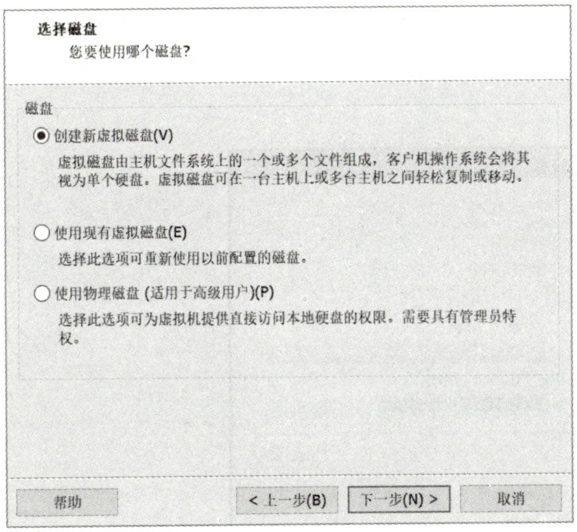

选择磁盘
您要使用哪个磁盘?
磁盘
创建新虚拟磁盘(V)
虚拟磁盘由主机文件系统上的一个或多个文件组成，客户机操作系统会将其视为单个硬盘。虚拟磁盘可在一台主机上或多台主机之间轻松复制或移动。
使用现有虚拟磁盘(E)
选择此选项可重新使用以前配置的磁盘。
使用物理磁盘 (适用于高级用户)(P)
选择此选项可为虚拟机提供直接访问本地硬盘的权限。需要具有管理员特权。
帮助
< 上一步(B)
下一步(N) >
取消

图 2.13 选择磁盘

指定磁盘容量
磁盘大小为多少?
最大磁盘大小 (GB)(S):
142.0
针对 VMware ESXi 7 和更高版本 的建议大小: 142 GB
立即分配所有磁盘空间(A)。
分配所有容量可以提高性能，但要求所有物理磁盘空间立即可用。如果不立即分配所有空间，虚拟磁盘的空间最初很小，会随着您向其中添加数据而不断变大。
将虚拟磁盘存储为单个文件(O)
将虚拟磁盘拆分成多个文件(M)
拆分磁盘后，可以更轻松地在计算机之间移动虚拟机，但可能会降低大容量磁盘的性能。
帮助
< 上一步(B)
下一步(N) >
取消

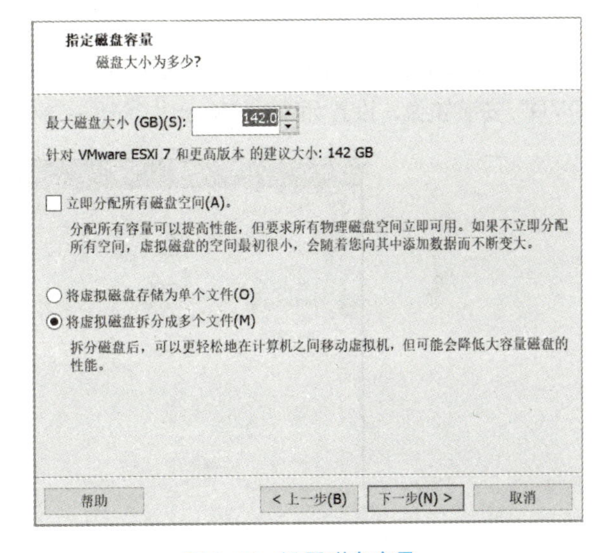

图 2.14 设置磁盘容量

单击“下一步”按钮，弹出“指定磁盘文件”对话框，如图2.15所示。

单击“下一步”按钮，在“已准备好创建虚拟机”对话框中可以看到为虚拟机设置的名称及位置等，如图2.16所示。

单击“完成”按钮，回到VMware Workstation主界面，可以看到创建成功的ESXi虚拟机。

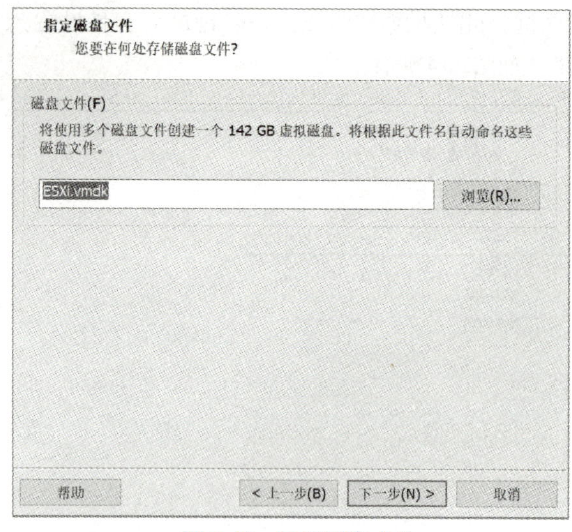

图 2.15　设置磁盘文件

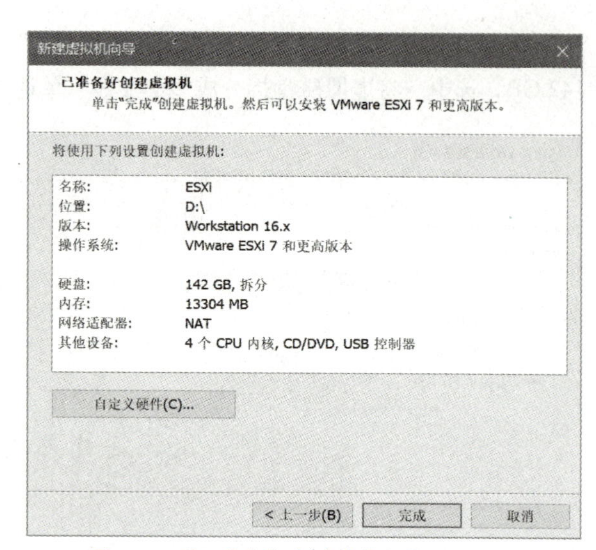

图 2.16　“已准备好创建虚拟机”对话框

技能提升

在安装ESXi虚拟机配置硬件及其他设施时，一定要结合ESXi的安装要求，否则虚拟机的配置不符合安装要求会导致ESXi安装失败。

2. 在虚拟机中安装 ESXi

在ESXi虚拟机主页面单击“编辑虚拟机设置”按钮，弹出“虚拟机设置”对话框，选择“CD/DVD”安装镜像，设置如图2.17所示。

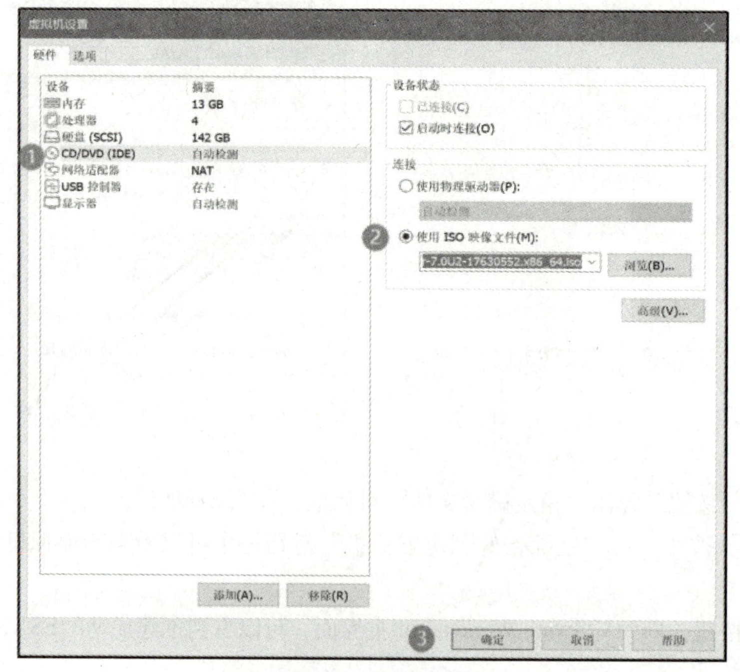

图 2.17　安装镜像

单击“确定”按钮，返回ESXi虚拟机页面。单击“开启此虚拟机”按钮，开始安装ESXi，在倒计时结束前按【Shift+O】组合键，在输入栏中输入“autoPartitionOSDataSize=4096”即指定OSData的容量为4 096 MB，如图2.18所示。

图 2.18　设置 OSData 容量

按【Enter】键，继续安装ESXi，如图2.19所示。

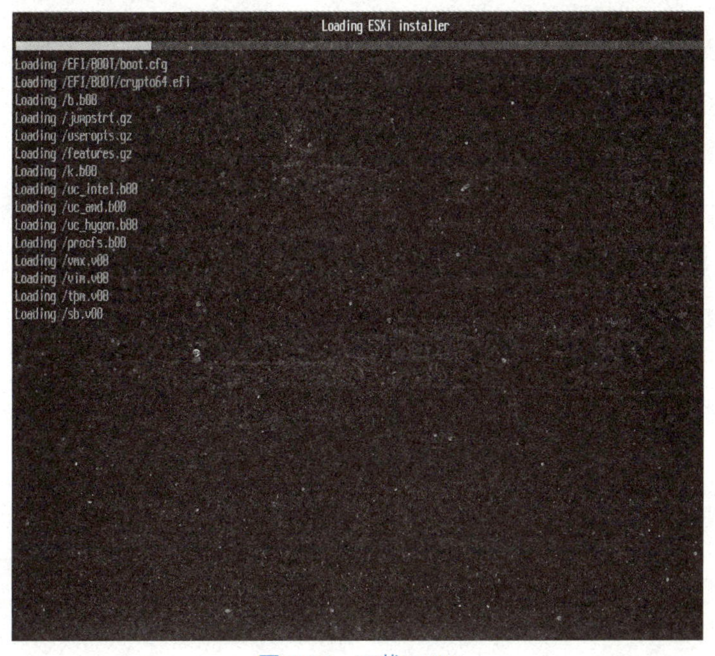

图 2.19　下载 ESXi

下载完毕弹出Welcome to the VMware ESXi 7.0.2 Installation对话框，按【Enter】键继续安装，按【Esc】键取消安装，如图2.20所示。

按【Enter】键继续安装ESXi，在End User License Agreement对话框中，按【F11】键接受并同意安全协议，按【Esc】键不同意协议，取消安装，如图2.21所示。

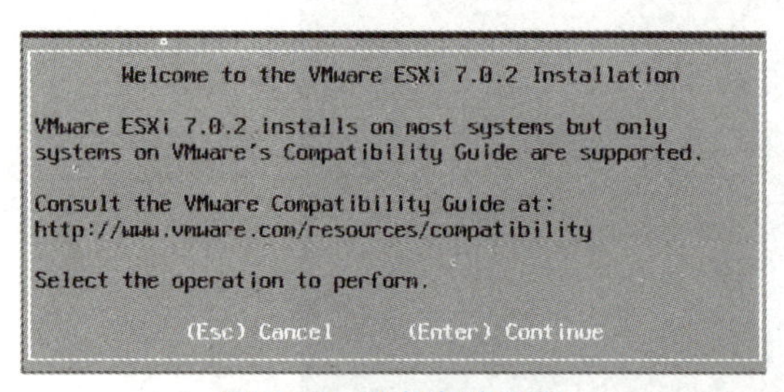

图 2.20　准备安装 ESX

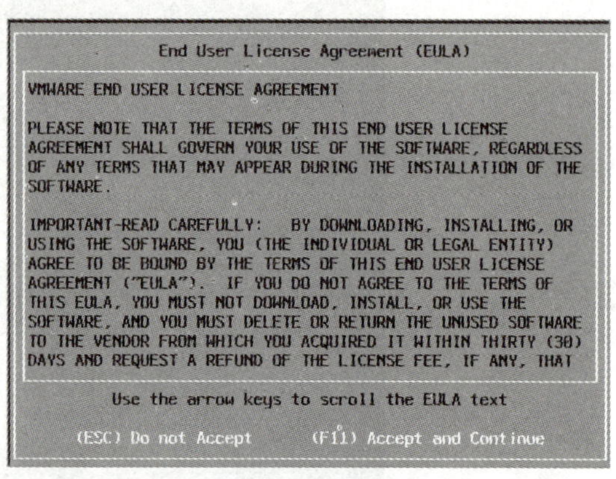

图 2.21　安全协议

按【F11】键同意安全协议内容，在Select a Disk to Install or Upgrade对话框中，选择ESXi的安装位置，此处将ESXi安装到142 GB的虚拟硬盘上，如图2.22所示。

按【Enter】键继续安装，在Please select a keyboard layout对话框中，配置键盘布局，选择“US Default”，如图2.23所示。

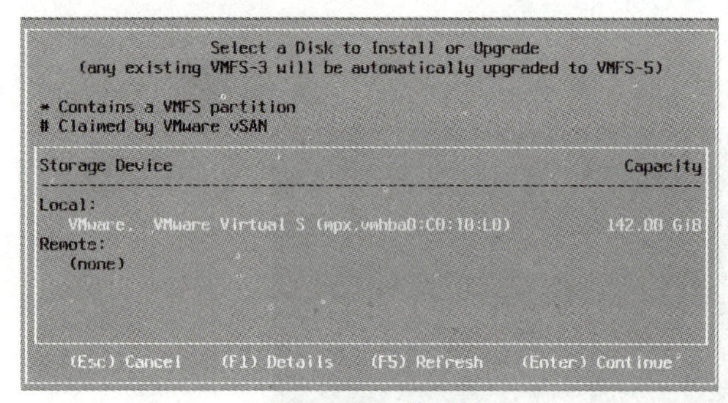

图 2.22　选择磁盘

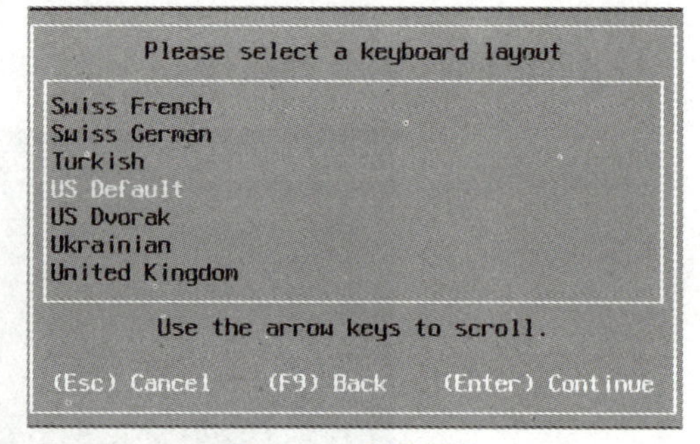

图 2.23　选择语言

按【Enter】键继续安装，在Enter a root password对话框中设置管理员的密码，密码长度必须为7位及以上，并且密码必须包含大小写字母、数字与符号，如图2.24所示。

按【Enter】键继续安装，在Confirm install对话框中，按【F11】键，确认安装ESXi，如图2.25所示。

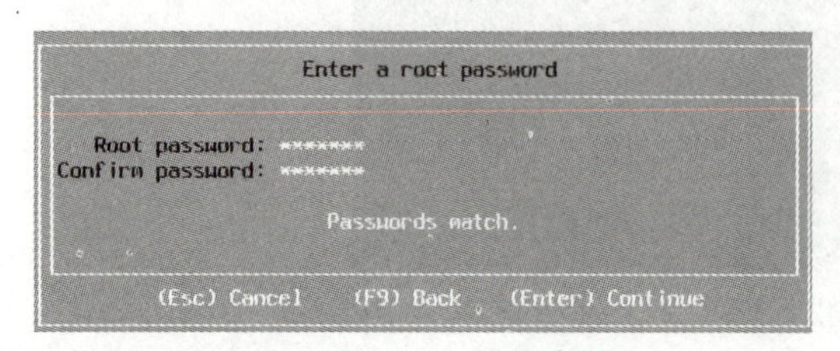

图 2.24　设置密码

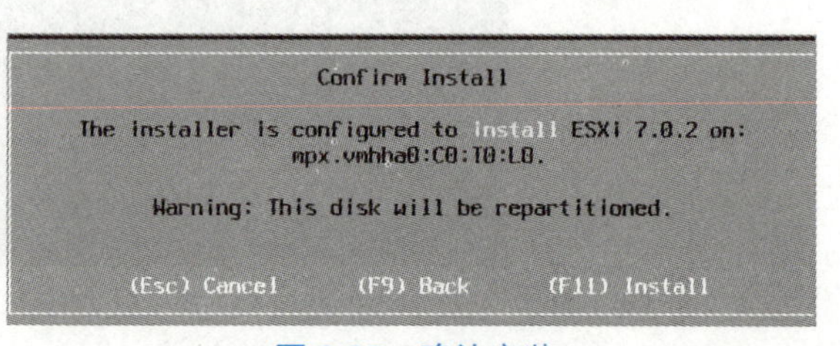

图 2.25　确认安装

ESXi安装完成后，弹出Installation Complete对话框，按【Enter】键重启服务，如图2.26所示。

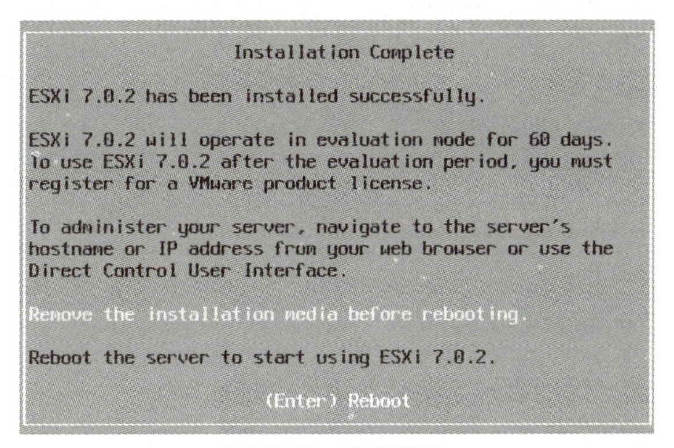

图 2.26　重启服务

VMware ESXi启动成功后，在控制台界面可以看到服务器的信息，如CPU型号、主机内存容量与管理地址等，如图2.27所示。

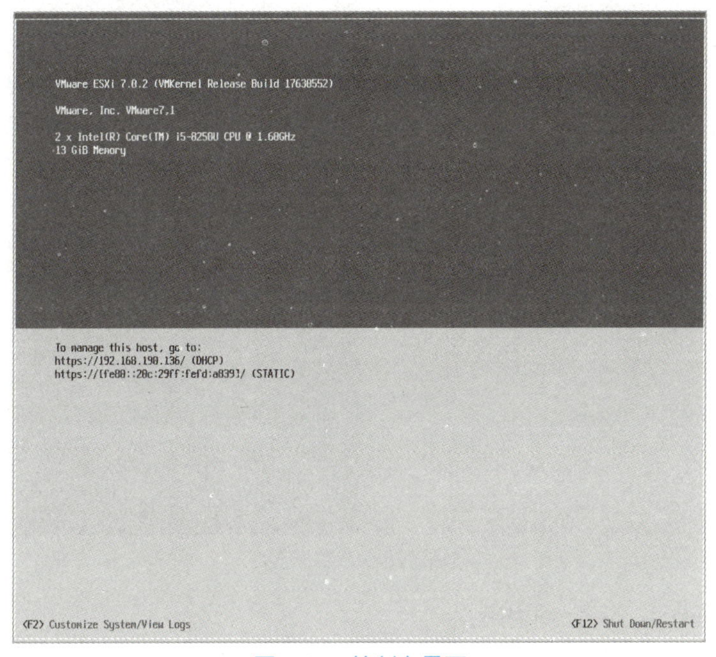

图 2.27　控制台界面

任务二　配置 VMware ESXi

本任务主要是对已安装的VMware ESXi进行配置，读者可根据个人需要修改其配置。

1. 控制台界面

由图2.27可知，对控制台的操作均是由键盘中的按键来操控，如【F2】键为配置系统，【F12】键为关机或重启主机，其他的按键操作如表2.1所示。

表 2.1　按键操作说明

按键操作	说　明	按键操作	说　明
F2	查看和更改配置	箭头键	在字段间移动所选内容
F4	将用户界面更改为高对比配置	Enter	选择菜单项 / 保存并退出
F12	关机或重启主机	空格键	切换值
Alt+F12	查看 VMkernel 日志	F11	确认敏感命令
Alt+F1	切换到 shell 控制台	Esc	退出但不保存更改
Alt+F2	切换到直接控制台用户界面	Q	退出系统日志

接下来进入系统配置界面，详细讲解系统配置中的各项配置。

进入ESXi控制台，按【F2】键，输入管理员密码，如图2.28所示。

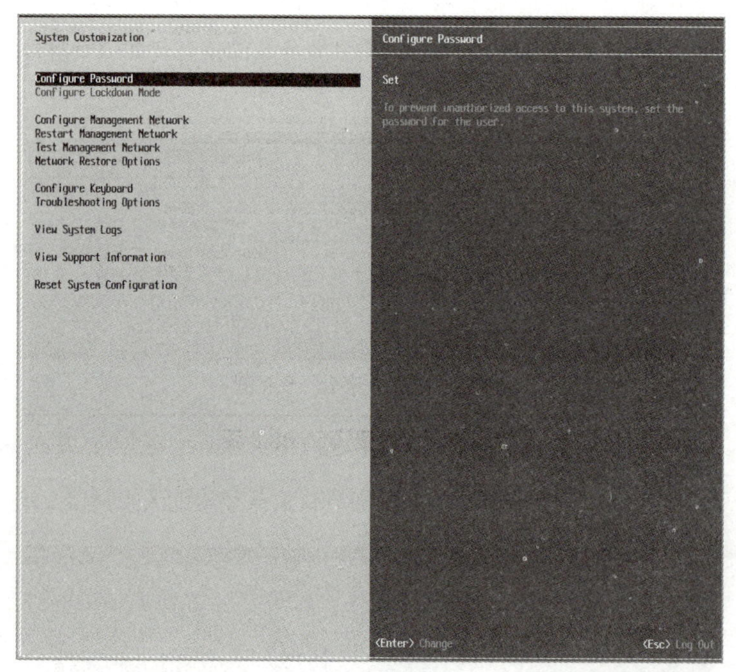

图 2.28　系统配置

- Configure Password：设置root密码。
- Configure Lockdown Mode：配置锁定模式。
- Configure Management Network：配置网络。
- Restart Management Network：重启网络。
- Test Management Network：测试网络。
- Network Restore Options：还原网络配置。
- Configure Keyboard：配置键盘布局。
- Troubleshooting Options：故障排除设置。
- View System Logs：查看系统日志。
- View Support Information：查看支持信息。
- Reset System Configuration：还原系统配置。

2. 设置 root 密码

在系统配置界面通过上下键将光标移动至“Configure Password”一行，按【Enter】键，输入原密码与新密码，再按【Enter】键，修改完成。此处要注意的是，密码的设定要符合密码策略，如图2.29所示。

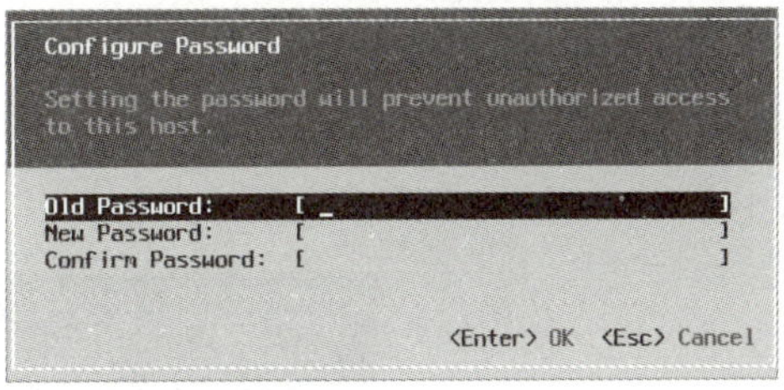

图 2.29　修改密码

3. 配置网络

为了管理网络，ESXi需要一个IP地址，可以通过DHCP协议来为ESXi分配一个IP地址，也可以通过网络配置来手动修改IP地址。

在系统配置界面通过上下键将光标移动至“Configure Management Network”一行，按【Enter】键，进入界面对网络进行管理配置，如图2.30所示。

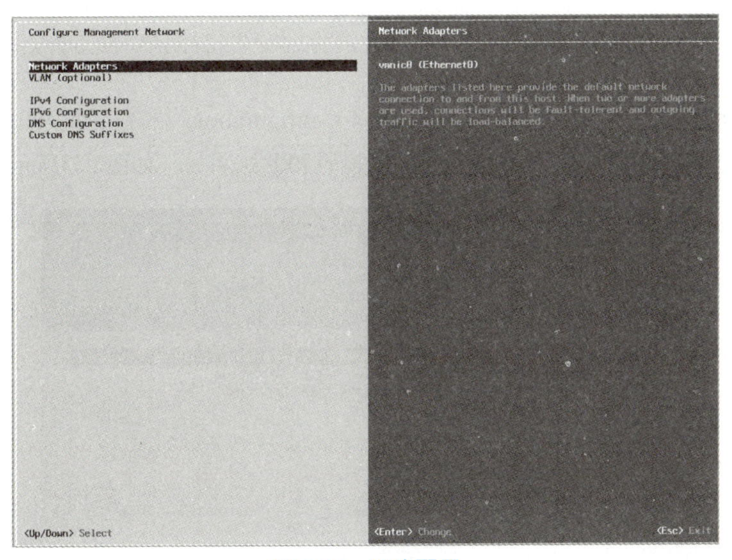

图 2.30　网络配置

由图2.30所示，可以通过网络配置修改网络适配器、VLAN、IP地址和DNS配置。接下来对这四项配置做详细操作。

(1) 修改网络适配器

在网络配置界面通过上下键将光标移动至“Network Adapters”一行，按【Enter】键，在弹出的“适配器”对话框中选择管理网卡，按【Enter】键返回到网络配置界面，如图2.31所示。

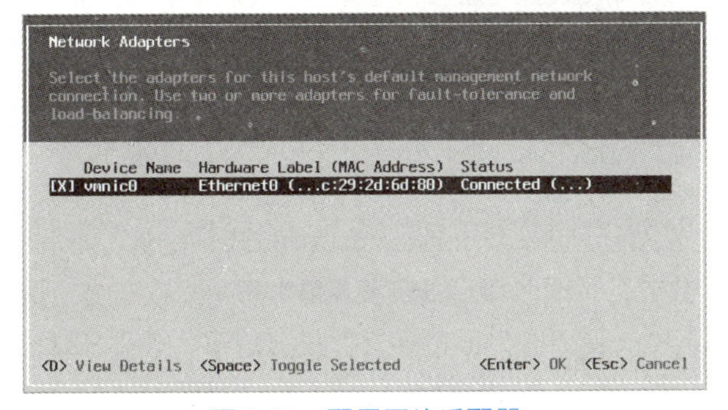

图 2.31　配置网络适配器

（2）修改VLAN

在网络配置界面通过上下键将光标移动至“VLAN”一行，按【Enter】键，在“VLAN”对话框中设置一个VLAN ID。一般情况下不需要对VLAN进行修改，按【Enter】键返回网络配置界面，如图2.32所示。

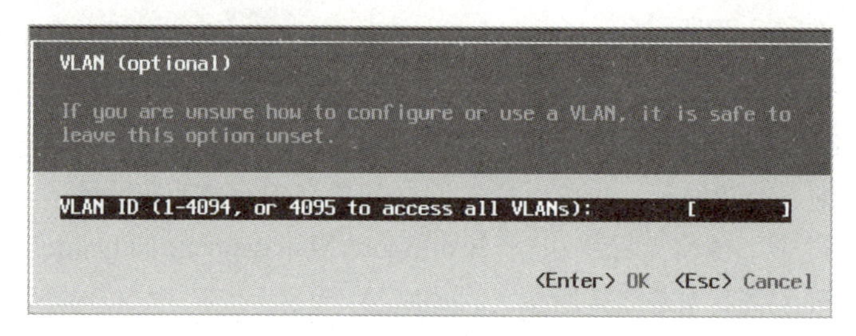

图 2.32 配置 VLAN

（3）修改IP地址

在网络配置界面通过上下键将光标移动至“IPv4 Configuration”一行，按【Enter】键，“IP地址配置”对话框中默认选择的是DHCP分配IP地址、子网掩码和默认网关，如图2.33所示。

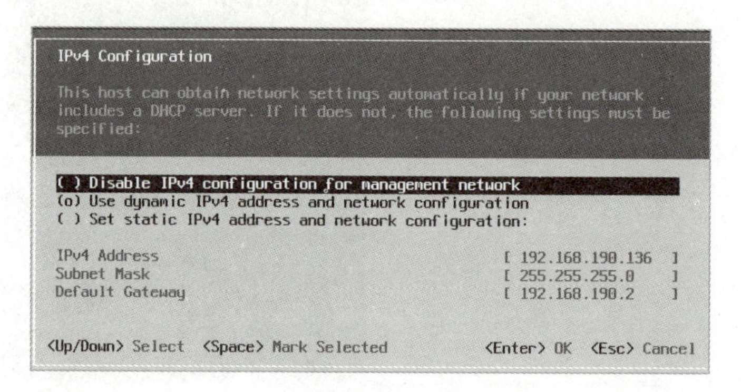

图 2.33 设置 IP 地址

此处将IP地址设置为静态，通过上下键将光标移动至“Set static IPv4 address...”一行，按“空格”键选中该行，便可以根据需求为ESXi设置IP地址、子网掩码及网关，如图2.34所示。

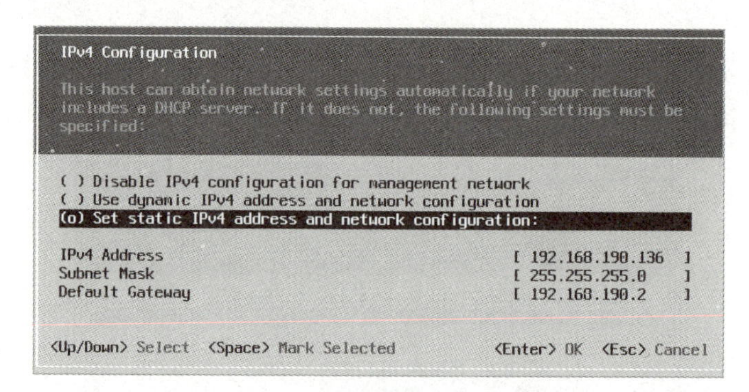

图 2.34 设置静态 IP

按【Enter】键返回网络配置界面。

（4）修改DNS配置

在网络配置界面通过上下键将光标移动至“DNS Configuration”一行，按【Enter】键，DNS配置对话框中默认选择的自动DNS配置，如图2.35所示。

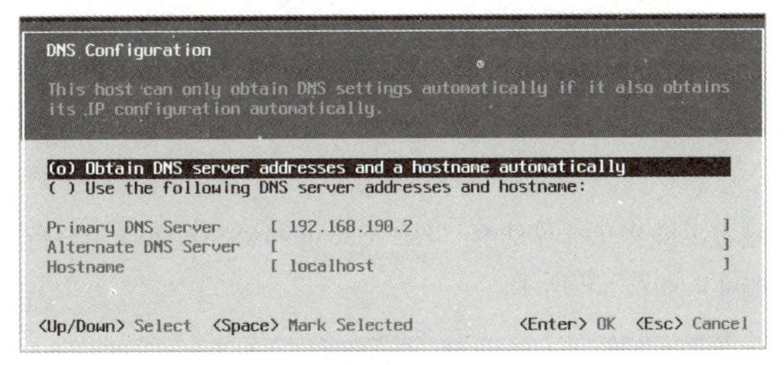

图 2.35　配置 DNS

除了自动配置DNS外，还能配置静态DNS信息，将光标移动至“Use the following DNS server address and hostname”一行，按“空格”键，便可以设置静态DNS及主机名，如图2.36所示。

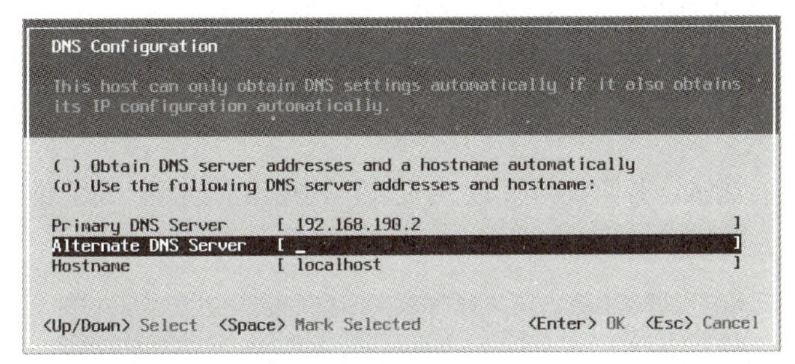

图 2.36　配置静态 DNS

按【Enter】键返回网络配置界面，按【Esc】键后会弹出“确认修改”对话框，按【Y】键保存修改返回网络配置界面，如图2.37所示。

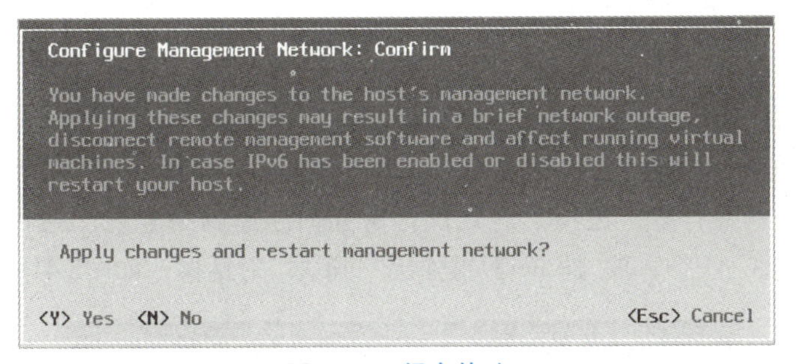

图 2.37　保存修改

4. 重启网络

还原网络或是配置网络出错时可能需要重启网络，在系统配置界面通过上下键将光标移动至“Restart Management Network”一行，按【Enter】键，会弹出“确认”对话框。在对话框内，按【F11】键则重启网络，按【Esc】键则取消重启，如图2.38所示。

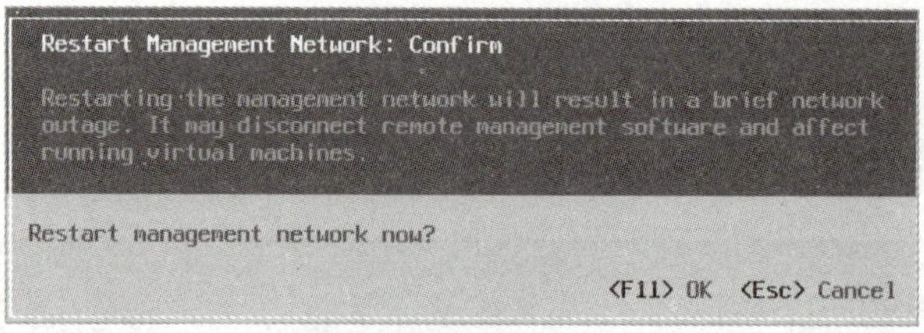

图 2.38　重启网络

5. 测试网络连接

在系统配置界面通过上下键将光标移动至“Test Management Network”一行，按【Enter】键，在对话框内输入要测试的IP地址，如图2.39所示。

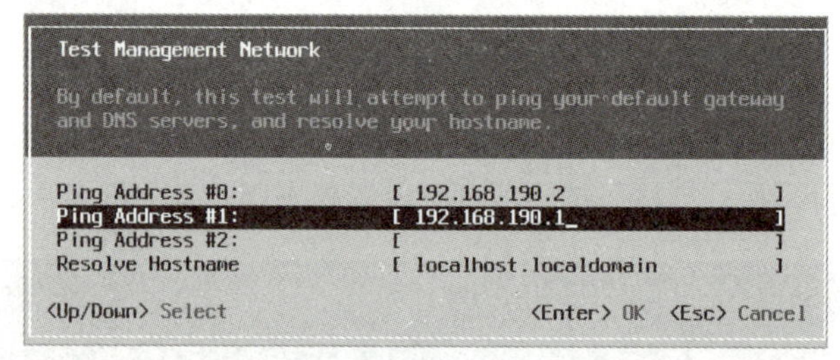

图 2.39　测试 IP 地址

按【Enter】键，进行测试，若测试结果为OK则表示网络没有问题，反之证明网络配置有问题，如图2.40所示。

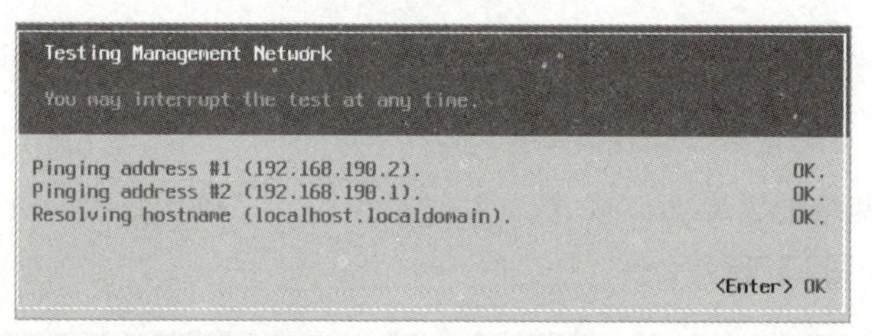

图 2.40　测试结果

6. 网络还原配置

在系统配置界面通过上下键将光标移动至“Network Restore Options”一行，按【Enter】键，在“网络还原配置”对话框中有多条选项，此处仅讲解如何还原网络配置。通过上下键将光标移动至“Restore Network Settings”一行，按【Enter】键弹出“确认”对话框，如图2.41所示。

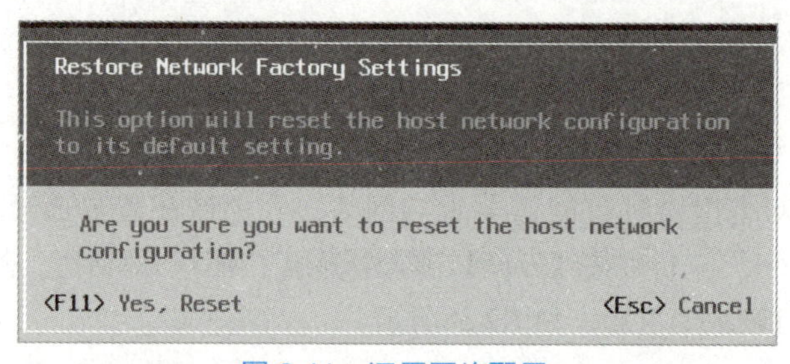

图 2.41　还原网络配置

在对话框内按【F11】键则确认还原，按【Esc】键则取消还原。

7. 配置键盘布局

在系统配置界面通过上下键将光标移动至“Configure Keyboard”一行，按【Enter】键，在对话框内根据个人需要选择键盘布局，将光标移动至选中的布局，按【Enter】键便可选中，如图2.42所示。

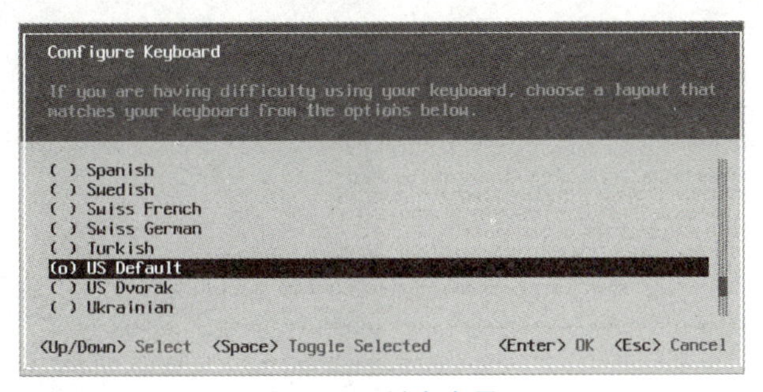

图 2.42 键盘布局

按【Enter】键保存修改返回系统配置界面，按【Esc】键则取消修改返回系统配置界面。

8. 启动 ESXi Shell 和 SSH 访问

在系统配置界面通过上下键将光标移动至“Troubleshooting Options”一行，按【Enter】键，通过【Enter】键启动与关闭服务，此时的ESXi Shell和SSH默认是关闭状态，如图2.43所示。

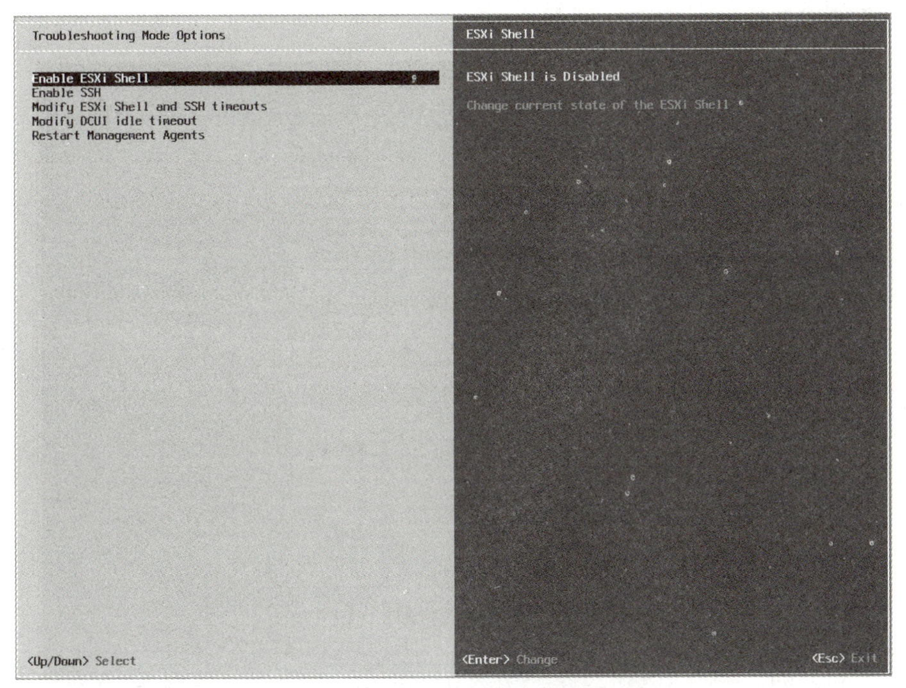

图 2.43 故障排除

按【Enter】键保存修改返回系统配置界面，按【Esc】键则取消修改返回系统配置界面。

9. 查看系统日志

在系统配置界面通过上下键将光标移动至“View System Logs”一行，通过按对应的数字键查看对应日志，如按数字1键，则可以查看系统日志，按【Q】键则退出，如图2.44所示。

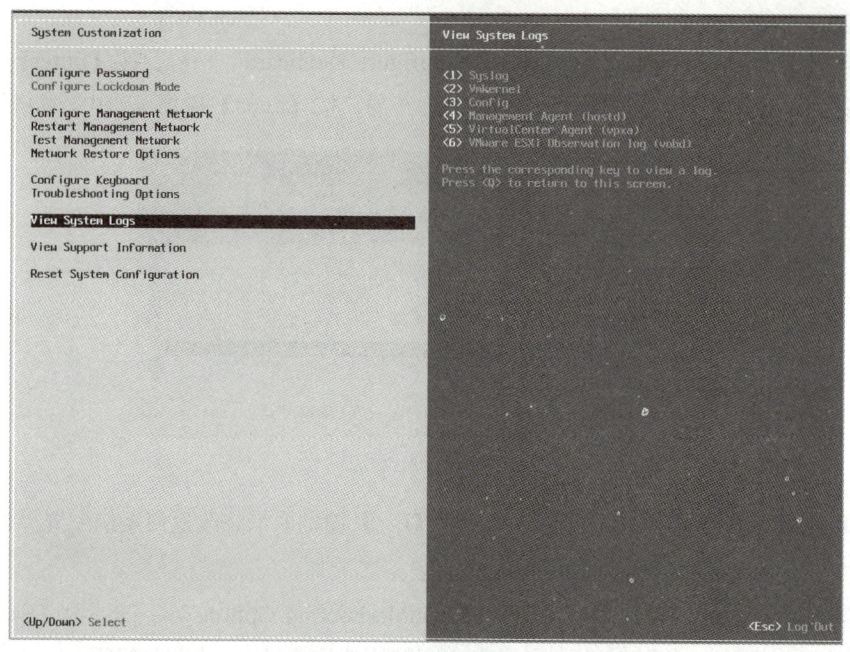

图 2.44 查看系统日志

按【1】键，查看系统日志，如图2.45所示。

```
2021-11-29T05:50:36Z watchdog-vobd: [65747] Begin '/usr/lib/vmware/vob/bin/vobd', min-uptime = 60, max-quick-failures = 5, max-t
otal-failures = 1000000, bg_pid_file = '', reboot-flag = '0'
2021-11-29T05:50:36Z watchdog-vobd: Executing '/usr/lib/vmware/vob/bin/vobd'
2021-11-29T05:50:36.926Z jumpstart[65729]: Launching Executor
2021-11-29T05:50:36.926Z jumpstart[65729]: Setting up Executor - Reset Requested
2021-11-29T05:50:36.928Z jumpstart[65758]: Executor Reset - polling for commands
2021-11-29T05:50:37.075Z jumpstart[65729]: executing start plugin: PSA-boot-config
2021-11-29T05:50:37.075Z jumpstart[65729]: executing start plugin: crx-crontab
2021-11-29T05:50:37.075Z jumpstart[65729]: executing start plugin: check-required-memory
2021-11-29T05:50:37.075Z jumpstart[65729]: executing start plugin: dma-engine
2021-11-29T05:50:37.075Z jumpstart[65729]: executing start plugin: autodeploy-enabled
2021-11-29T05:50:37.076Z jumpstart[65729]: executing start plugin: driver-status-check
2021-11-29T05:50:37.076Z jumpstart[65729]: executing start plugin: storage-psa-init
2021-11-29T05:50:37.076Z jumpstart[65729]: executing start plugin: register-vmw-mpp
2021-11-29T05:50:37.087Z nativeExecutor[65790]: Log for VMware ESXi version=7.0.2 build=build-17630552 option=Release
2021-11-29T05:50:37.087Z nativeExecutor[65790]: Switching to VMware syslog extensions
2021-11-29T05:50:37.087Z nativeExecutor[65790]: Invoking method start on plugin crx-crontab
2021-11-29T05:50:37.087Z nativeExecutor[65790]: Method start executed successfully for plugin crx-crontab
2021-11-29T05:50:37.092Z nativeExecutor[65791]: Log for VMware ESXi version=7.0.2 build=build-17630552 option=Release
2021-11-29T05:50:37.092Z nativeExecutor[65791]: Switching to VMware syslog extensions
2021-11-29T05:50:37.092Z nativeExecutor[65793]: Log for VMware ESXi version=7.0.2 build=build-17630552 option=Release
2021-11-29T05:50:37.092Z nativeExecutor[65791]: Invoking method start on plugin check-required-memory
2021-11-29T05:50:37.092Z nativeExecutor[65793]: Switching to VMware syslog extensions
2021-11-29T05:50:37.092Z nativeExecutor[65793]: Invoking method start on plugin autodeploy-enabled
2021-11-29T05:50:37.092Z nativeExecutor[65791]: Method start executed successfully for plugin check-required-memory
2021-11-29T05:50:37.093Z jumpstart[65729]: executing start plugin: tpm
2021-11-29T05:50:37.101Z nativeExecutor[65792]: Log for VMware ESXi version=7.0.2 build=build-17630552 option=Release
2021-11-29T05:50:37.101Z nativeExecutor[65792]: Switching to VMware syslog extensions
2021-11-29T05:50:37.101Z nativeExecutor[65792]: Invoking method start on plugin dma-engine
2021-11-29T05:50:37.101Z jumpstart[65729]: executing start plugin: register-vmw-satp
2021-11-29T05:50:37.102Z nativeExecutor[65795]: Log for VMware ESXi version=7.0.2 build=build-17630552 option=Release
2021-11-29T05:50:37.102Z nativeExecutor[65795]: Switching to VMware syslog extensions
2021-11-29T05:50:37.102Z nativeExecutor[65795]: Invoking method start on plugin storage-psa-init
2021-11-29T05:50:37.113Z nativeExecutor[65796]: Log for VMware ESXi version=7.0.2 build=build-17630552 option=Release
2021-11-29T05:50:37.113Z nativeExecutor[65796]: Switching to VMware syslog extensions
2021-11-29T05:50:37.113Z nativeExecutor[65796]: Invoking method start on plugin tpm
2021-11-29T05:50:37.136Z nativeExecutor[65795]: Method start executed successfully for plugin storage-psa-init
2021-11-29T05:50:37.148Z nativeExecutor[65792]: Method start executed successfully for plugin dma-engine
2021-11-29T05:50:37.151Z nativeExecutor[65796]: Method start executed successfully for plugin tpm
2021-11-29T05:50:37.151Z jumpstart[65729]: executing start plugin: register-vmw-psp
2021-11-29T05:50:37.151Z jumpstart[65729]: executing start plugin: vmkeventd
2021-11-29T05:50:37.152Z jumpstart[65729]: executing start plugin: config-encryption-early
2021-11-29T05:50:37.166Z nativeExecutor[65798]: Log for VMware ESXi version=7.0.2 build=build-17630552 option=Release
2021-11-29T05:50:37.166Z nativeExecutor[65798]: Switching to VMware syslog extensions
2021-11-29T05:50:37.166Z nativeExecutor[65798]: Invoking method start on plugin config-encryption-early
2021-11-29T05:50:37.166Z nativeExecutor[65794]: Log for VMware ESXi version=7.0.2 build=build-17630552 option=Release
2021-11-29T05:50:37.166Z nativeExecutor[65794]: Switching to VMware syslog extensions
<Q> Quit </> RegExp Search <H> Help
```

图 2.45 系统日志内容

10. 查看支持信息

在系统配置界面通过上下键将光标移动至“View Support Information”一行，可以查看ESXi的各种信息，如ESXi版本的序列号，如图2.46所示。

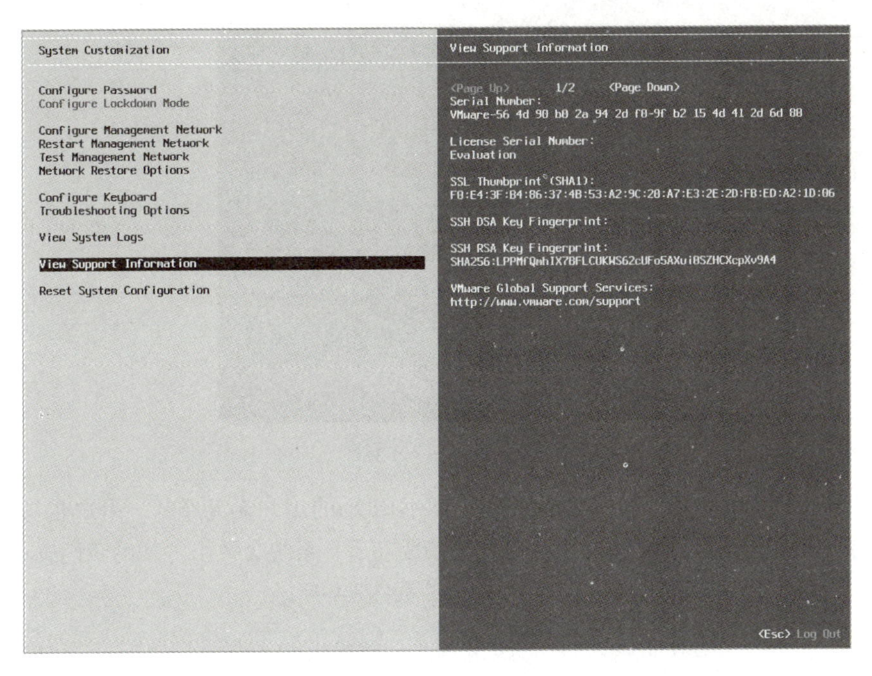

图 2.46　查看支持信息

11. 恢复系统配置

在系统配置界面通过上下键将光标移动至“Reset System Configuration”一行，按【Enter】键，在对话框确认是否要恢复ESXi的默认设置，如果确认，那么系统会对ESXi所做修改全部恢复至原始状态，密码也会被清空，如图2.47所示。

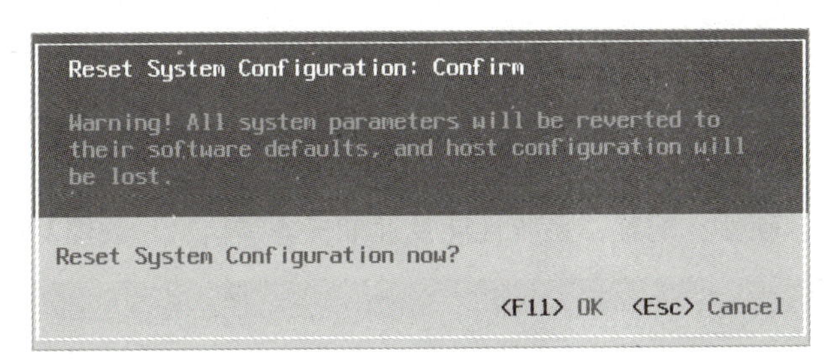

图 2.47　恢复系统配置

按【F11】键则确认恢复系统配置，按【Esc】键则取消恢复。

任务三　管理 VMware ESXi

本任务主要是通过使用VMware Host Client管理VMware ESXi主机，使读者熟悉VMware ESXi主机的组成。

1. 启动并登录 VMware Host Client

在浏览器中输入VMware ESXi的IP地址进行启动，如图2.48所示。

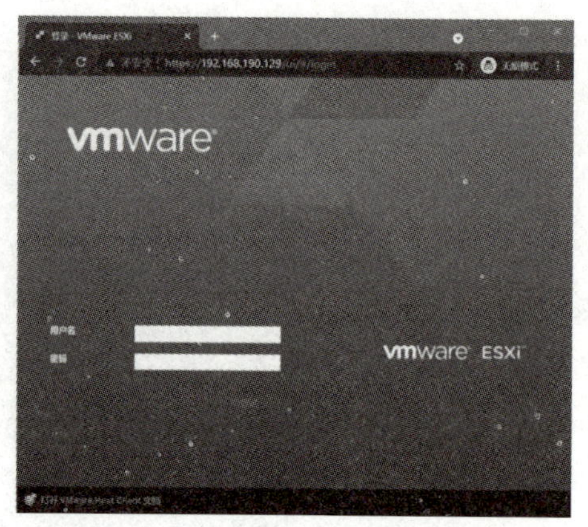

图 2.48　ESXi 登录

在文本框中输入ESXi主机的用户名和密码，本书ESXi的用户名为root，用户名与密码输入完成后，单击“登录”按钮即可登录到ESXi主机中。登录成功后，系统会弹出“帮助我们改善VMware Host Client”对话框，读者可根据个人情况决定是否勾选，如图2.49所示。

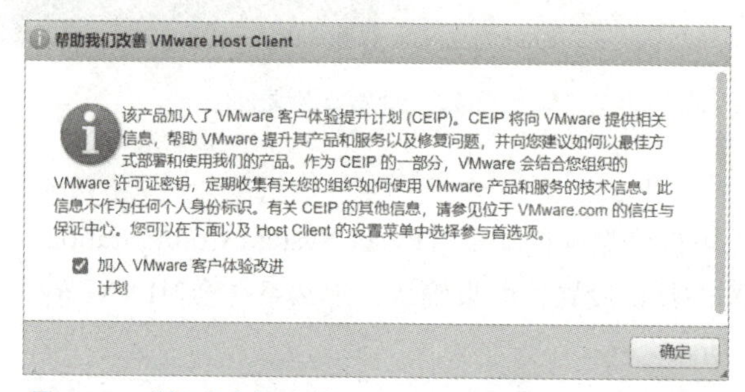

图 2.49　“帮助我们改善 VMware Host Client”对话框

选择完毕后，单击“确定”按钮，成功登录至ESXi主机中。ESXi主机包括四部分，分别为主机、虚拟机、存储和网络。其中，主机中又包括管理和监控两个选项。在ESXi主机界面的右侧可以看到ESXi主机的主机名、版本、硬件、配置、系统性能及近期任务等信息，如图2.50所示。

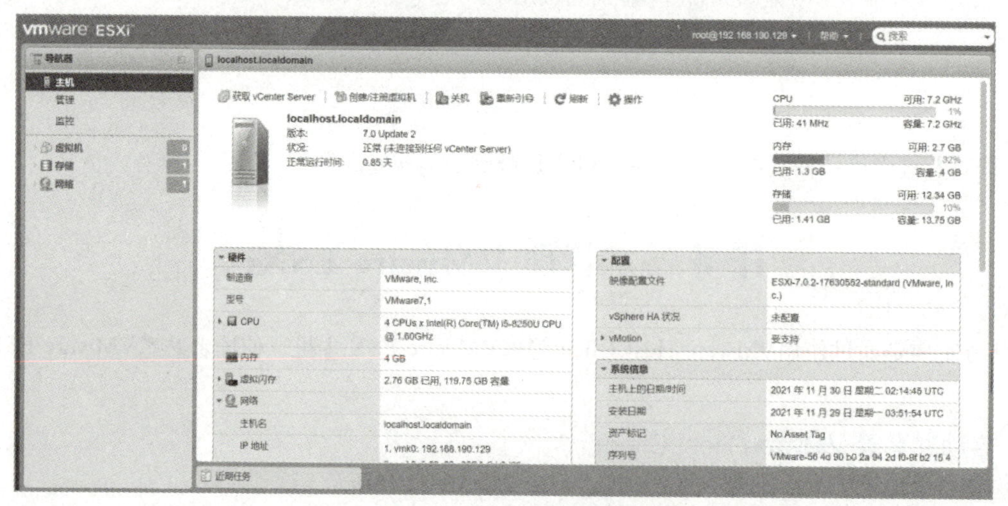

图 2.50　ESXi 主机界面

2. 管理 ESXi 主机

（1）高级设置

单击ESXi主机界面“主机”下方的“管理”选项，然后单击“系统”下的“高级设置”选项，可以管理ESXi主机的高级设置，如创建初始欢迎消息、配置用户界面会话超时、账户和密码锁定策略等，如图2.51所示。

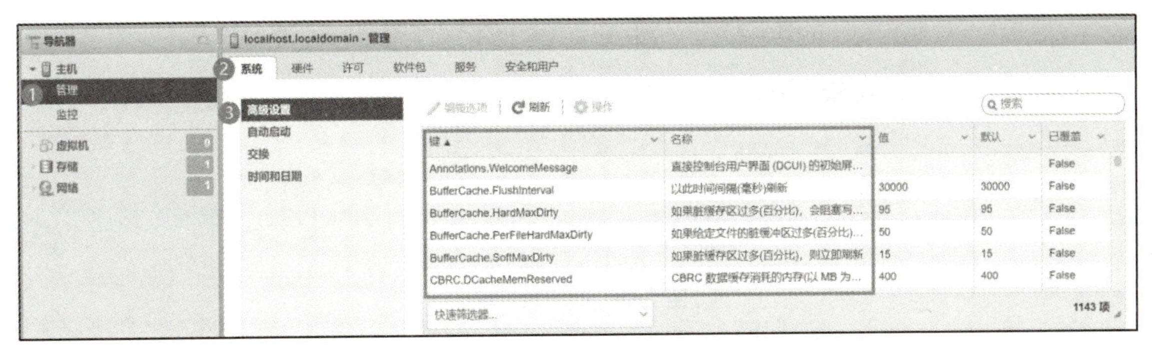

图 2.51　高级设置

若想操作某个高级设置，选中该设置，然后单击“编辑选项”按钮即可对其进行操作。

（2）启动控制台Shell和SSH

右击ESXi界面的“主机”选项，在弹出的快捷菜单中选择“服务”→“启用控制台Shell”/“启用Secure Shell（SHH）”命令启动或禁用该服务，如图2.52所示。

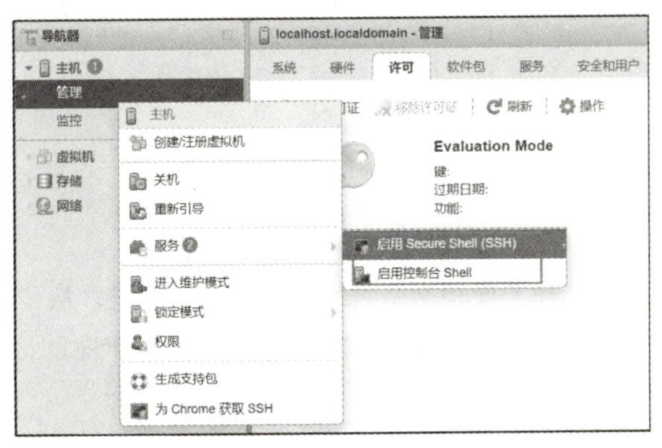

图 2.52　启动控制台 Shell 和 SSH

（3）安全和用户

单击ESXi主机界面“主机”下方的“管理”选项，然后单击“安全和用户”选项卡，可以为主机添加用户或角色，还可以设置主机的锁定模式，如图2.53所示。

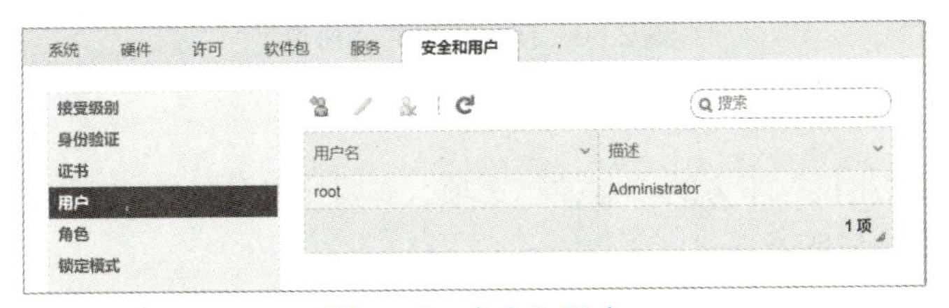

图 2.53　安全和用户

（4）修改服务器时间

单击ESXi主机界面“主机”下方的“系统”选项，然后单击“时间和日期”选项可以修改服务器的时间及设置NTP服务器的启动与否，单击“编辑NTP设置”按钮可以手动配置服务器时间，也可以使用网络时间协议，如图2.54所示。

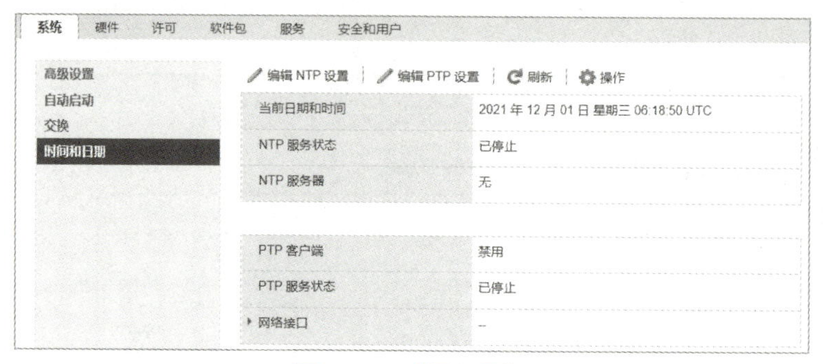

图 2.54　时间和日期

若是选择手动配置，则直接单击“ ”按钮选择时间即可，如图2.55所示。

图 2.55　手动配置时间

若是使用网络时间协议，则选择“使用网络时间协议”单选按钮，从“NTP服务启动策略”下拉列表中选择启动策略，在“NTP服务器”文本框中输入NTP服务器的IP地址，设置完成后，单击“保存”按钮即可，如图2.56所示。

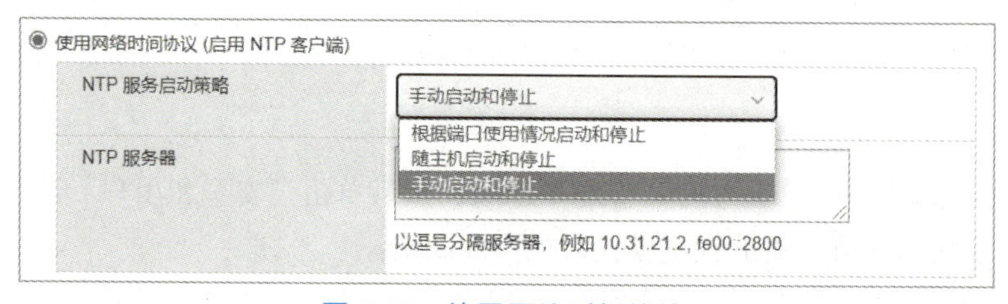

图 2.56　使用网络时间协议

3. 监控主机

单击ESXi主机界面“主机”下方的“监控”选项，查看主机的性能，可以查看CPU、内存、网络及磁盘的各项数据，如图2.57所示。

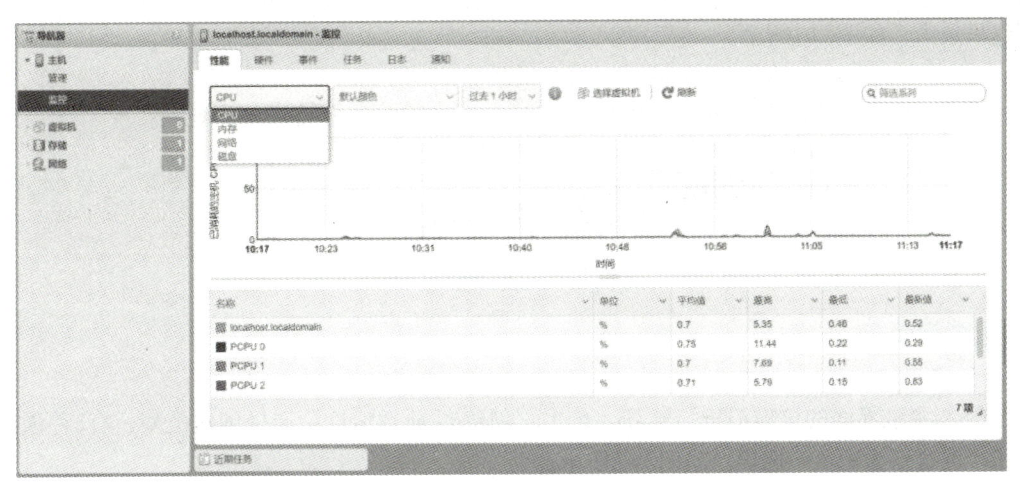

图 2.57　主机性能

4. 存储管理

单击ESXi主机界面的“存储”选项，在“数据存储”界面可以看到ESXi主机的存储情况，如图2.58所示。

图 2.58　数据存储

单击“数据存储浏览器”按钮后，会弹出“数据存储浏览器”对话框，在对话框中可以上传、下载、删除、移动、复制、创建文件及文件夹，如图2.59所示。

图 2.59　数据存储浏览器

单击“创建目录”按钮创建一个目录，如图2.60所示。

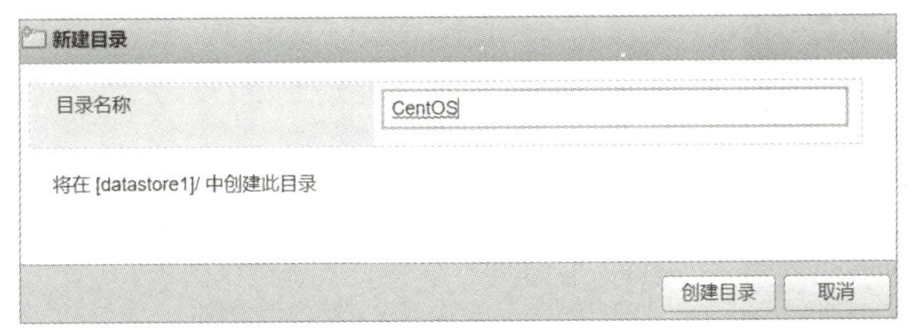

图 2.60　新建目录

单击“创建目录”按钮返回“数据存储浏览器”对话框，单击“上载”按钮将CentOS的ISO文件上传至新建目录中，如图2.61所示。

图 2.61　上传镜像文件

5. 虚拟机管理

（1）创建虚拟机

单击ESXi主机界面的“虚拟机”选项，单击“创建/注册虚拟机”选择创建类型，有3种创建类型，此处选择“创建新虚拟机”选项，如图2.62所示。

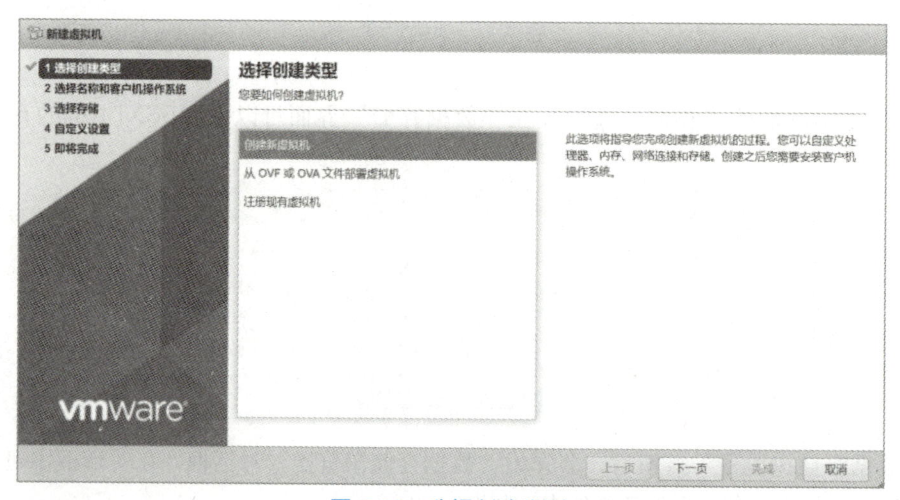

图 2.62　选择创建类型

单击“下一页”按钮，选择名称和客户端操作系统，此处选择了Linux操作系统和CentOS 7版本，如图2.63所示。

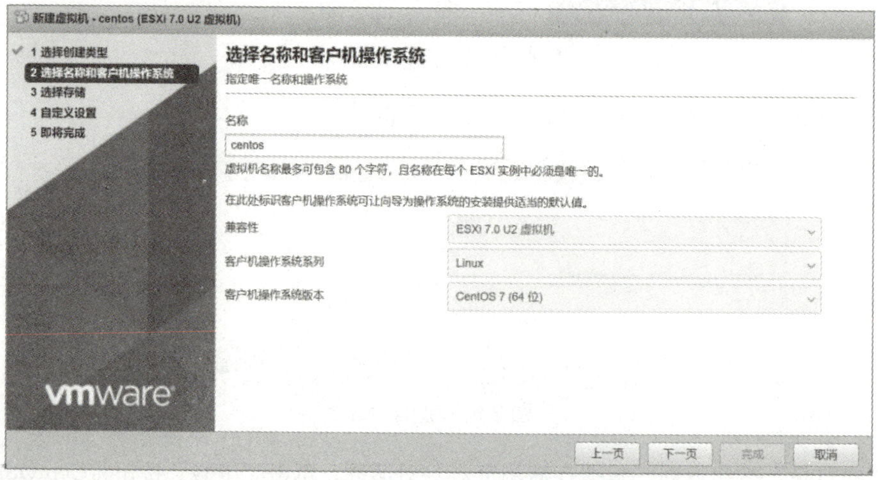

图 2.63　选择名称和客户端操作系统

单击“下一页”按钮选择存储，如图2.64所示。

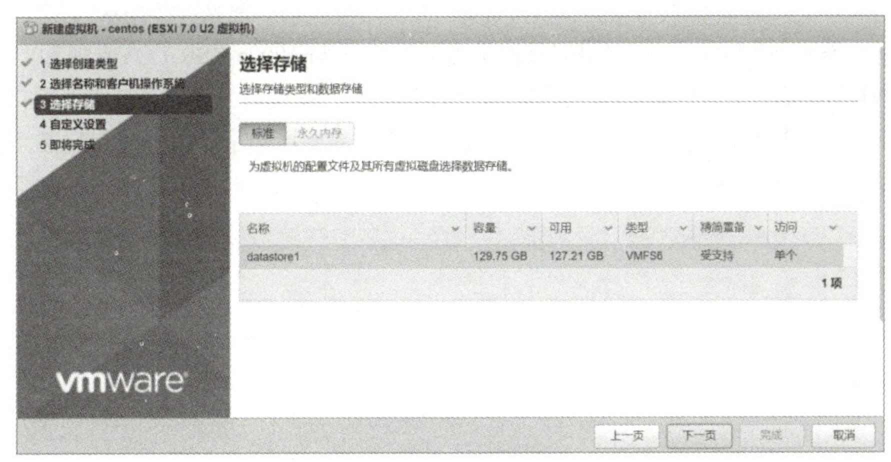

图 2.64　选择存储

单击“下一页”按钮进行自定义设置，自定义内容包括CPU、内存、硬盘、控制器、网络适配CD/DVD驱动器及显卡，如图2.65所示。

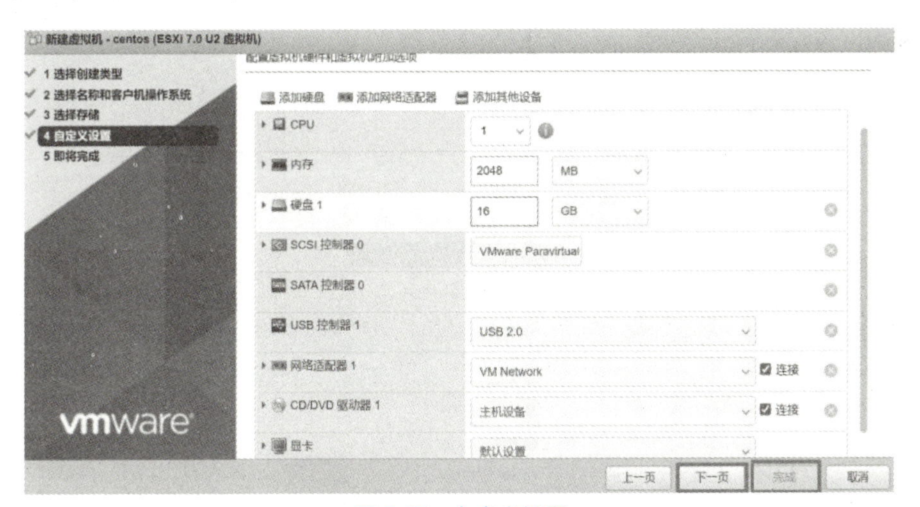

图 2.65　自定义设置

接下来对图2.65中的自定义设置做详细介绍。

● CPU：计算机中的处理器，负责执行程序指令，虚拟CPU数量的划分取决于主机上许可的数量及系统支持的CPU数量。

● 内存：服务器中应用程序的运行都需要内存的支持，并且内存影响着服务器的性能。

● 硬盘：即使虚拟机处于运行状态，也可扩大硬盘的容量，可以通过单击图2.65中的“添加硬盘”为虚拟机添加多块硬盘。磁盘置备方面有3种类型，分别是精简置备、厚置备延迟置零与厚置备置零。精简置备是指创建磁盘时，只为其预留必要的存储空间。厚置备延迟置零在创建磁盘时，直接从磁盘中分配空间，但是虚拟机首次执行写操作时会将其数据置零。厚置备置零在创建磁盘时，直接为虚拟磁盘分配空间，并将磁盘中的数据置零。

- SCSI控制器：选择控制器类型，包括BusLogic并行、LSI Logic并行、LSI Logic SAS和VMware准虚拟SCSI。
- 网络适配器：创建网络连接，包括3种网卡类型，分别是E1000e、SR-LOV直通和VMXNET 3。
- CD/DVD驱动器：可以配置DVD或CD设备，连接到客户端设备、主机设备或数据存储ISO文件。

配置完毕后，单击“下一页”按钮进入即将完成界面，界面展示了虚拟机所有配置，单击“完成”结束虚拟机的创建，如图2.66所示。

图 2.66　新建虚拟机

（2）安装操作系统

右击新建的虚拟机，选择“编辑设置”命令，如图2.67所示。

图 2.67　编辑设置

在编辑设置界面的“CD/DVD驱动器1”一行，勾选“连接”复选框，单击右侧的下拉列表选择“数据存储ISO文件”选项，如图2.68所示。

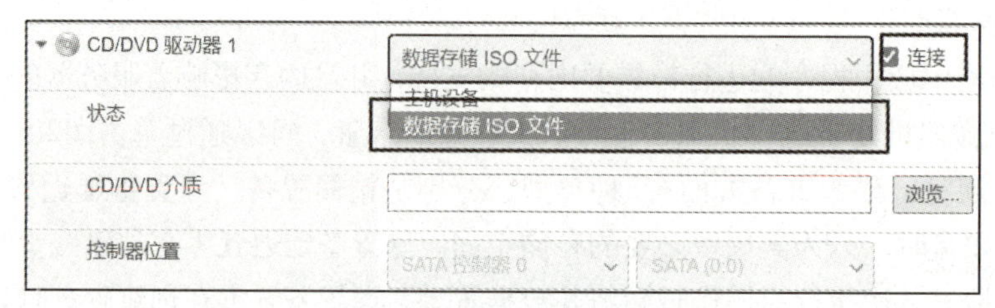

图 2.68　选择驱动器类型

单击图2.68中的“浏览”按钮，选择CentOS镜像，如图2.69所示。

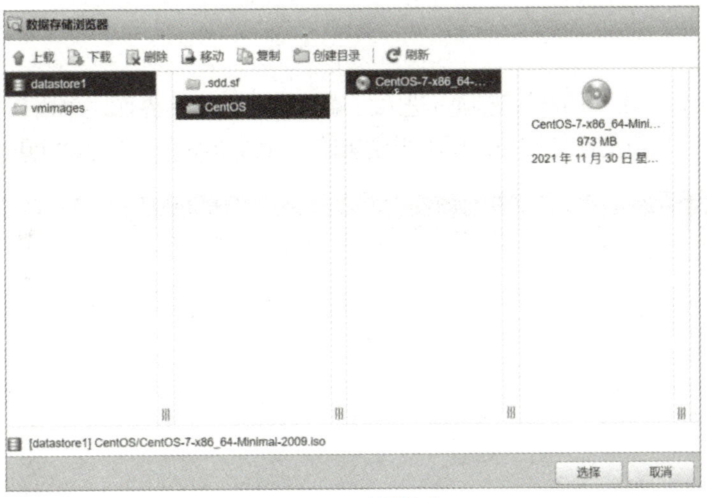

图 2.69　选择镜像

单击“数据存储浏览器”对话框的“选择”按钮后，单击“编辑设备”对话框的“保存”按钮。至此，镜像安装完毕。

（3）安装VMware Tools

操作系统安装完成后需要安装VMware Tools，右击新建的虚拟机，选择“客户机操作系统”→“安装VMware Tools”命令，如图2.70所示。

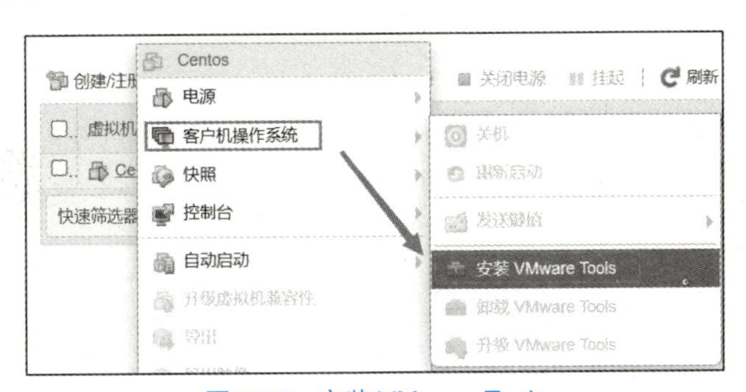

图 2.70　安装 VMware Tools

安装过程与在VMware Workstation中安装虚拟机的过程一致，此处不再赘述。

（4）快照管理

右击新建的虚拟机，选择“快照”命令可以生成快照与管理快照，如图2.71所示。

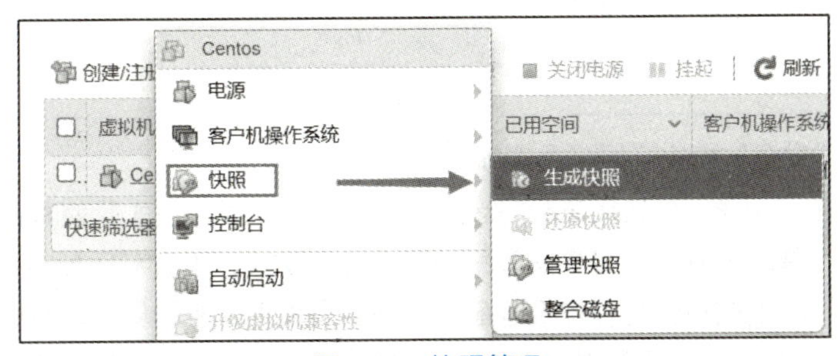

图 2.71　快照管理

6. 网络管理

（1）管理端口组

在ESXi主机界面，单击“网络”选项，进入“端口组”选项卡界面，单击任意一个端口，可以查看相关网络详细信息、虚拟交换机拓扑、网卡绑定策略、卸载策略和安全策略的信息，如图2.72所示。

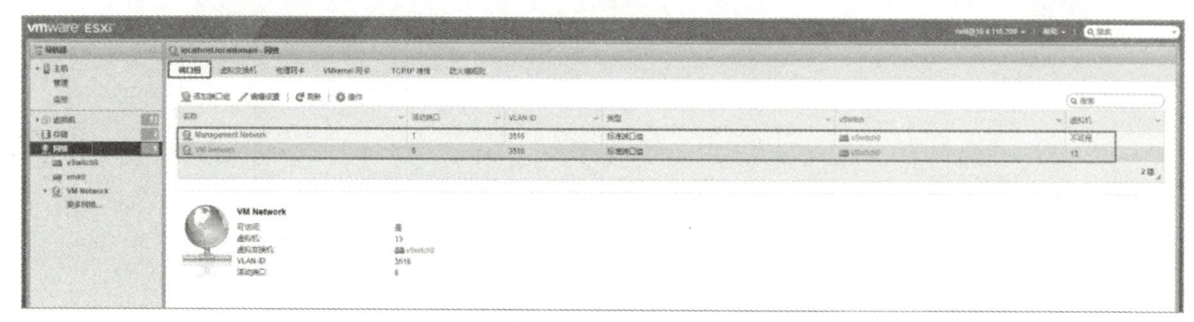

图 2.72　端口详细信息

在“端口组”选项卡界面可以添加虚拟交换机端口组，单击“添加端口组”输入端口组的相关信息，如图2.73所示。

图 2.73　新建端口组界面

VLAN ID在端口组中会反映端口模式，VLAN ID的标记模式如表2.2所示。

表 2.2　标记模式

VLAN 标记模式	VLAN ID
外部交换机标记	0
虚拟交换机标记	1-4094
虚拟客户机标记	4095

接下来详细讲解“安全”模块下的三个选项。

- 混杂模式：单击“接受”单选按钮会将客户机适配器置于混杂模式，使其检测VLAN策略允许的所有帧；单击“拒绝”单选按钮会将客户机适配器置于混杂模式，不会对适配器接受何种帧产生影响；单击“从vSwitch继承”单选按钮会将客户机适配器置于混杂模式，使其从关联的虚拟交换器接受配置。
- MAC地址更换：单击“接受”单选按钮后，客户机操作系统更换MAC地址后能够接受传入新

MAC地址的帧；单击“拒绝”单选按钮后，拒绝MAC地址更换；单击“从vSwitch继承”单选按钮后，客户机会将MAC地址修改成某个关联的虚拟交换机。

● 伪传输：单击“接受”单选按钮后，所有出站帧均能通过；单击“拒绝”单选按钮后，若MAC地址与配置器地址不同则丢失所有出站帧；单击“从vSwitch继承”单选按钮后，从关联的虚拟交换机继承出站帧配置。

选择一个虚拟交换机，设置安全模式，单击“添加”按钮即可创建完成。

（2）管理虚拟交换机

在ESXi主机界面，单击“网络”选项，进入“虚拟交换机”选项卡界面，单击任意一台交换机，可以查看虚拟交换机的信息，如配置、网络详细信息和拓扑结构等，如图2.74所示。

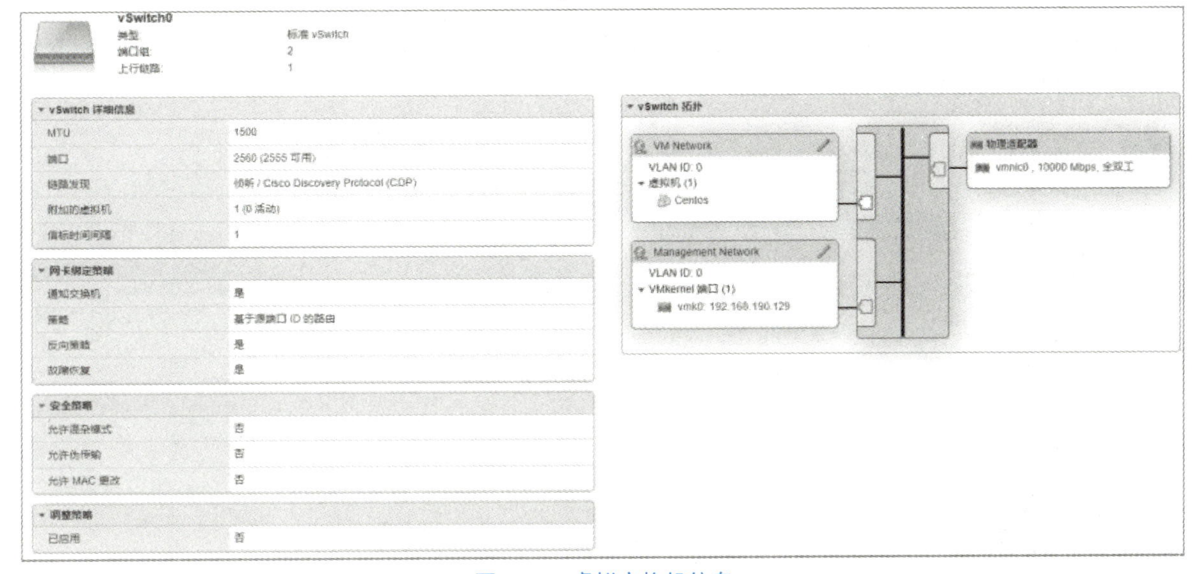

图 2.74　虚拟交换机信息

在“虚拟交换机”选项卡界面，单击“添加标准虚拟交换机”按钮为ESXi主机另外添加一台虚拟交换机，如图2.75所示。

添加标准虚拟交换机 - 新建交换机
添加上行链路
vSwitch 名称　新建交换机
MTU　1500
链路发现
模式　侦听
协议　Cisco Discovery Protocol (CDP)
安全　单击以展开
添加　取消

图 2.75　新建交换机

为新建交换机设置名称与MTU（传输单元），展开“链路发现”选项为交换机设置交换模式，交换模式分为四种，如表2.3所示。

表 2.3　交换模式

操作	描述
侦听	ESXi 检测并显示与关联物理交换机端口相关的信息
播发	ESXi 提供 vSphere 标准交换机的信息
二者	结合侦听与播发的功能
无	既无侦听的功能，也无播发的功能

展开“安全”选项，其选项与端口组的选项一致。设置完毕后，单击“添加”按钮即可。

（3）管理VMkernel适配器

在ESXi主机界面，单击“网络”选项，进入“VMkernel网卡”选项卡，单击任意一个网卡，查看网卡的配置及拓扑信息，如图2.76所示。

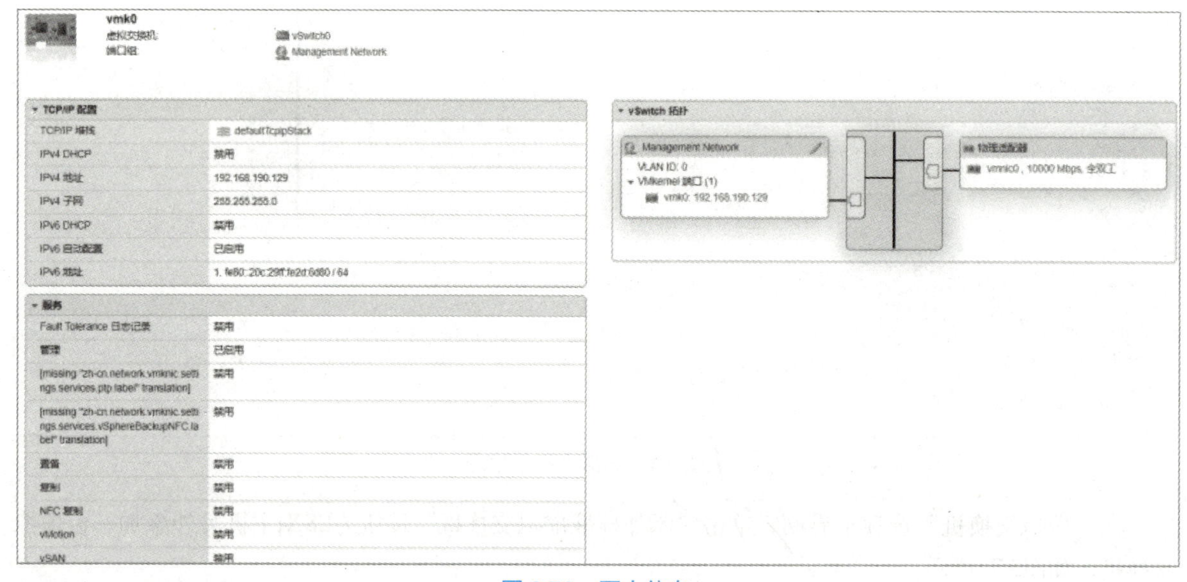

图 2.76　网卡信息

在“VMkernel”网卡选项卡界面中，单击“添加VMkernel网卡”为ESXi主机添加另外一块网卡，如图2.77所示。

接下来对图2.77中的选项做详细介绍。

- 端口组：可以使用已有端口组，也可以在创建VMkernel时创建新的端口组。
- 新建端口组：为新建端口组设置名称。
- 虚拟交换机：选择一个虚拟交换机。
- VLAN ID：决定VMkernel适配器的网络流量。
- MTU：传输单元。
- IP版本：有两种选项可以选择，一种是仅IPv4，一种是IPv4和IPv6。
- IPv4设置：IP地址设置为DHCP分配或是静态IP。

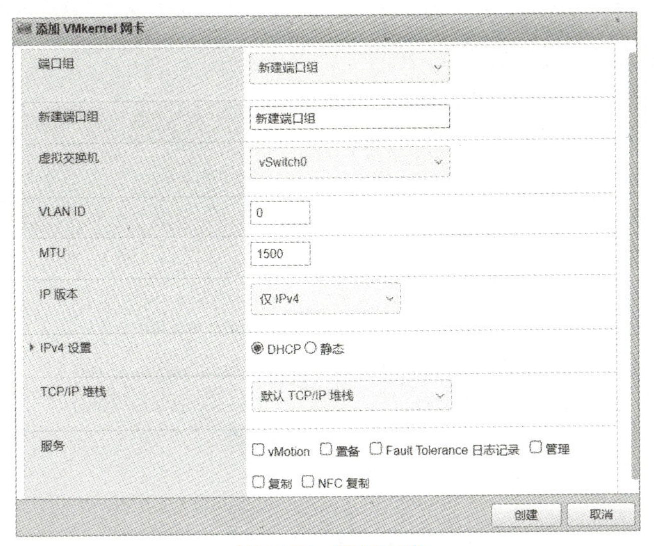

图 2.77 添加网卡

● TCP/IP堆栈：为适配器设置一个TCP/IP堆栈，设置完成后将无法再更换堆栈。如果选用vMotion堆栈或者置备堆栈，则能使用此堆栈在主机上处理vMotion或置备流量。

● 服务：为默认TCP/IP堆栈选择启动的服务。

配置完成后，单击“新建”按钮即可完成创建。

7. 配置防火墙

在ESXi主机界面，单击“网络”选项，在“防火墙规则”选项卡界面可以看到相应防火墙端口的活动入站和出站连接列表，右击任意一个服务，可以启动或禁用服务，如图2.78所示。

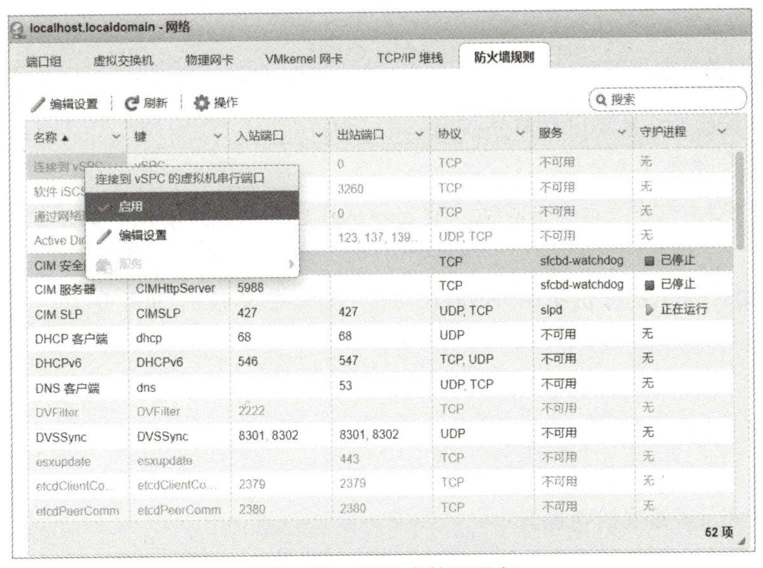

图 2.78 启动或禁用服务

选择任意一个服务，选择“编辑设置”命令，为服务设置允许通过的IP地址。默认情况下，服务均允许所有的IP通过，用户可以根据实际情况设置仅某些IP可以通过，如图2.79所示。

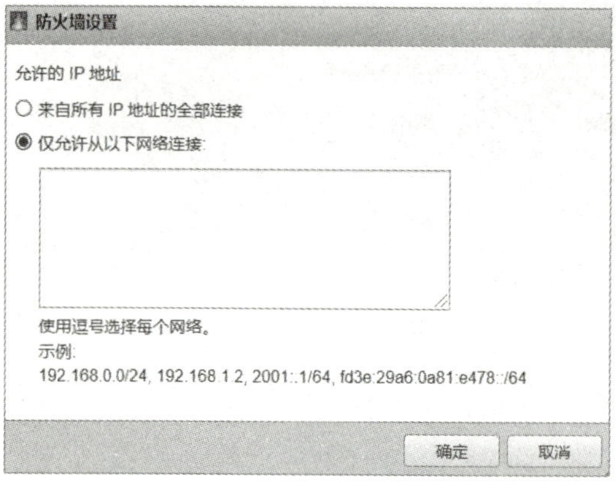

防火墙设置

允许的 IP 地址

○ 来自所有 IP 地址的全部连接

◉ 仅允许从以下网络连接:

使用逗号选择每个网络。

示例:

192.168.0.0/24, 192.168.1.2, 2001::1/64, fd3e:29a6:0a81:e478::/64

确定 取消

图 2.79 防火墙设置

项目小结

本项目首先介绍了在VMware Workstation上安装VMware ESXi主机的流程，之后讲解了如何配置VMware ESXi主机，最后使用VMware Host Client对ESXi进行管理。通过这些讲解，读者能够对ESXi主机有一定的了解，VMware ESXi是vSphere的组成之一，熟悉了ESXi的配置使用，有利于读者进一步学习vSphere。

习　题

1. 填空题

(1) VMware ESXi的架构包括________和________。

(2) 虚拟化层包括的两个重要组成部分：________和________。

(3) VMware ESXI的安装方式包括________、________、________。

(4) 在VMware ESXi主机中更改系统配置、退出不保存、关闭或重启主机的快捷键分别为________、________、________。

(5) VMware Host Client管理的VMware ESXi主机中包括的四部分为________、________、________、________。

2. 思考题

(1) 简述VMware ESXi、KVM和Xen的区别。

(2) 简述磁盘制备的三种类型。

(3) 简述混杂模式三种选项的功能。

3. 实操题

安装VMware ESXi并使用VMware Host Client创建一个虚拟机，配置及操作系统自行决定。

项目三

应用 VMware vCenter Server 服务

学习目标

◎了解 VMware vCenter Server 服务的工作原理。

◎掌握 VMware vCenter Server 的安装和配置。

◎掌握使用 VMware vCenter Server 管理虚拟机的方式。

vCenter Server是vSphere的另一个核心组件，负责连接管理ESXi主机。将多个ESXi主机放到资源池中，vCenter Server可对这些主机进行池化与统一管理。相较于VMware Host Client只能管理单台ESXi主机，vCenter Server实现了对ESXi主机的集中式大规模管理。

项目准备

本项目为搭建部署VMware vCenter Server服务，并使用该服务对主机进行管理。

1. vCenter Server 组件和服务

vCenter Server为虚拟机和主机提供集中式管理，vCenter Server的架构如图3.1所示。

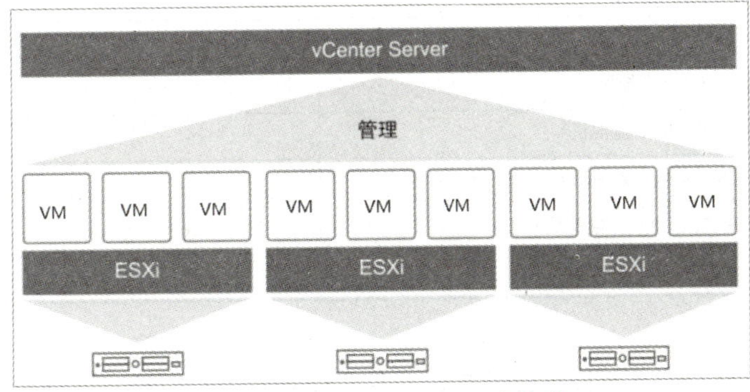

图 3.1　vCenter Server 服务架构

从vCenter Server 7.0版本开始，若要重新部署或是升级vCenter Server都需要使用vCenter Server Appliance，vCenter Server Appliance是预配置Linux虚拟机，官方为了vCenter Server运行而进行了优化的预设备虚拟机。

vCenter Server 7.0前的版本在运行时依赖Platform Services Controller服务，从vCenter Server 7.0版本开始，开发者将Platform Services Controller服务中的所有功能经过简化整合到了vCenter Server中，整合

的服务包括vCenter Single Sign-On、VMware Certificate Authority、vSphere License Service。接下来详细介绍vCenter Server 7.0版本所包含的功能。

- vCenter Single Sign-On：身份验证服务，为VMware软件组件提供身份验证服务。使用该服务时，各个组件通过安全令牌进行通信，无须重复进行身份验证，从而提高了系统的安全性和便利性。
- VMware Certificate Authority：证书服务，为每个ESXi主机配置签名证书，所有证书均存储在ESXi主机中。
- vSphere License Service：标记和许可，为身份验证域内的所有vCenter Server系统提供通用的许可证清单和管理功能。
- PostgreSQL：服务捆绑的数据库版本。
- vSphere Client：基于HTML5的用户界面，可以通过浏览器访问vCenter Server服务。
- vSphere ESXi Dump Collector：服务支持工具，配置ESXi主机时若系统故障可将VMkernel内存数据转储到网络服务器中。
- vSphere Auto Deploy：服务支持工具，能够指定镜像、使用镜像的ESXi主机以及应用在主机中的位置。
- VMware vSphere Lifecycle Manager 扩展：服务支持工具，可以执行集中式的自动修补程序和版本管理。
- VMware vCenter Lifecycle Manage：虚拟机管理工具，可以自动执行虚拟机的管理并在特定情况下移除虚拟机。

2. 部署 vCenter Server 的系统要求

本项目选择ESXi 7.0版本部署该服务。接下来详细讲解部署vCenter Server 的系统要求。

（1）硬件要求

vCenter Server 的内存容量和CPU核数决定了vSphere环境规模的大小，不同环境规模对应的内存和CPU容量的要求也不同，如表3.1所示。

表 3.1　硬件要求

环　境	CPU	内存
微型环境（最多 10 个主机或 100 个虚拟机）	2	12 GB
小型环境（最多 100 个主机或 1 000 个虚拟机）	4	19 GB
中型环境（最多 400 个主机或 4 000 个虚拟机）	8	28 GB
大型环境（最多 1 000 个主机或 10 000 个虚拟机）	16	37 GB
超大型环境（最多 2 500 个主机或 45 000 个虚拟机）	24	56 GB

（2）存储要求

ESXi主机和集群的搭建都需要满足最低存储大小，不同规模环境对应的存储大小如表3.2所示。

表 3.2　存储要求

环　境	默认存储大小
微型环境（最多 10 个主机或 100 个虚拟机）	579 GB
小型环境（最多 100 个主机或 1 000 个虚拟机）	694 GB
中型环境（最多 400 个主机或 4 000 个虚拟机）	908 GB

续表

环　　境	默认存储大小
大型环境（最多 1 000 个主机或 10 000 个虚拟机）	1 358 GB
超大型环境（最多 2 000 个主机或 35 000 个虚拟机）	2 283 GB

（3）软件要求

vCenter Server中的vSphere Client组件提供了一个基于HTML5的Web界面，对客户机操作系统和浏览器版本有一定要求。受支持的客户机操作系统有Windows 32位和64位版本以及Mac OS，受支持的浏览器版本有Google Chrome 89或更高版本、Mozilla Firefox 80或更高版本以及Microsoft Edge 90或更高版本。

3. 部署 vCenter Server 的方法

接下来详细介绍两种部署vCenter Server方式。

（1）GUI部署

GUI部署过程分为两个阶段，第一阶段为部署向导，其主要过程是在ESXi主机上部署OVA文件。OVA文件部署完成后进入第二阶段，其主要过程是对服务进行配置及启动。

（2）CLI部署

使用CLI部署方式需要提前准备JSON文件，CLI安装程序对JSON文件进行解析，自动部署与配置服务，整个过程由程序自动运行，无须用户交互。

任务一　安装配置 VMware vCenter Server

本任务主要是为了让读者掌握如何在ESXi主机上安装配置VMware vCenter Server。

1. 准备 ESXi 主机及操作系统

本项目中的ESXi主机使用Ubuntu系统，安装方式与项目二中虚拟机的安装方式一致，只需要在安装虚拟机时将操作系统换为Ubuntu系统并且使用Ubuntu镜像即可。准备好的ESXi主机主界面如图3.2所示。

图 3.2　准备 ESXi 主机

单击图3.2中的“打开电源”按钮安装操作系统，通过上下键选择启动方式，默认直接启动，按【Enter】键启动Ubuntu主机，如图3.3所示。

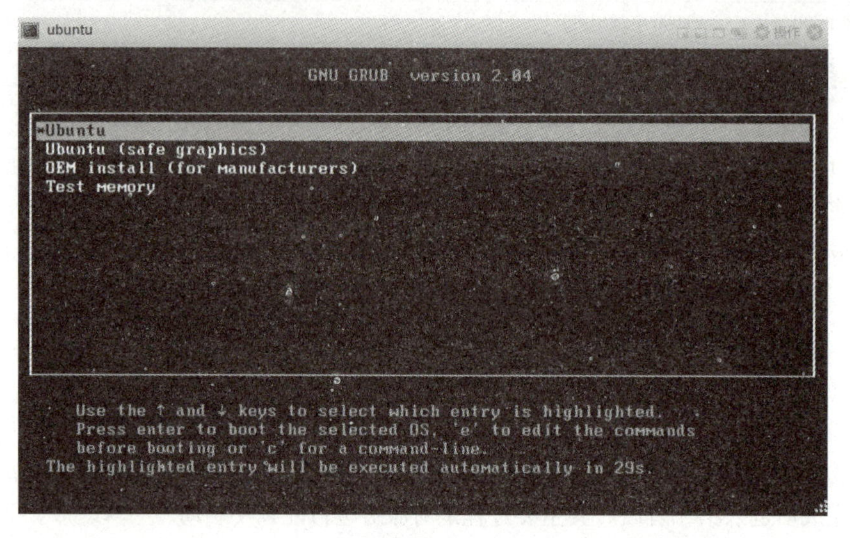

图 3.3 启动 Ubuntu 系统

启动成功后进入“Welcome”对话框，在对话框内选择语言及对Ubuntu的操作。此处语言选择“English”，操作方式选择“Install Ubuntu”，如图3.4所示。

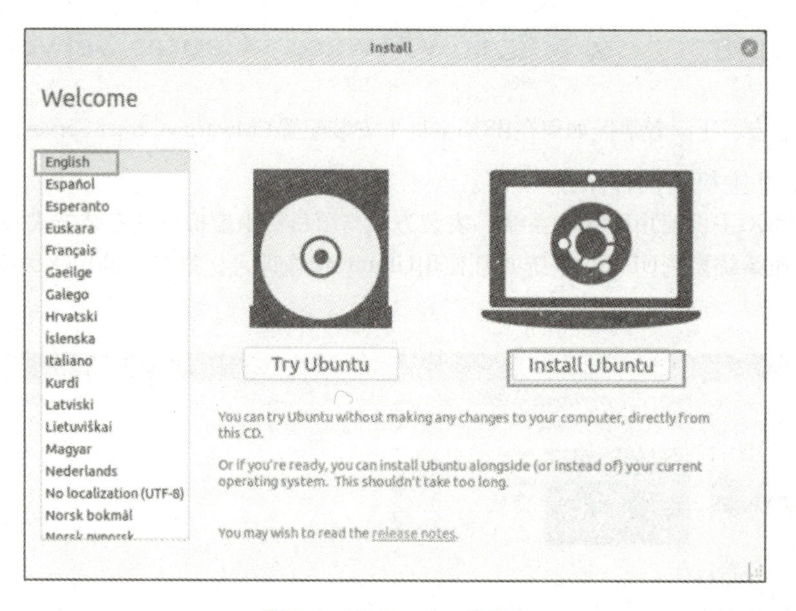

图 3.4 Welcome 对话框

单击“Install Ubuntu”按钮进入“键盘布局”对话框，此处选择“English（US）”布局方式，如图3.5所示。

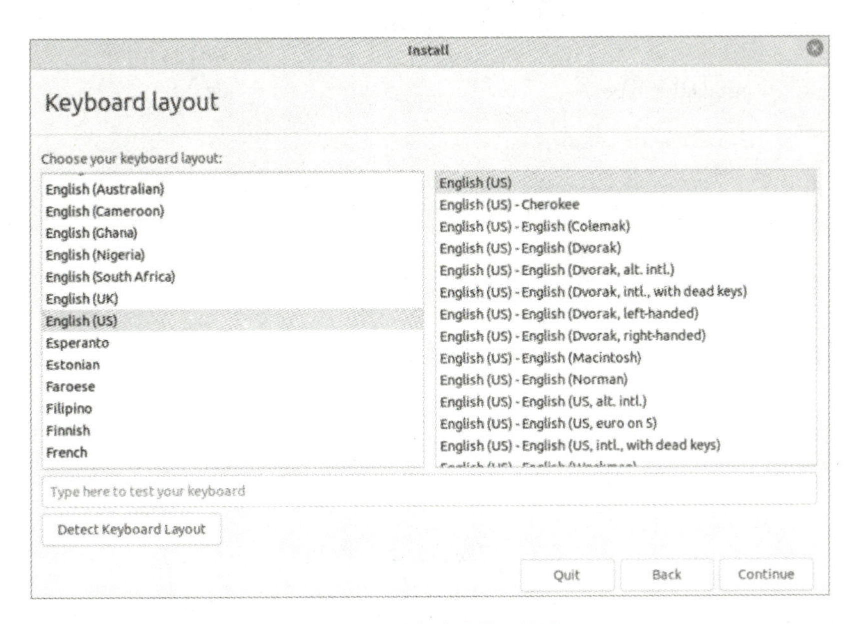

图 3.5 “键盘布局”对话框

单击“Continue”按钮进入“软件更新”对话框，此处默认选择了两个选项：第一个选项为安装方式，默认选择普通安装，未选择的选项为最小化安装；第二个选项为其他设置，默认选择安装Ubuntu系统时自动更新，未选择的选项为安装第三方软件，如图3.6所示。

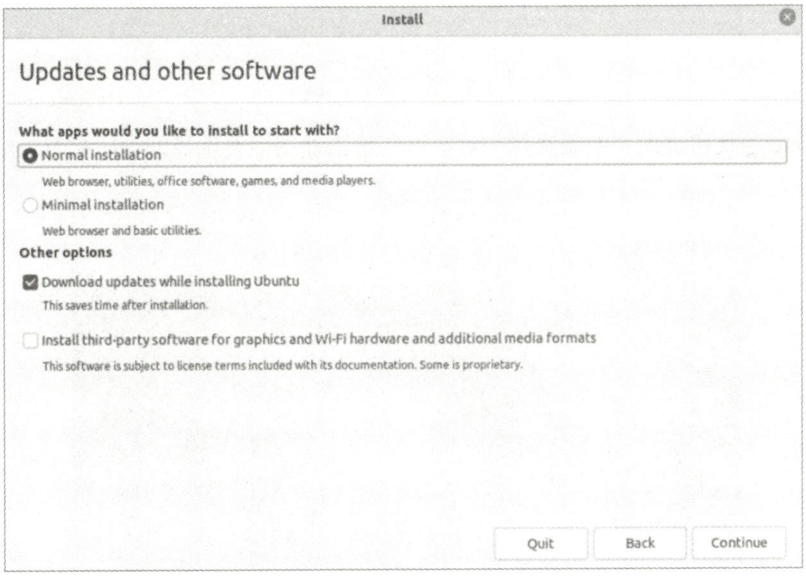

图 3.6 “软件更新”对话框

单击“Continue”按钮进入“安装类型”对话框，此处默认选择清空磁盘并安装Ubuntu，如图3.7所示。

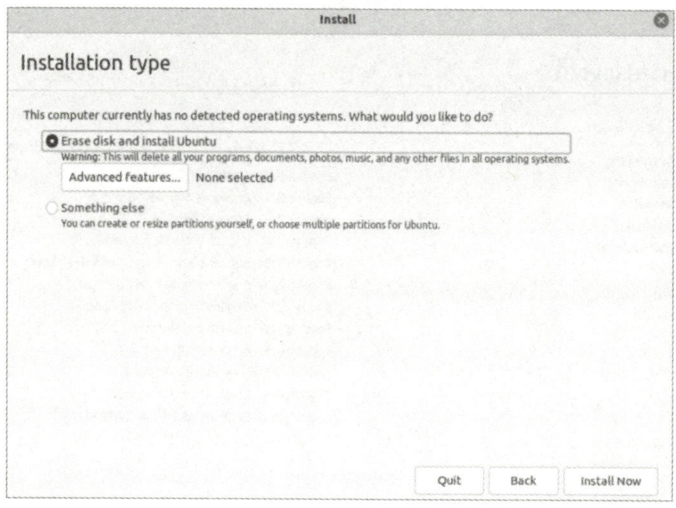

图 3.7 “安装类型”对话框

单击“Install now”按钮弹出“是否确认对磁盘的操作”对话框，如图3.8所示。

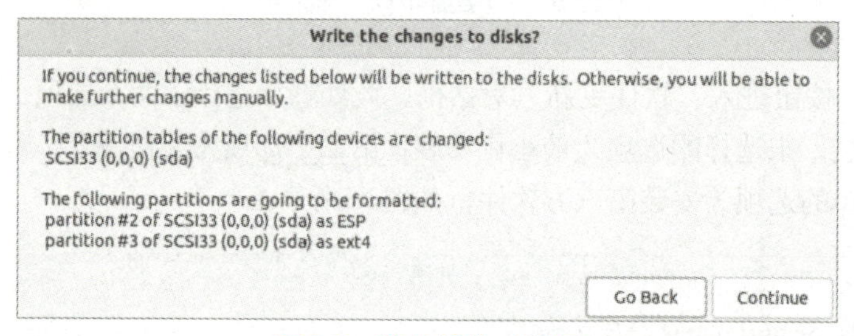

图 3.8 确认操作对话框

单击“Continue”按钮进入“地域选择”对话框，单击地图中要选择的地区位置，如图3.9所示。

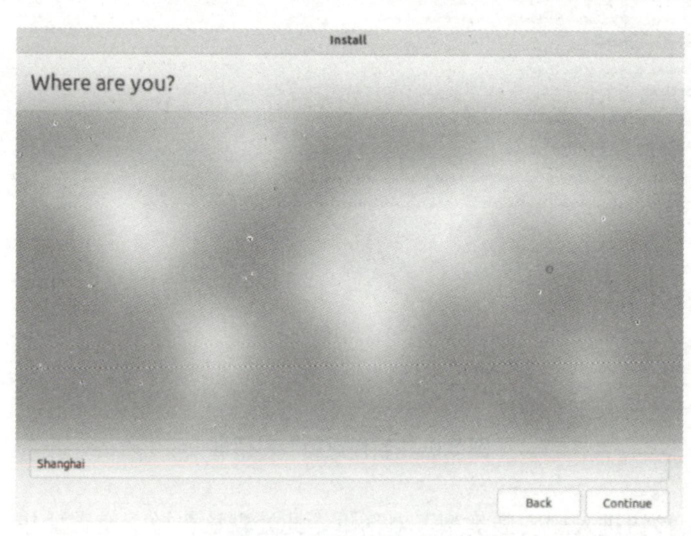

图 3.9 地域选择对话框

单击“Continue”按钮进入“用户设置”对话框，设置用户名、用户密码及登录方式，登录方式分为两种，分别是自动登录和使用密码登录，如图3.10所示。

Who are you?

Your name: root1

Your computer's name: root1-virtual-machine

The name it uses when it talks to other computers.

Pick a username: root1

Choose a password: ●●●●●●●●●●● Fair password

Confirm your password: ●●●●●●●●●●●

Log in automatically

Require my password to log in

Use Active Directory

You'll enter domain and other details in the next step.

Back　Continue

图 3.10　“用户设置”对话框

设置完成后，单击“Continue”按钮进入安装界面，等待安装结束，如图3.11所示。

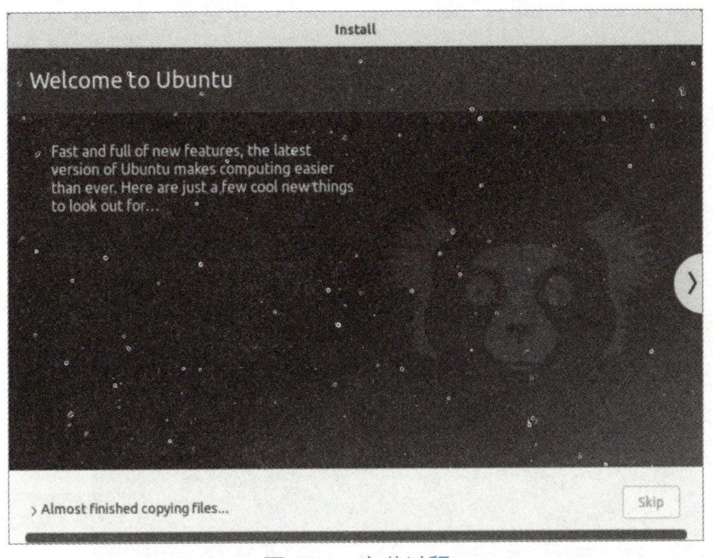

图 3.11　安装过程

安装结束后弹出“安装完成”对话框，单击“Restart Now”按钮重启服务即可结束安装并重启主机，如图3.12所示。

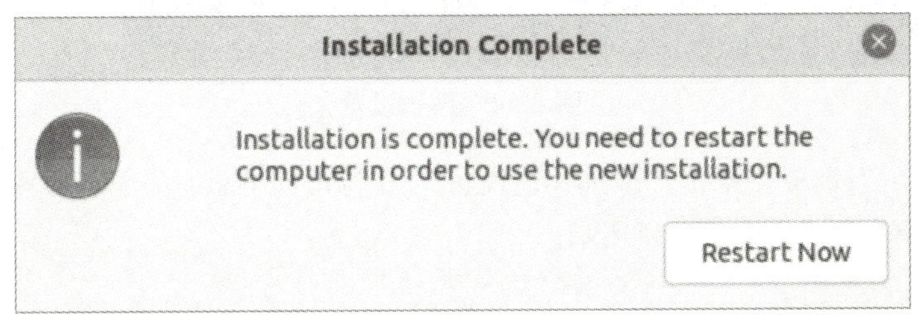

图 3.12　“安装完成”对话框

2. 安装 vCenter Server

将vCenter Server的安装镜像上传至ESXi主机的数据存储中，上传方式与项目二任务三中镜像的上传方式一致，如图3.13所示。

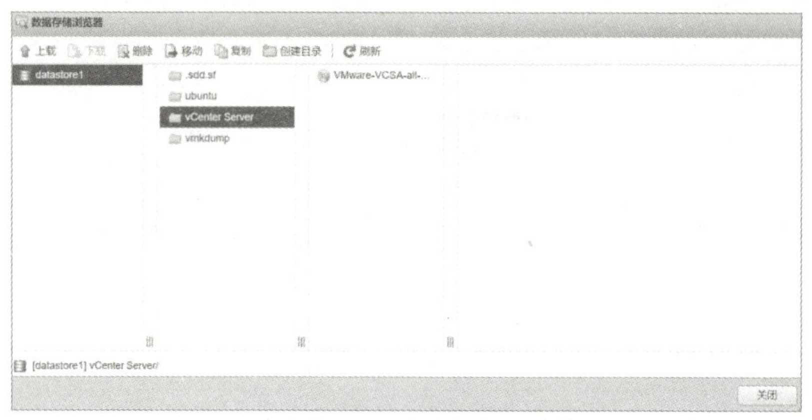

图 3.13 上传镜像

在Ubuntu主机桌面，单击右上角的“操作”，在下拉列表中选择“编辑设置”命令，如图3.14所示。

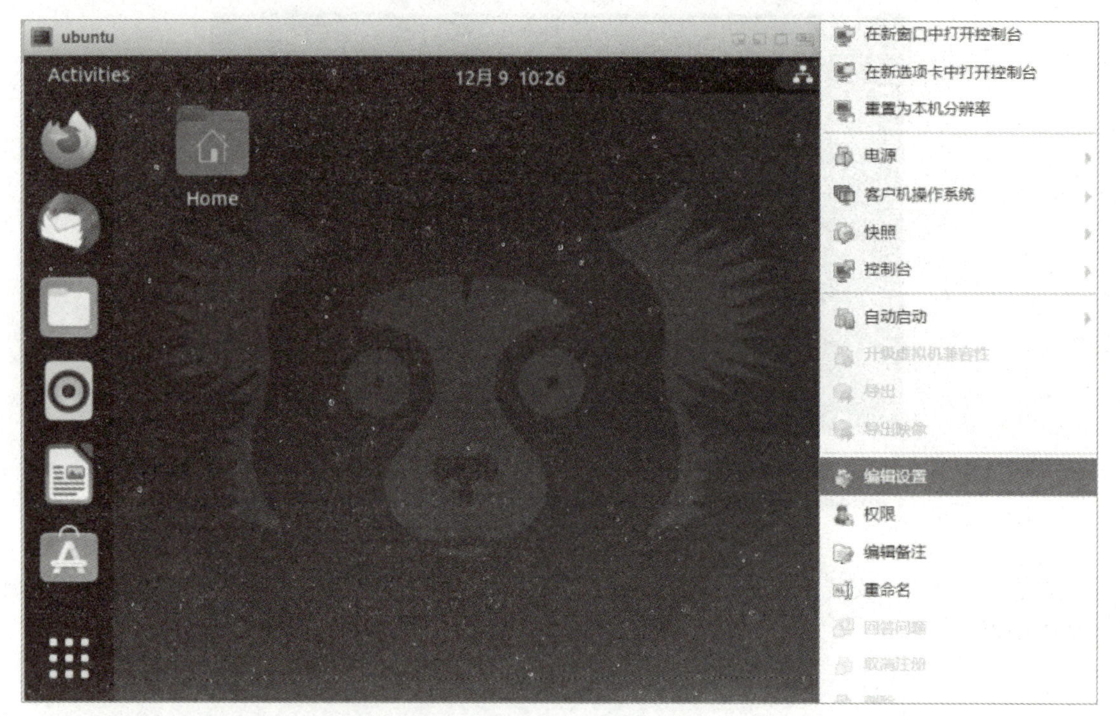

图 3.14 编辑设置

进入“编辑设置”对话框，单击“添加其他设备”为主机另外添加一个CD/DVD驱动器，将vCenter Server的镜像置于该驱动器中，如图3.15所示。

图 3.15　添加 CD/DVD 驱动器

在主机桌面右击并选择“Open in Terminal”命令，打开终端准备安装vCenter Server，如图3.16所示。

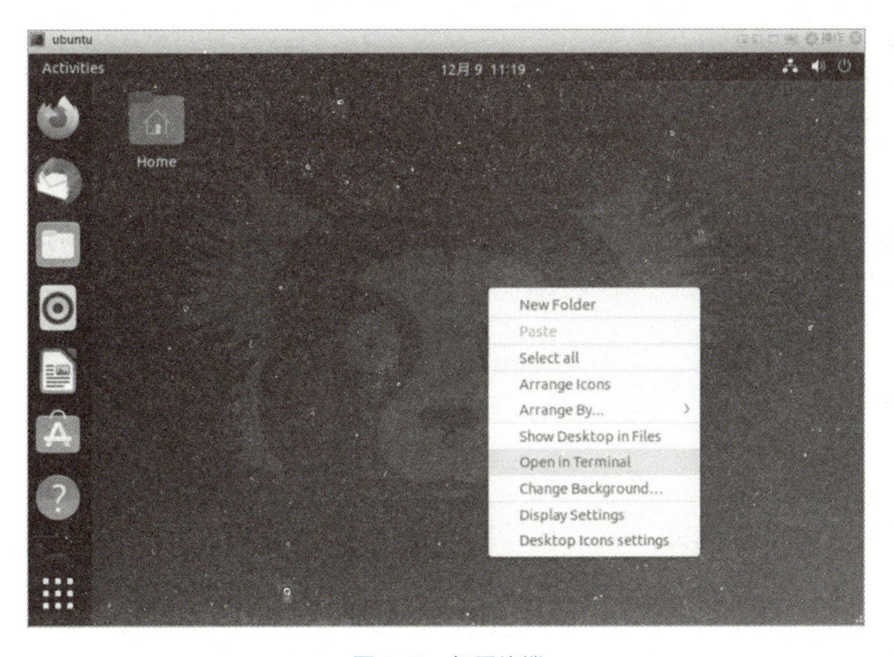

图 3.16　打开终端

进入vCenter Server安装文件所在目录，通过命令安装服务，具体操作如下所示。

```
root1@root1-virtual-machine:~/Desktop$ cd /media/root1/VMware\VCSA/vcsa-ui-installer/lin64/
root1@root1-virtual-machine:/media/root1/VMware VCSA/vcsa-ui-installer/lin64/$./installer
```

输入上述命令后，弹出“vCenter Server Installer”对话框，正式进入vCenter Server的安装，如图3.17所示。

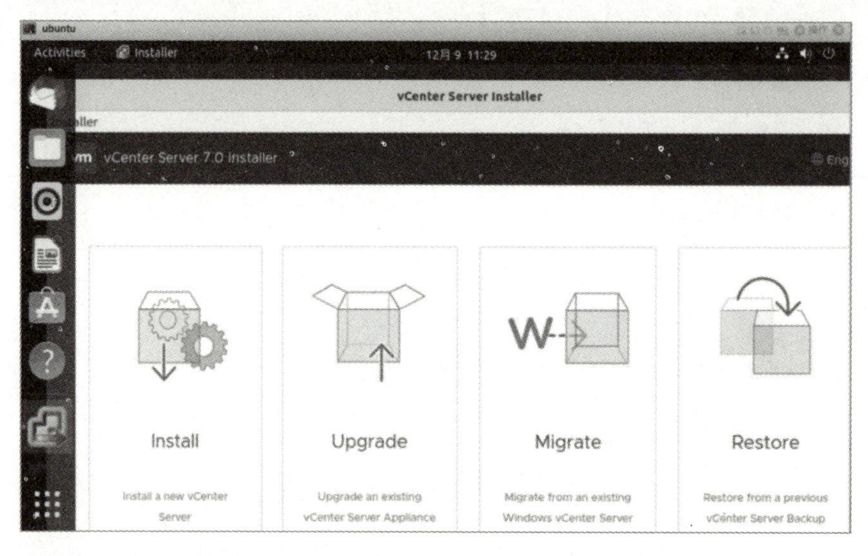

图 3.17 “vCenter Server Installer”对话框

单击“Install”按钮进入安装简介界面，安装过程分为两个阶段：第一阶段即在ESXi主机上部署服务；第二阶段即配置服务，如图3.18所示。

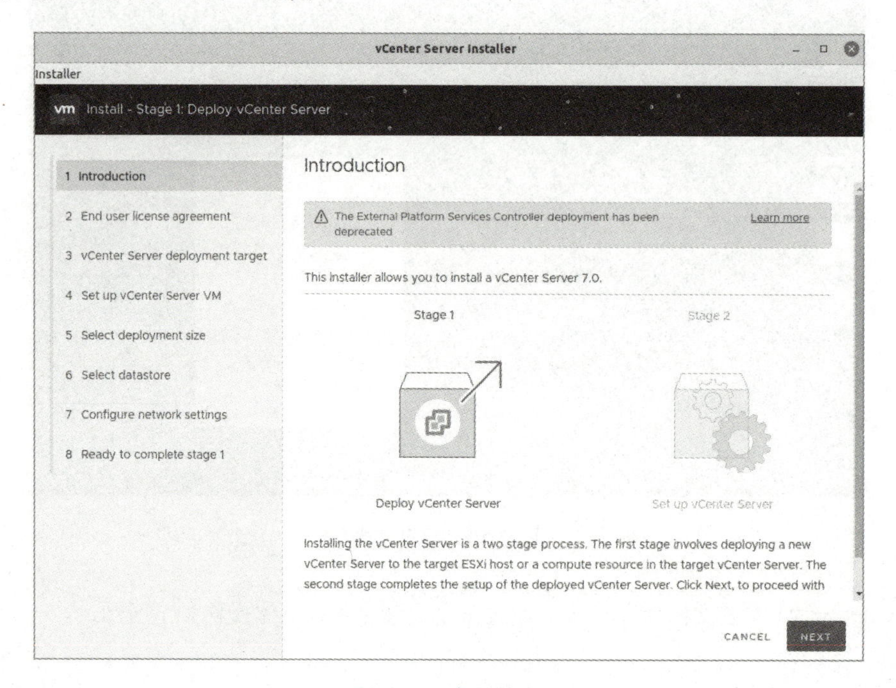

图 3.18 安装简介

单击“NEXT”按钮进入“最终用户许可协议”对话框，勾选“I accept the terms of the license agreement”复选框同意协议，如图3.19所示。

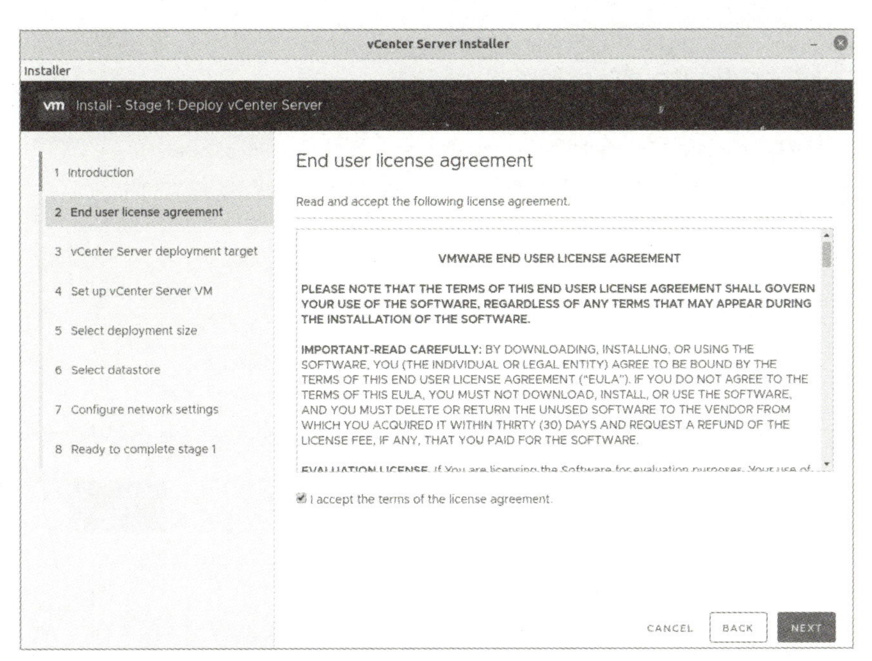

图 3.19 “最终用户许可协议”对话框

单击“NEXT”按钮进入指定部署ESXi主机对话框。在指定部署目标对话框输入ESXi主机名、用户名及密码，如图3.20所示。

vCenter Server Installer

Installer

Install - Stage 1: Deploy vCenter Server

1 Introduction
2 End user license agreement
3 vCenter Server deployment target
4 Set up vCenter Server VM
5 Select deployment size
6 Select datastore
7 Configure network settings
8 Ready to complete stage 1

vCenter Server deployment target

Specify the vCenter Server deployment target settings. The target is the ESXi host or vCenter Server instance on which the vCenter Server will be deployed.

ESXi host or vCenter Server name　192.168.190.136

HTTPS port　443

User name　root

Password　••••••••••

CANCEL　BACK　NEXT

图 3.20　指定部署 ESXi 主机

单击“NEXT”按钮弹出“证书警告”对话框，如果在指定的ESXi主机上安装不可信的SSL证书，则无法保证安全通信，而根据安全策略，该情况可能不会作为安全问题，如果接受该证书警告中的内容，则单击“YES”按钮，如图3.21所示。

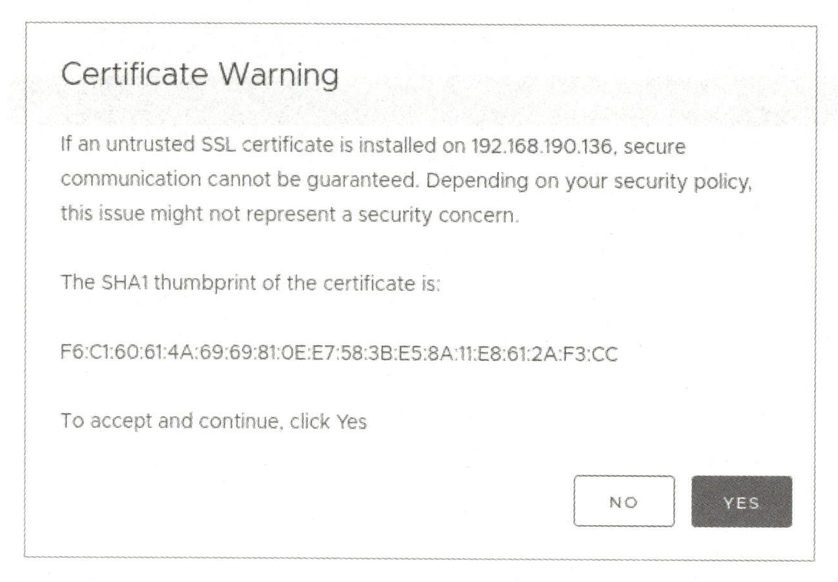

图 3.21 “证书警告”对话框

单击“YES”按钮进入该ESXi主机的“虚拟机设置”对话框，输入为该设备虚拟机设置的名称及密码，如图3.22所示。

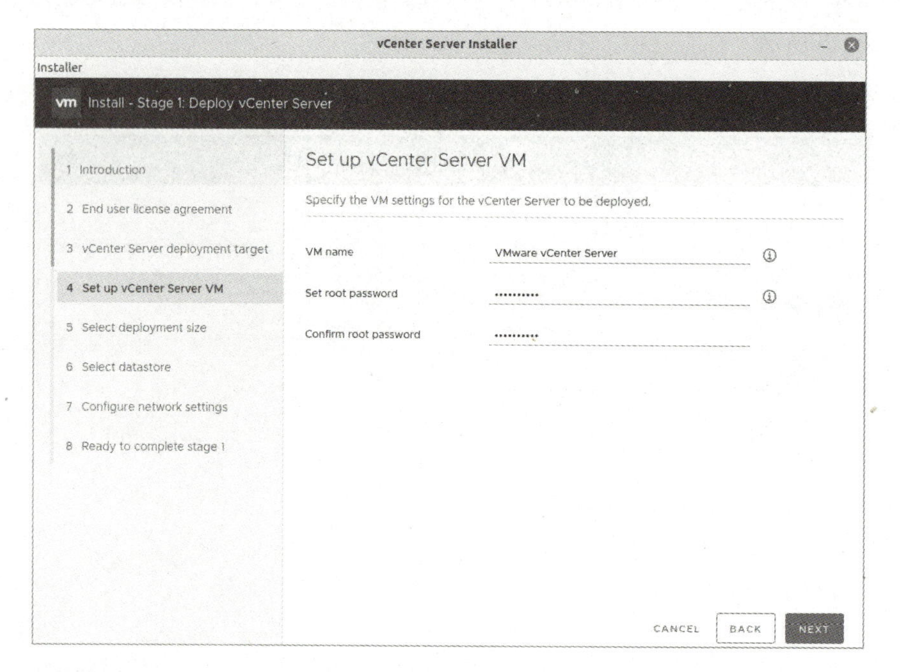

图 3.22 “虚拟机设置”对话框

单击“NEXT”按钮进入“部署规模”对话框，不用于真实环境，此处部署和存储规模均选择最小化，如图3.23所示。

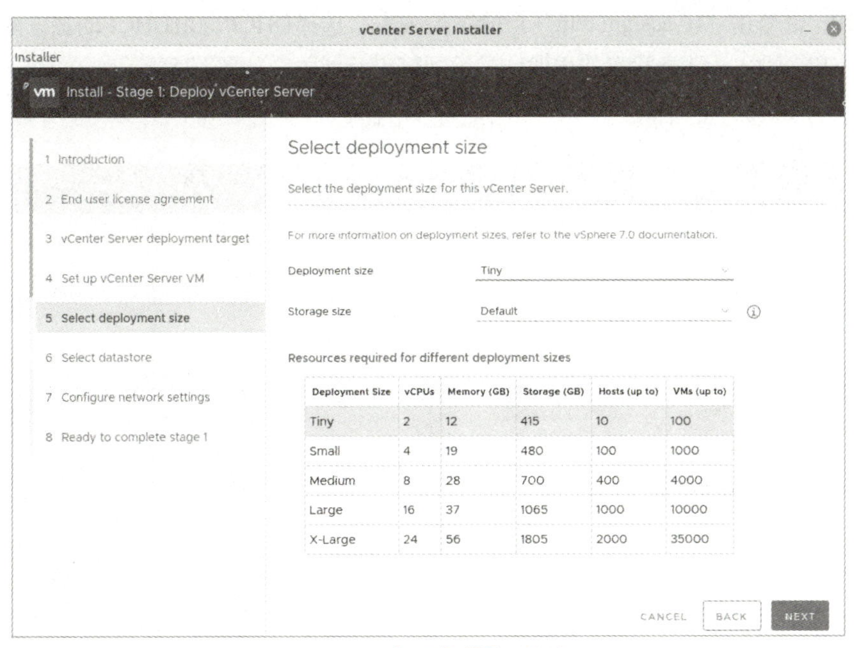

图 3.23 “部署规模”对话框

单击“NEXT”按钮进入“数据存储”对话框，选择数据存储位置，安装的存储位置有两种选项：一种是默认选项，即将服务安装到目标主机可访问到的现有数据存储上；另一种即将服务安装到包含目标主机的新vSAN集群上。此处选用默认选项，默认选项下方的两个勾选框分别为仅展示兼容的数据存储和启用精简磁盘模式，如图3.24所示。

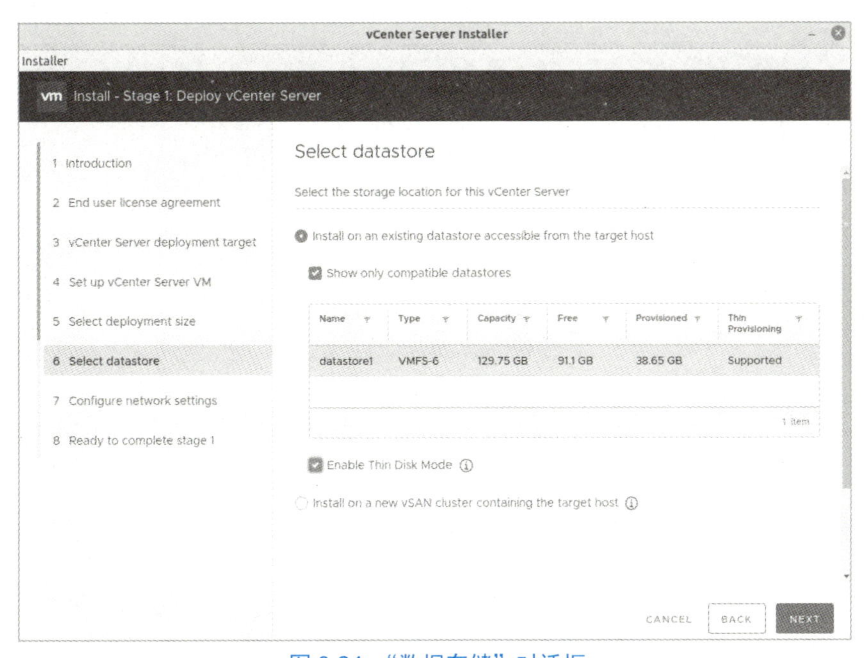

图 3.24 “数据存储”对话框

单击“NEXT”按钮进入“网络配置”对话框，为服务设置IP地址时，可以设置静态IP或动态IP。

若是选择动态IP，则单击“IP assignment”后的下拉列表，选择DHCP，由DHCP动态分配IP地址。本任务此处选择静态IP，输入为服务设置的IP地址、子网掩码及网关，如图3.25所示。

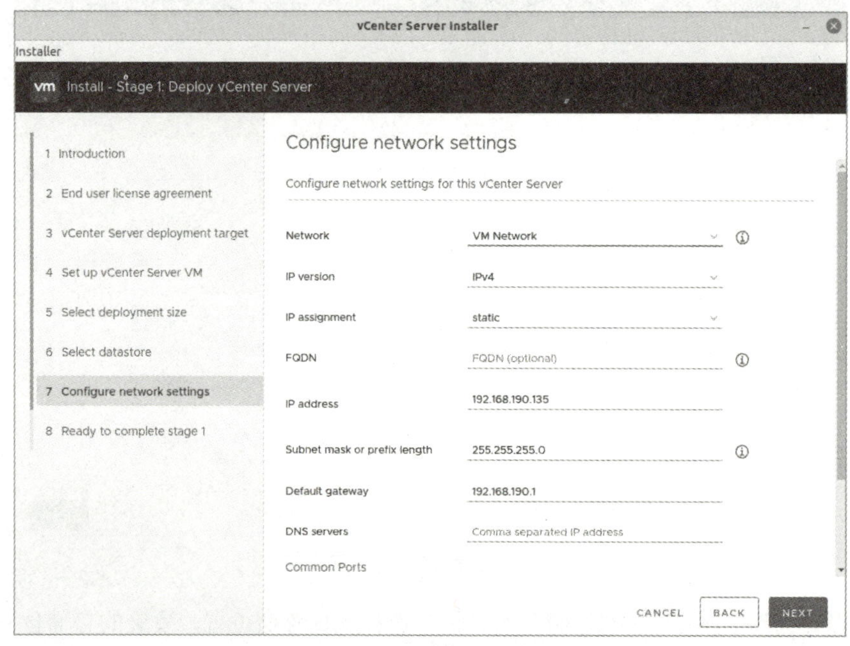

图 3.25 “网络配置”对话框

单击“NEXT”按钮进入“即将完成第1阶段”对话框，如图3.26所示。

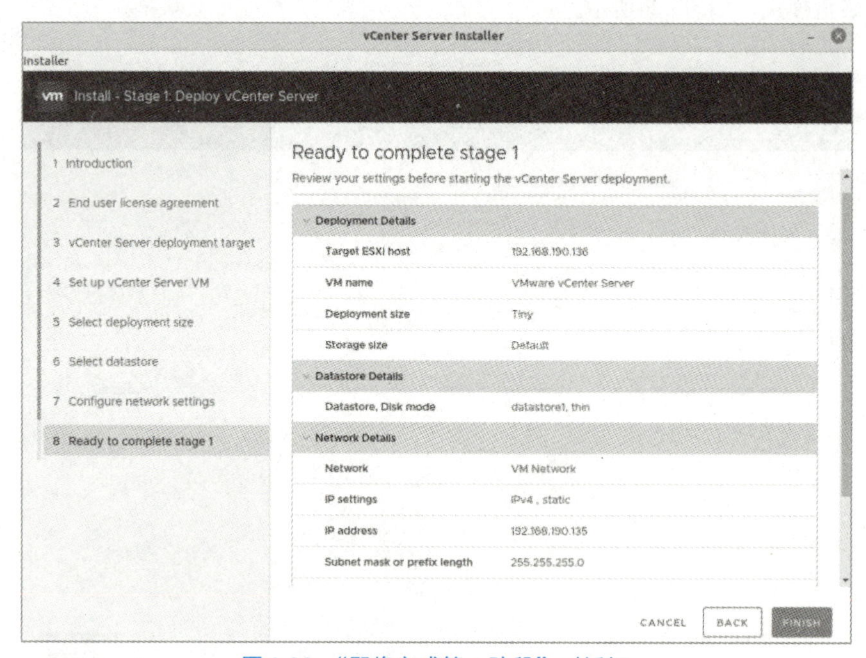

图 3.26 “即将完成第 1 阶段”对话框

核对信息无误后，单击“FINISH”按钮开始部署服务，如图3.27所示。

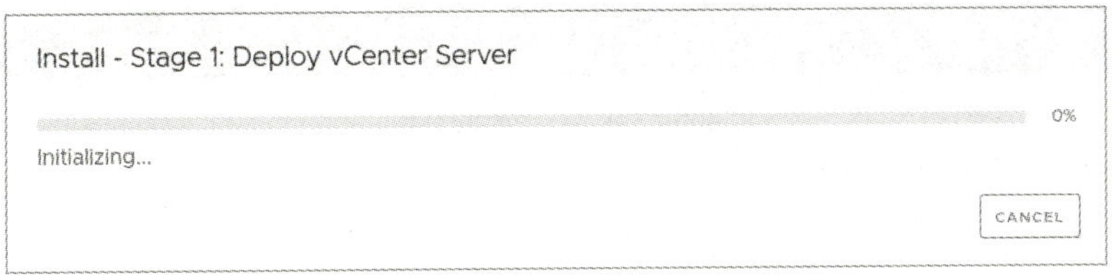

Install - Stage 1: Deploy vCenter Server
0%
Initializing...
CANCEL

图 3.27　部署服务

服务部署成功后，弹出“部署成功”对话框，如图3.28所示。

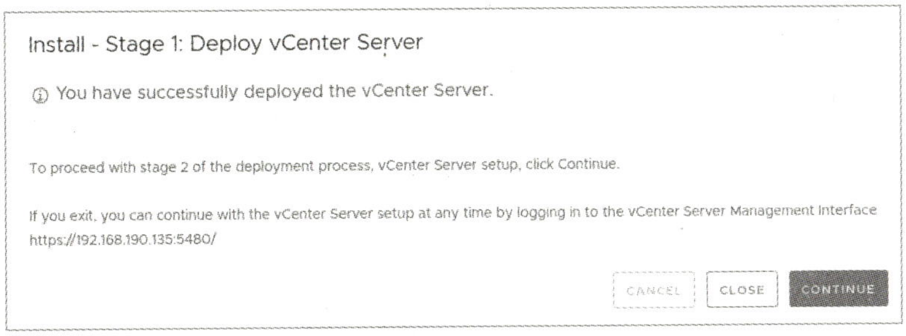

Install - Stage 1: Deploy vCenter Server
You have successfully deployed the vCenter Server.
To proceed with stage 2 of the deployment process, vCenter Server setup, click Continue.
If you exit, you can continue with the vCenter Server setup at any time by logging in to the vCenter Server Management Interface https://192.168.190.135:5480/
CANCEL
CLOSE
CONTINUE

图 3.28　“部署成功”对话框

单击“CONTINUE”按钮进入第二阶段配置服务，如图3.29所示。

vCenter Server Installer
Installer
Install - Stage 2: Set Up vCenter Server
1 Introduction
2 vCenter Server configuration
3 SSO configuration
4 Configure CEIP
5 Ready to complete
Introduction
vCenter Server installation overview
Stage 1
Stage 2
Deploy new vCenter Server
Set up vCenter Server
Installing the vCenter Server is a two stage process. The first stage has been completed.
Click Next, to proceed with Stage 2, setting up the vCenter Server.
CANCEL
NEXT

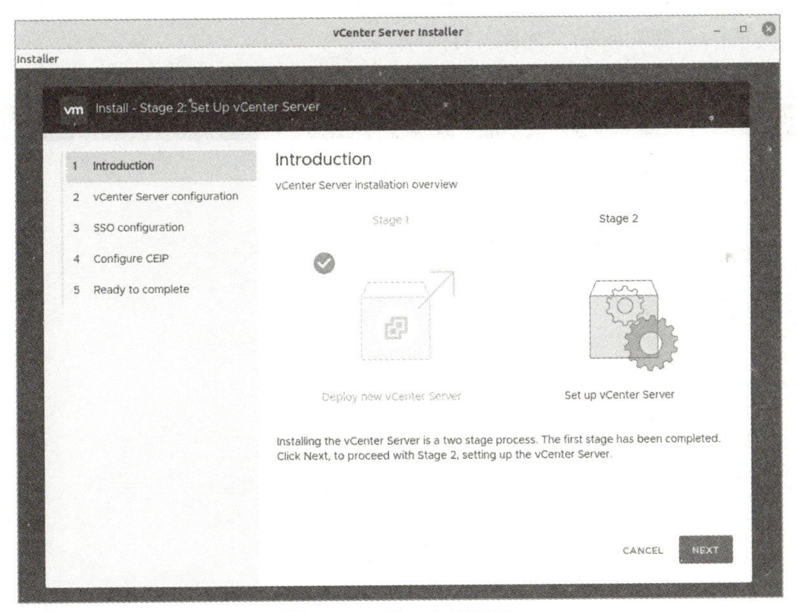

图 3.29　第二阶段简介

单击“NEXT”按钮进入“设备配置”对话框，设置时间同步模式与SSH访问状态，如图3.30所示。

图3.30中，时间同步模式默认为与ESXi主机时间同步，SSH访问默认为禁用状态。可将时间同步模式设置为与NTP服务器时间同步，单击“Time synchronization mode”后的下拉列表，选择“Synchronize time with NTP servers”选项，在下方文本框内输入NTP的IP地址即可。若禁用SSH访问，则官方会提示使用服务高可用时，需开启SSH服务，所以此处将SSH访问状态设置为启用状态，单击“SSH access”后的下拉列表，选择“Enabled”选项即可开启。

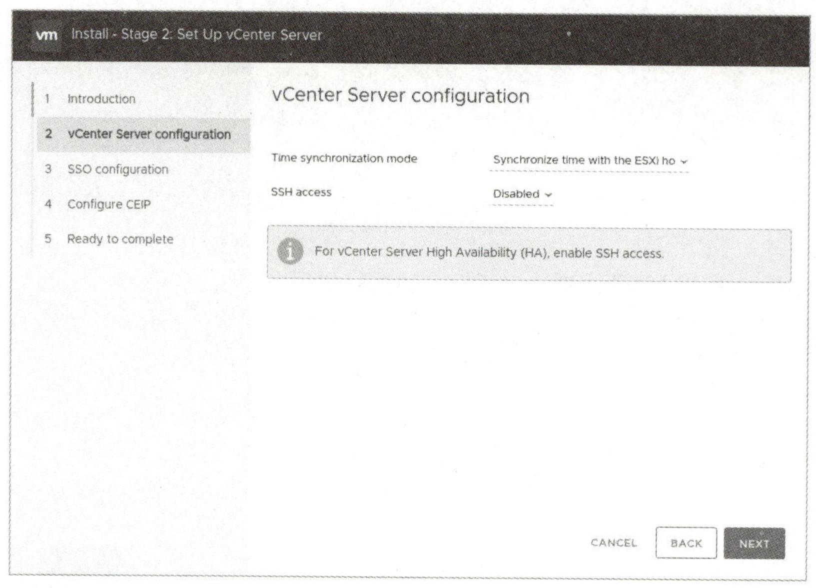

图 3.30 “设备配置”对话框

单击“NEXT”按钮进入“SSO配置”对话框，配置SSO参数。配置SSO有两个选项，一个是创建一个新的SSO域，另一个是加入一个现存的SSO域。SSO即Single Sign-On域用于登录服务，此处选择新建一个SSO域，输入域的名称和密码，如图3.31所示。

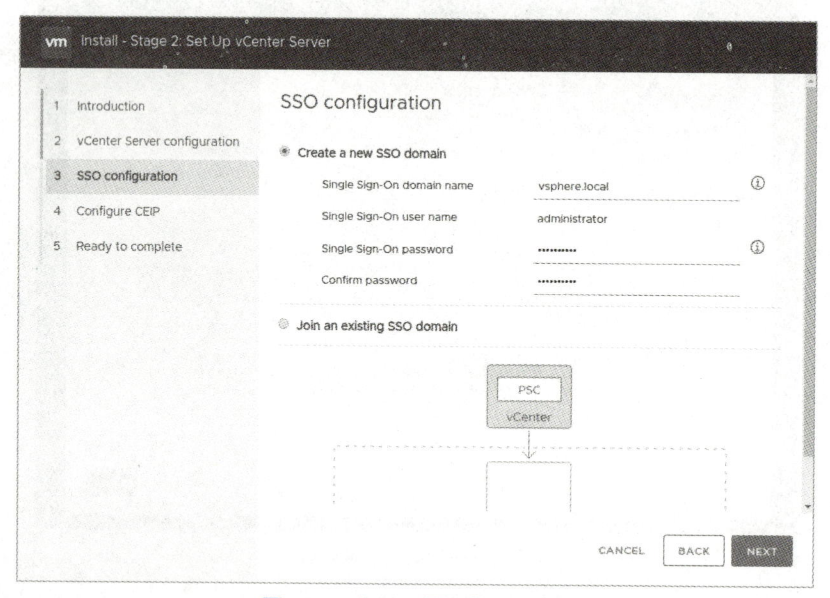

图 3.31 “SSO 配置”对话框

官方对域名设置的要求如下：

- 必须有两个名字，两个名字之间通过.隔离开来，比如vsphere.local。
- 两个名字中可以包含字母、数字及字符-。
- 每个名字的第一个字符和最后一个字符必须是字母或数字。

● 每个名字的字符不得超过63位，全名合计不得超过253个字符。

单击“NEXT”按钮进入“配置CEIP”对话框，该对话框即确认使用者是否加入VMware客户体验计划。若使用者加入，则勾选下方的“Join the VMware's Custom Experience Improvement Program(CEIP)”复选框；若使用者不加入，则取消勾选该选项，如图3.32所示。

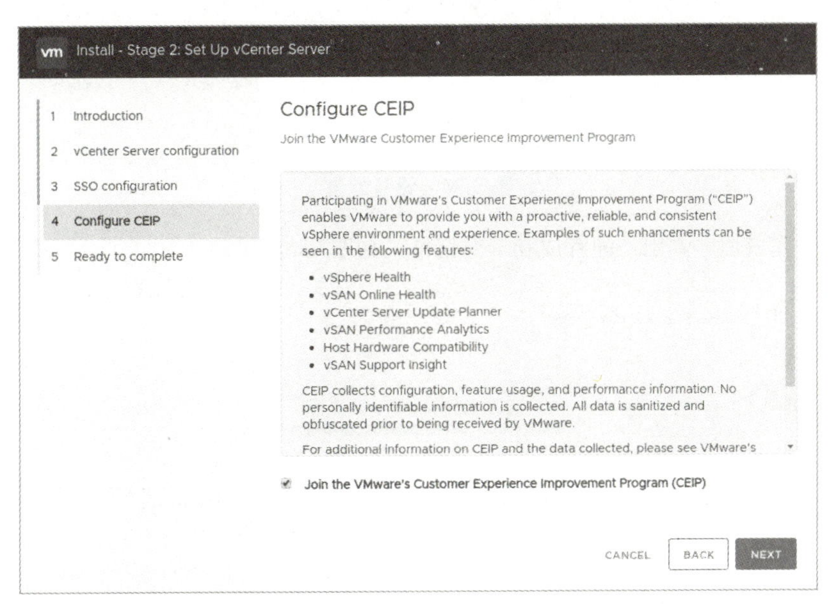

图 3.32　“配置 CEIP”对话框

单击“NEXT”按钮进入“即将完成”对话框，核对对话框中的信息，如图3.33所示。

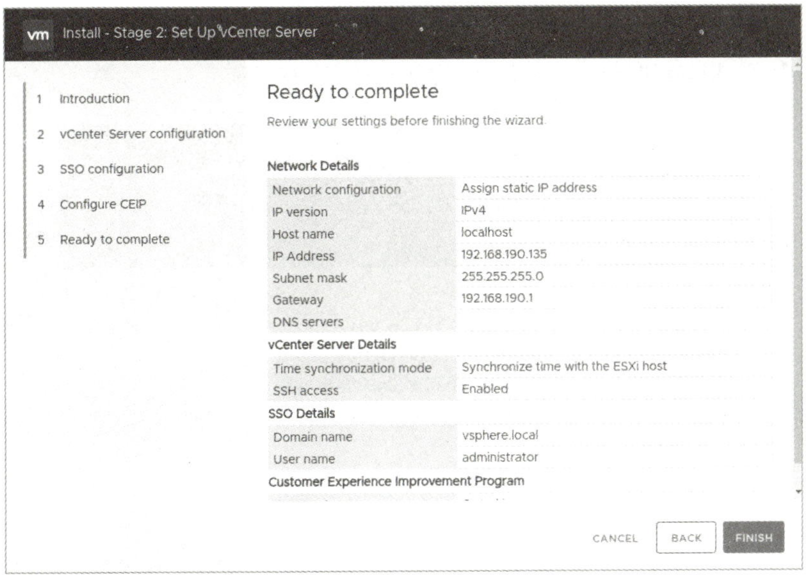

图 3.33　“即将完成”对话框

核对信息无误后，单击“FINISH”按钮进行，如图3.34所示。

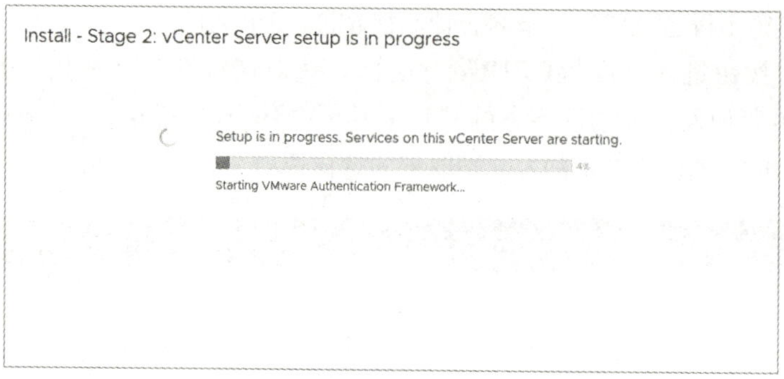

图 3.34　设备配置

等待设备配置完成后，弹出“配置成功”对话框，如图3.35所示。

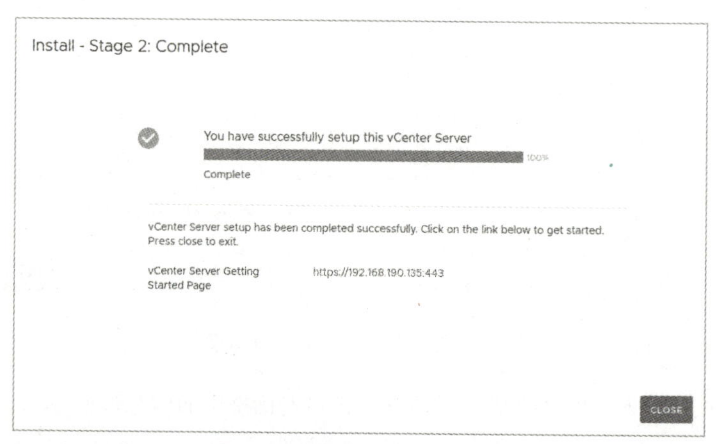

图 3.35　“配置成功”对话框

单击图3.35中的默认链接进入服务登录入口界面，如图3.36所示。

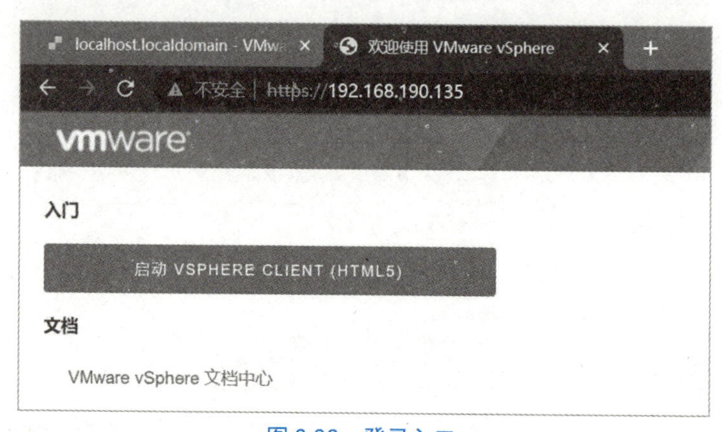

图 3.36　登录入口

单击“启动VSPHERE CLIENT（HTML5）”按钮，进入服务登录界面，如图3.37所示。服务登录成功后，即可进入vCenter Server服务的主页面，如图3.38所示。

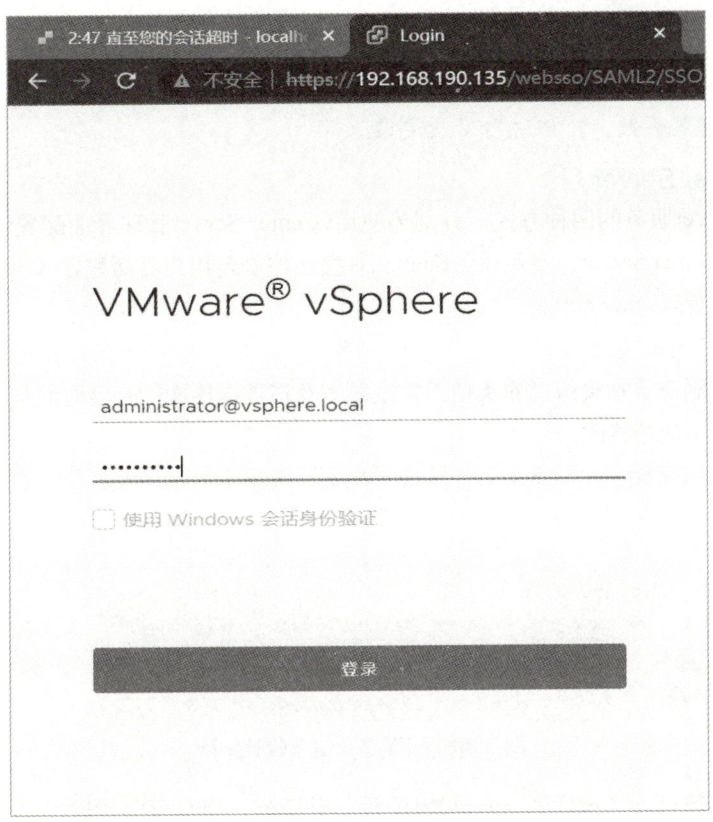

图 3.37　登录界面

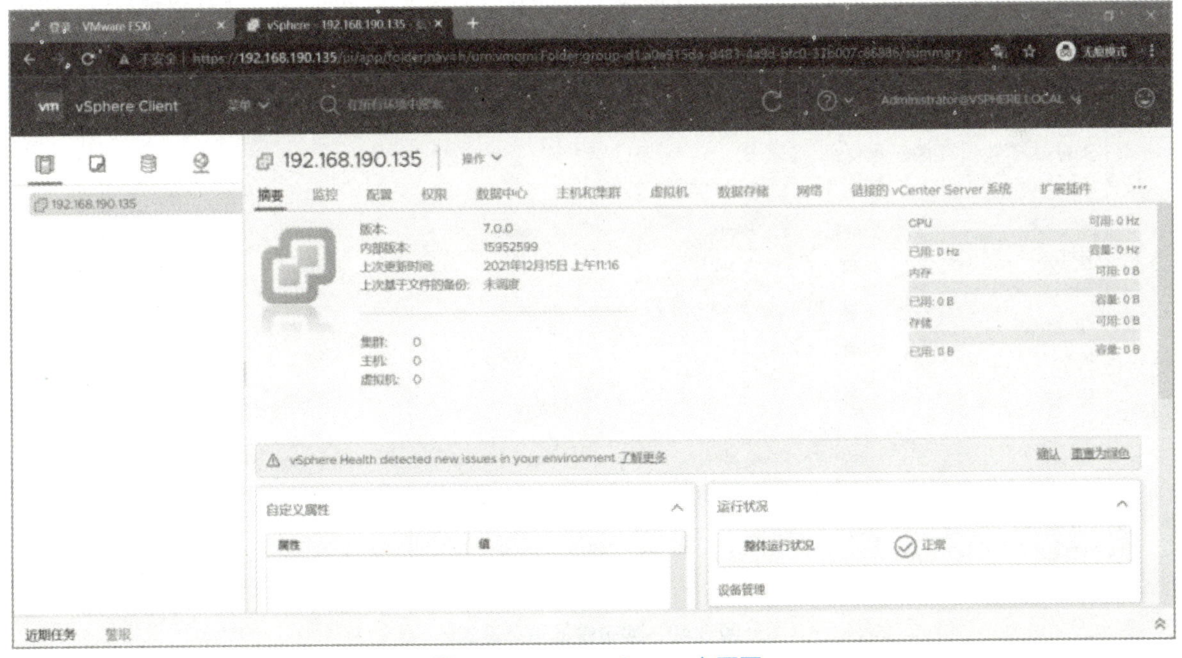

图 3.38　vCenter Server 主页面

技能提升

不同性能的主机安装vCenter Server所需的时间不同，在进行第2阶段的最后安装时会消耗宿主机的大量资源，若安装失败，可以进行多次安装。

3. 配置 vCenter Server

配置vCenter Server服务的四种方式，分别为使用vCenter Server管理界面配置vCenter Server、使用vSphere Client配置vCenter Server、使用设备Shell和直接在控制台用户界面配置vCenter Server，此处选择使用vSphere Client配置vCenter Server。

（1）配置统计信息收集间隔

统计信息收集间隔决定收集信息的类型、发生频率及在数据库中的存储时间，但是需要注意，一些特定的时间间隔属性不能被修改。

使用vSphere Client登录vCenter Server，单击“配置”选项卡，在“设置”下选择“常规”选项，如图3.39所示。

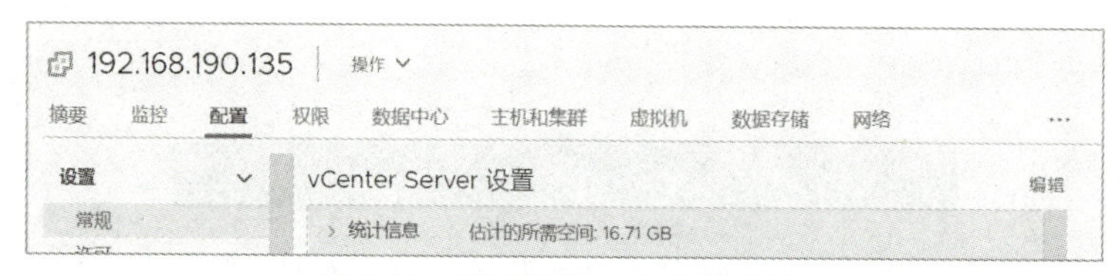

图 3.39　配置统计信息收集间隔

单击“编辑”按钮进入“编辑vCenter常规设置”对话框。用户可以通过“已启用”下方的勾选框决定启用或禁止某一统计间隔，通过下拉框修改间隔时间、保存时间和统计级别。间隔时间是指收集统计数据所采用的时间间隔，保存时间是指存档的统计信息在数据库中保存的时间，统计级别是指收集统计信息的级别，级别越低，所使用的统计信息计数器就越少，如图3.40所示。

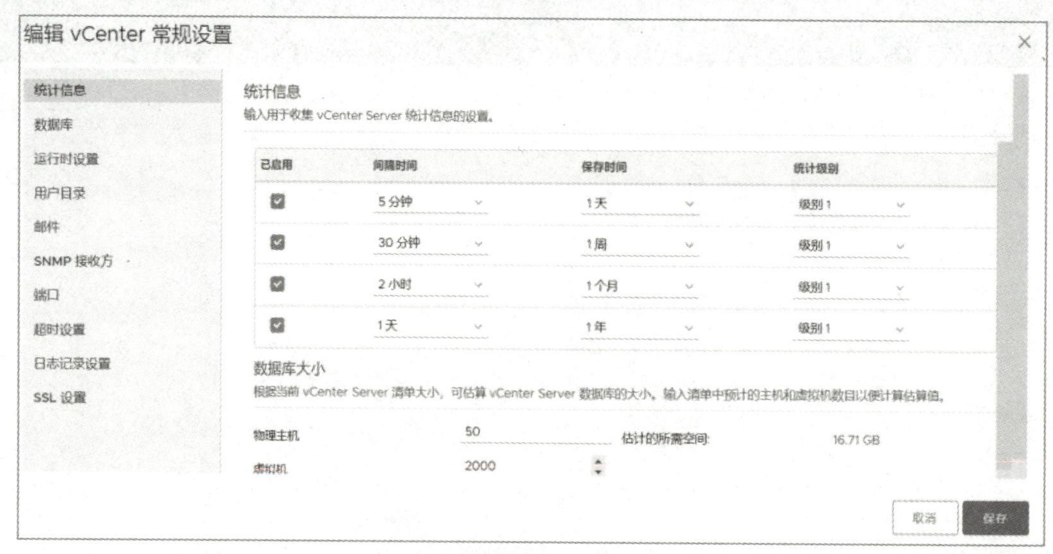

图 3.40　编辑统计信息设置

(2)配置数据库

通过配置可以修改数据库的最大连接数与任务、事件保留天数。

在“编辑vCenter常规设置”对话框,单击“数据库”选项进入数据库选项卡。用户可以通过修改“最大连接数”的数值决定允许同时出现的最大数据库连接数,通过单击“任务清理”和“事件清理”开关开启或关闭任务和事件清理,也可以对任务的事件保留(天数)进行修改,如图3.41所示。

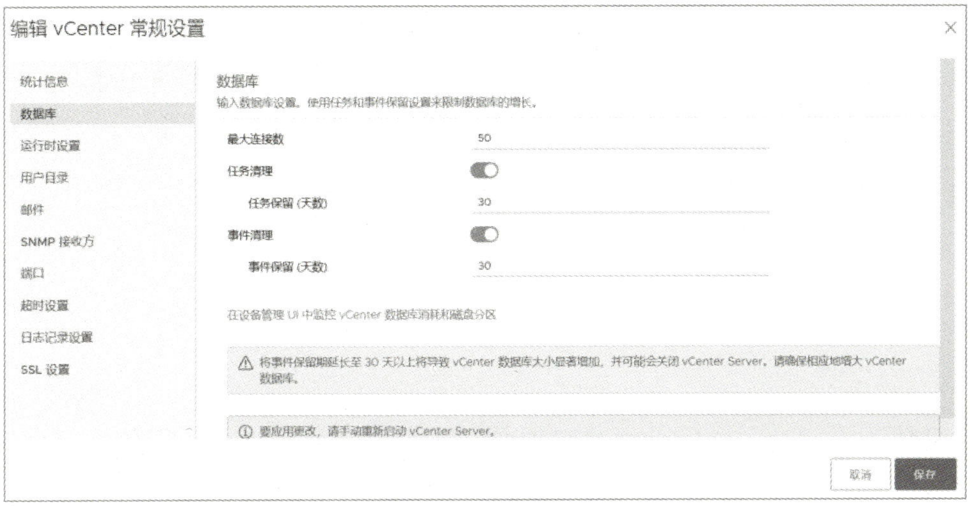

编辑 vCenter 常规设置

统计信息
数据库
运行时设置
用户目录
邮件
SNMP 接收方
端口
超时设置
日志记录设置
SSL 设置

数据库
输入数据库设置。使用任务和事件保留设置来限制数据库的增长。
最大连接数 50
任务清理
任务保留 (天数) 30
事件清理
事件保留 (天数) 30
在设备管理 UI 中监控 vCenter 数据库消耗和磁盘分区
将事件保留期延长至 30 天以上将导致 vCenter 数据库大小显著增加,并可能会关闭 vCenter Server。请确保相应地增大 vCenter 数据库。
要应用更改,请手动重新启动 vCenter Server。
取消 保存

图 3.41 编辑数据库设置

(3)配置运行时设置

通过运行时设置可以修改vCenter Server的唯一ID、受管地址和名称。

在“编辑vCenter常规设置”对话框,单击“运行时设置”选项进行操作,如图3.42所示。

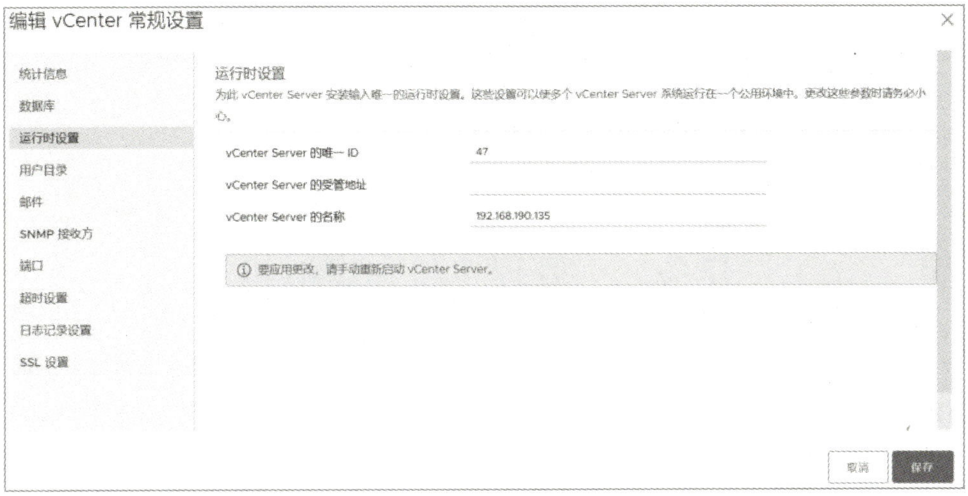

编辑 vCenter 常规设置

统计信息
数据库
运行时设置
用户目录
邮件
SNMP 接收方
端口
超时设置
日志记录设置
SSL 设置

运行时设置
为此 vCenter Server 安装输入唯一的运行时设置。这些设置可以使多个 vCenter Server 系统运行在一个公用环境中。更改这些参数时请务必小心。
vCenter Server 的唯一 ID 47
vCenter Server 的受管地址
vCenter Server 的名称 192.168.190.135
要应用更改,请手动重新启动 vCenter Server。
取消 保存

图 3.42 配置运行时设置

配置唯一ID时,数值必须是0~63中的数字。受管地址可以为IPv4、IPv6、完全限定域名、IP地址和其他格式地址。

(4) 配置日志记录设置

日志记录的配置信息决定着日志文件中收集到的信息数量。

在“编辑vCenter常规设置”对话框，单击“日志记录配置”选项进行操作，用户可在此配置日志级别。配置完成后，单击“保存”按钮即可保存修改的配置信息，如图3.43所示。

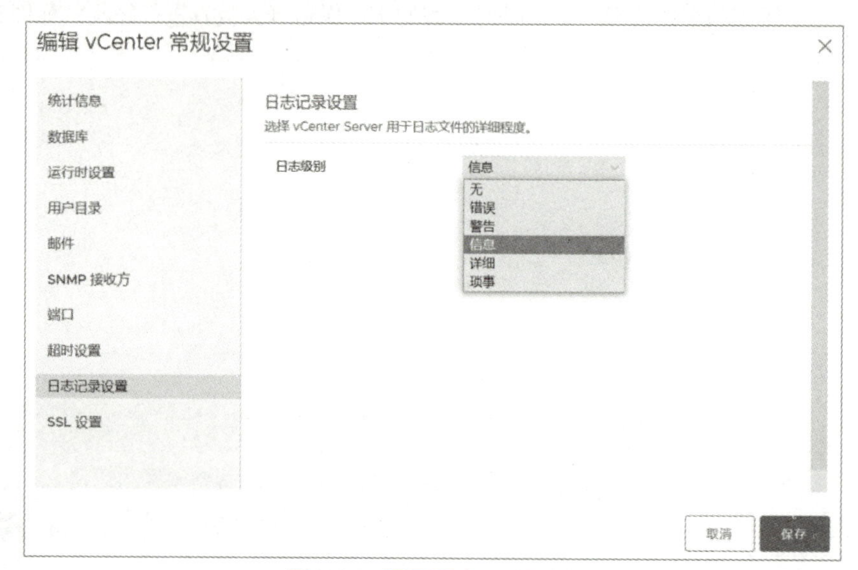

图 3.43 配置日志记录设置

日志级别分为六种，具体含义如下：

- 无：关闭日志记录。
- 错误：仅显示错误日志条目。
- 警告：显示警告和错误日志条目。
- 信息：显示信息、警告和错误日志条目。
- 详细：显示详细、信息、警告和错误日志条目。
- 琐事：显示琐事、详细、信息、警告和错误日志条目。

单击“保存”按钮即可保存上述所有修改。

任务二 管理主机和虚拟机

本任务主要是让读者掌握如何在使用vSphere Client登录的vCenter Server服务上管理虚拟机。

1. 创建虚拟数据中心

虚拟数据中心是一个容器，容器内配备了所有运行操作系统的组件设施，vCenter Server可以管理一个数据中心中的所有主机和虚拟机。接下来讲解如何在vCenter Server内创建一个虚拟数据中心。

单击vCenter Server主页面的“操作”下拉列表，如图3.44所示。

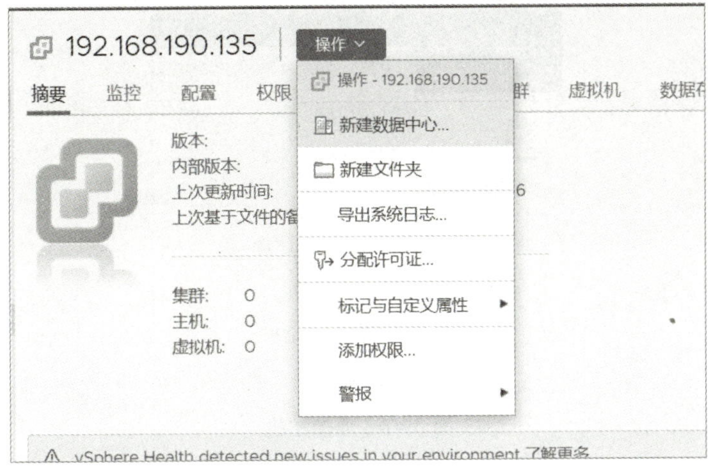

图 3.44　新建数据中心

选择“新建数据中心”按钮并设置数据中心的名称，如图3.45所示。

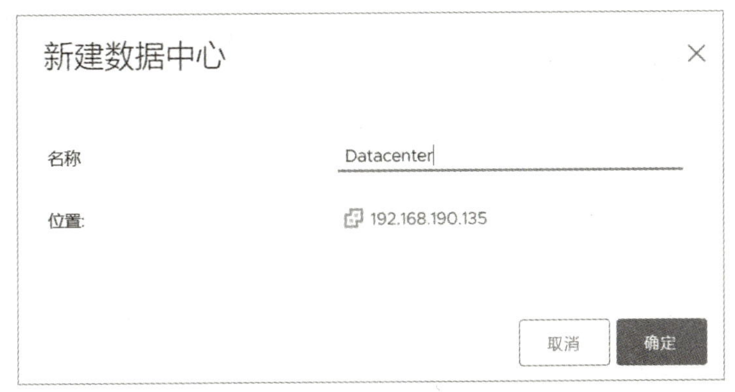

图 3.45　设置数据中心名称

在文本框内输入数据中心的名称，单击“确定”按钮即可创建完成，如图3.46所示。

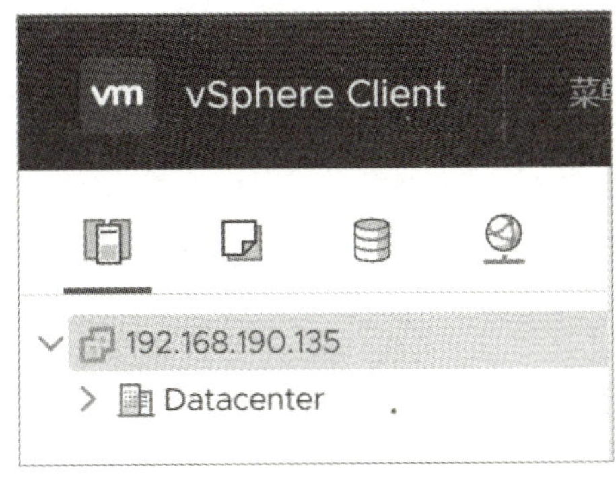

图 3.46　虚拟数据中心

2. 向数据中心添加主机

数据中心创建成功后，可以向数据中心中添加主机，若是主机带有虚拟机，则将虚拟机一同添加入数据中心。在数据中心列表中右击新建的数据中心，如图3.47所示。

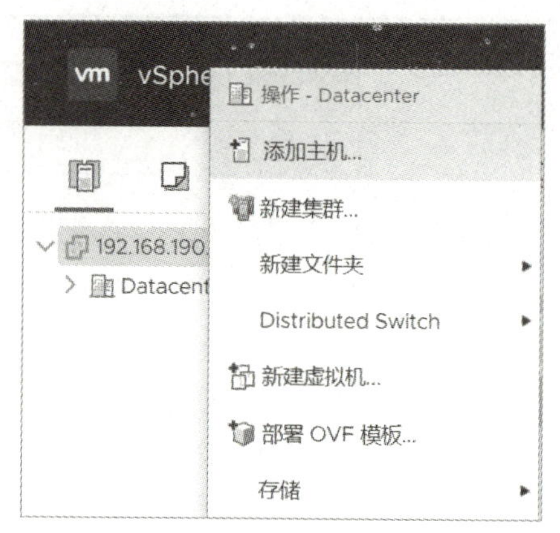

图 3.47 添加主机

选择“添加主机”命令进入“名称和位置”对话框，在文本框内输入主机的名称或IP地址，如图3.48所示。

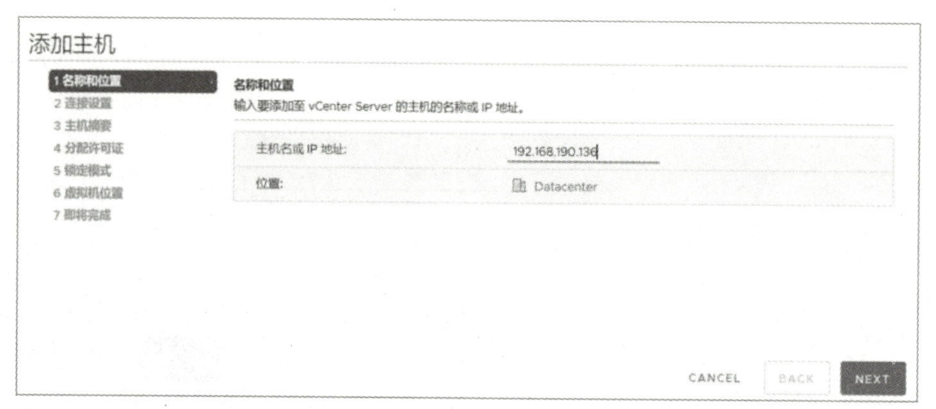

图 3.48 “名称和位置”对话框

单击“NEXT”按钮进入“连接设置”对话框，输入目标主机的用户名和密码，如图3.49所示。

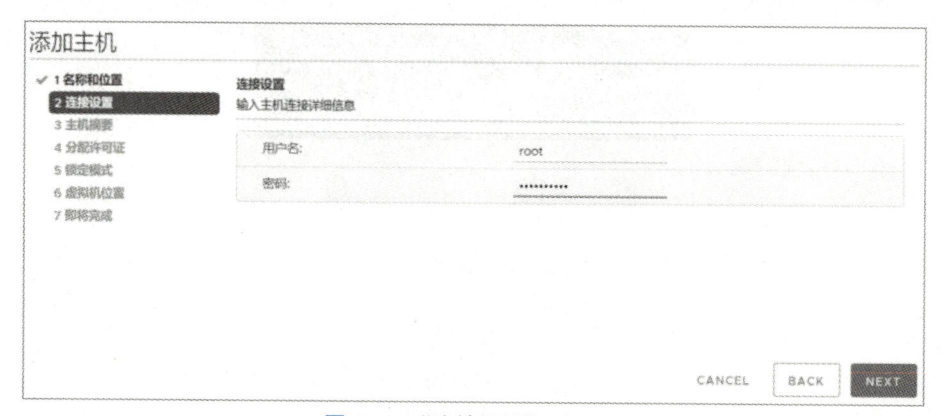

图 3.49 “连接设置”对话框

单击“NEXT”按钮弹出“安全警示”对话框，若要使用新证书替换旧证书，则单击“是”按钮，替换则单击“否”按钮，如图3.50所示。

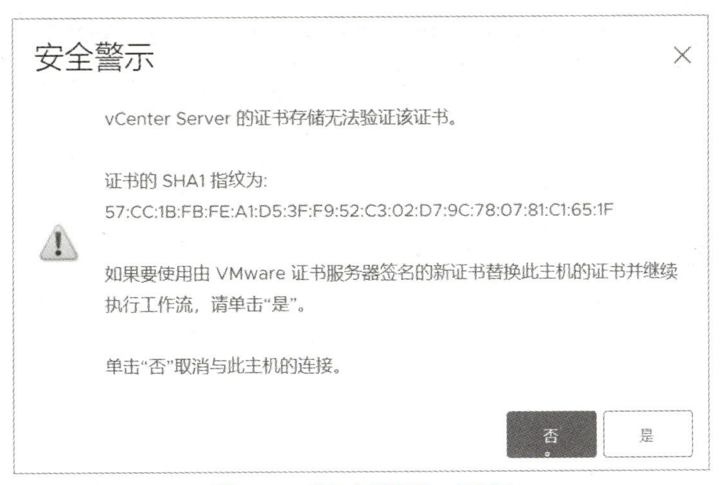

图 3.50　“安全警示”对话框

单击“是”按钮进入“主机摘要”对话框，核查主机信息，如图3.51所示。

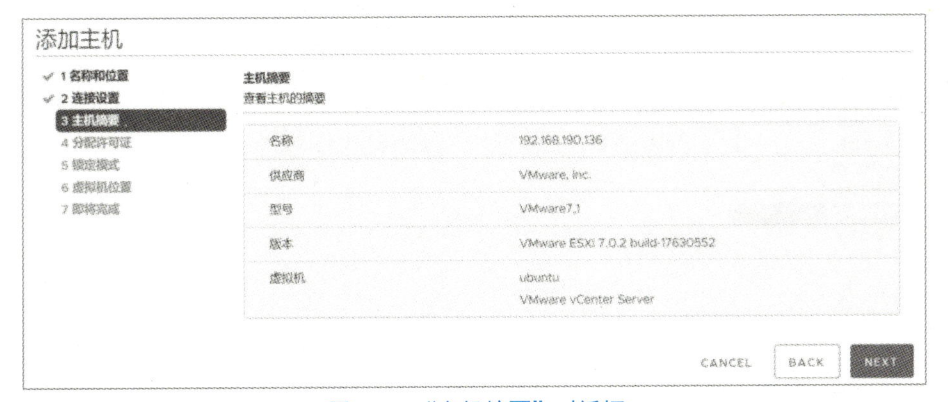

图 3.51　“主机摘要”对话框

主机信息核对无误后，单击“NEXT”按钮进入“分配许可证”对话框，由于本节任务使用软件为试用版，此处显示评估许可证，如图3.52所示。

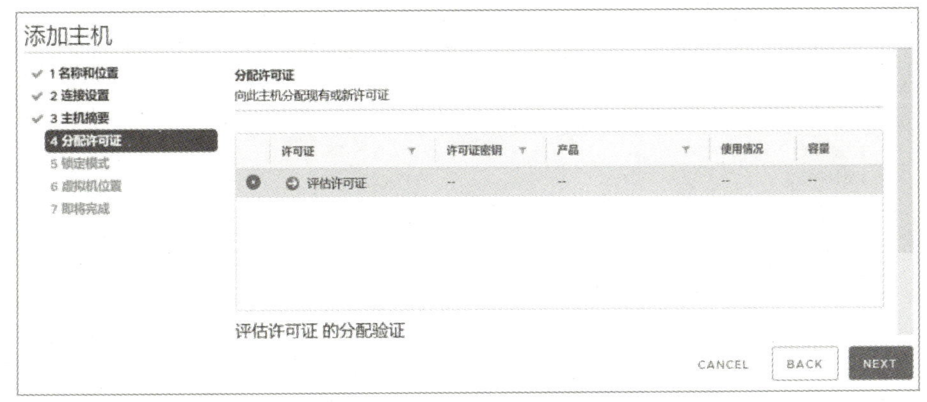

图 3.52　“分配许可证”对话框

单击“NEXT”按钮进入“锁定模式”对话框，在该对话框用户指定是否在主机上启用锁定模式。

锁定模式分为三种，分别为禁用、正常和严格。若启用该模式，可以防止远程用户直接登录此主机。一般情况下，选择禁用该模式，如图3.53所示。

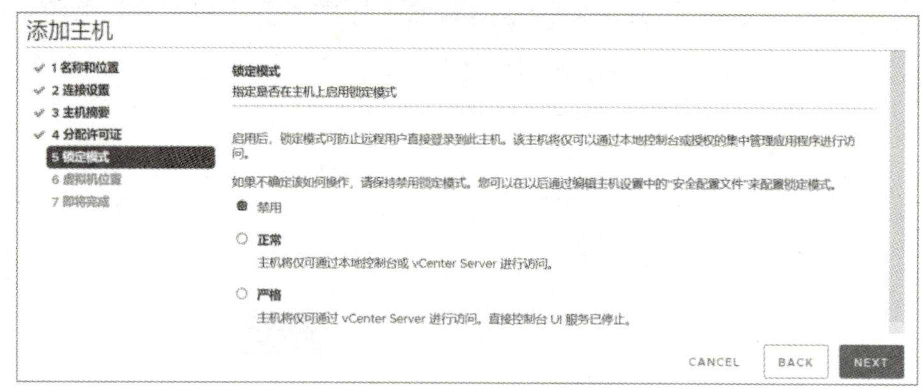

图 3.53 “锁定模式”对话框

单击“NEXT”按钮进入“虚拟机位置”对话框，为虚拟机指定存储位置，如图3.54所示。

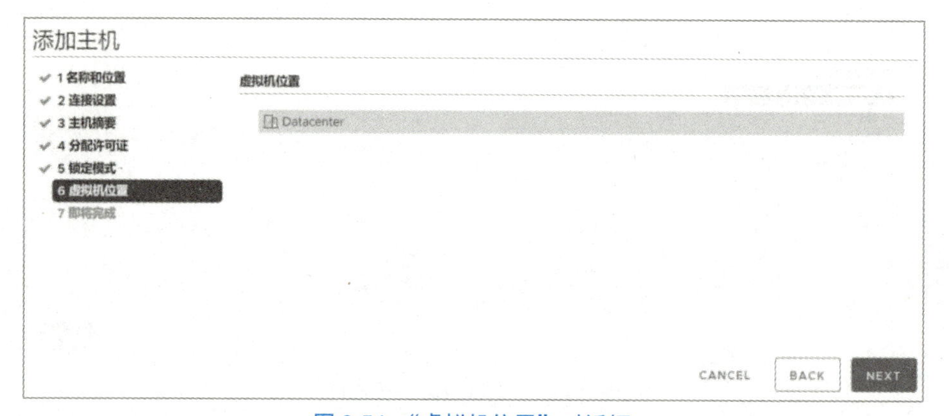

图 3.54 “虚拟机位置”对话框

单击“NEXT”按钮进入“即将完成”对话框，在对话框内核对配置信息，如图3.55所示。

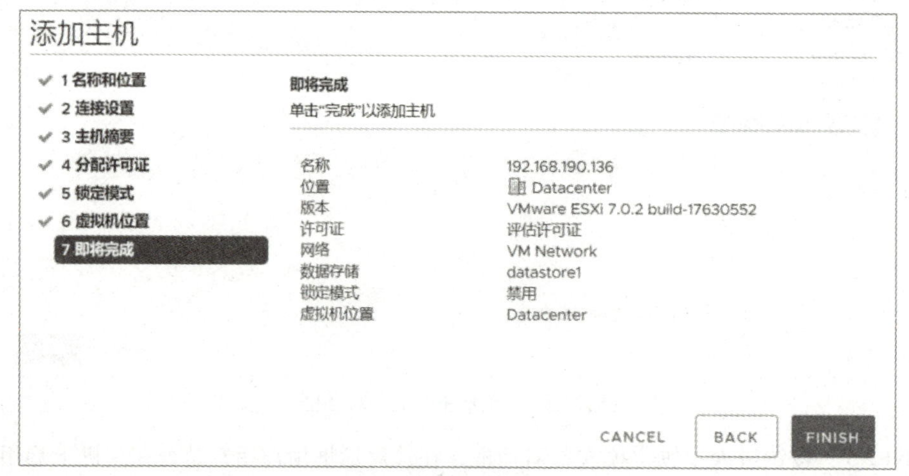

图 3.55 “即将完成”对话框

配置信息核对无误后，单击“FINISH”按钮完成主机的添加，用户可以在vCenter Server服务首页面的虚拟数据中心中看到新建主机。

3. 创建虚拟机和安装操作系统

用户将ESXi主机加入vCenter Server中后，可以在ESXi主机中创建虚拟机。接下来详细介绍如何在ESXi主机内创建虚拟机。

右击vCenter Server服务首页面的ESXi主机，选择“新建虚拟机”命令，如图3.56所示。

图 3.56 新建虚拟机

进入“选择创建类型”对话框，有六种方式可以创建虚拟机，分别为创建新虚拟机、从模板部署、克隆现有虚拟机、将虚拟机克隆为模板、将模板克隆为模板和将模板转换成虚拟机。此处选择创建新虚拟机，用户可以自行配置新虚拟机的相关设施，如图3.57所示。

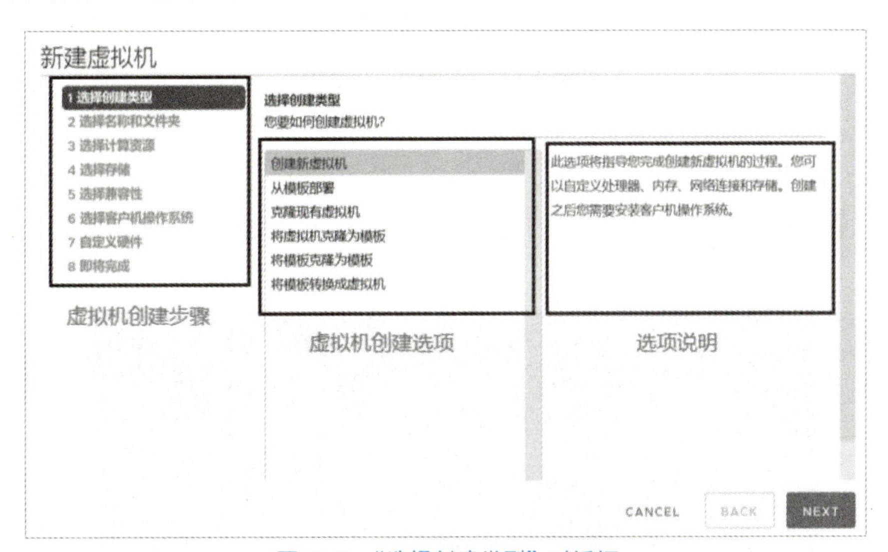

图 3.57 “选择创建类型”对话框

用户在“新建虚拟机”窗口中根据实际情况进行配置即可。

在步骤8即将完成对话框中核对配置信息，如图3.58所示。

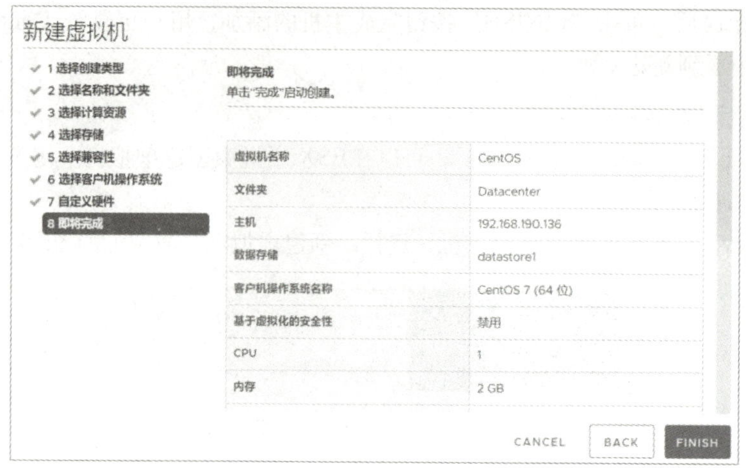

图 3.58 “即将完成”对话框

单击“FINISH”按钮完成虚拟机的创建。单击数据中心下的新建虚拟机“CentOS”选项，进入该虚拟机的主页面，如图3.59所示。

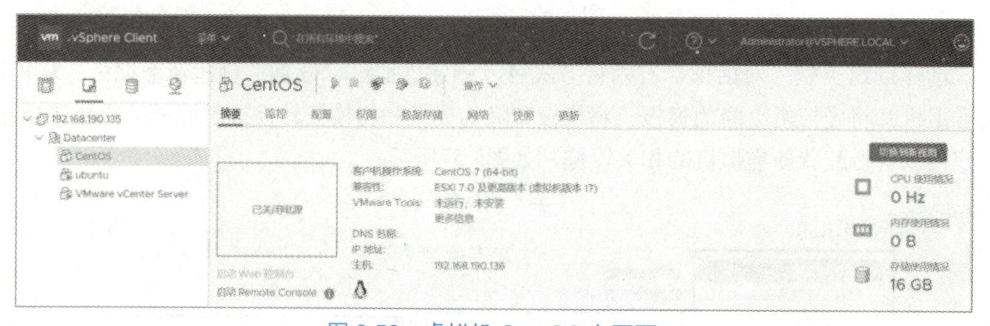

图 3.59 虚拟机 CentOS 主页面

单击按钮“ ▷ ”按钮开启虚拟机电源，开启后单击“启动Web控制台”按钮开始安装操作系统，如图3.60所示。

```
- Press the       key to begin the installation process.
[   11.064660] dracut-pre-udev[329]: modprobe: ERROR: could not insert 'floppy':
 No such device
[  OK  ] Started Show Plymouth Boot Screen.
[  OK  ] Started Forward Password Requests to Plymouth Directory Watch.
[  OK  ] Reached target Paths.
[  OK  ] Reached target Basic System.
[  OK  ] Started Device-Mapper Multipath Device Controller.
         Starting Open-iSCSI...
[  OK  ] Started Open-iSCSI.
         Starting dracut initqueue hook...
[   16.737186] sd 0:0:0:0: [sda] Assuming drive cache: write through
[   16.418510] dracut-initqueue[1164]: mount: /dev/sr0 is write-protected, mounting read-only
[  OK  ] Started Show Plymouth Boot Screen.
[  OK  ] Started Forward Password Requests to Plymouth Directory Watch.
[  OK  ] Reached target Paths.
[  OK  ] Reached target Basic System.
[  OK  ] Started Device-Mapper Multipath Device Controller.
         Starting Open-iSCSI...
[  OK  ] Started Open-iSCSI.
         Starting dracut initqueue hook...
[   16.418510] dracut-initqueue[1164]: mount: /dev/sr0 is write-protected, mounting read-only
[  OK  ] Created slice system-checkisomd5.slice.
         Starting Media check on /dev/sr0...
/dev/sr0:   1d2e8463d1bcae8ad491f4e5a07eb79f
Fragment sums: 3b55db189eeea7a20be82b85b49542dcc5ee4bb41bce8ff2fdf4d675af7e
Fragment count: 20
Press [Esc] to abort check.
Checking: 057.7%_
```

图 3.60 安装操作系统

操作系统安装完后，系统提示该虚拟机未安装VMware Tools，VMware Tools是VMware虚拟机自带的增强工具，如图3.61所示。

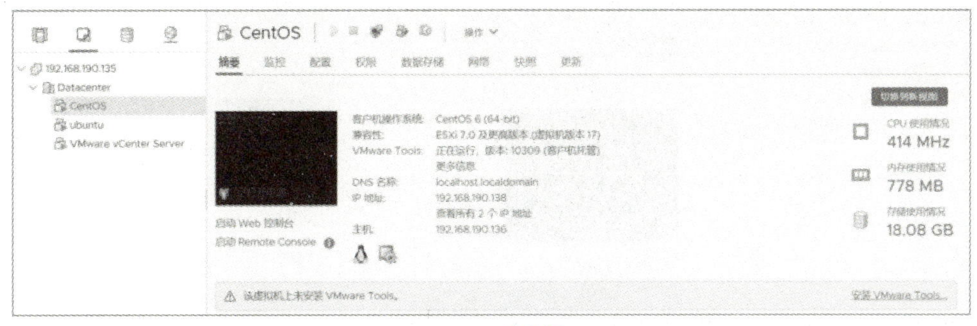

图 3.61　系统提示

单击主页面的“安装VMware Tools”选项，或是单击“操作”→“客户机操作系统”→“安装VMware Tools”选项，弹出“安装VMware Tools”对话框，如图3.62所示。

图 3.62　“安装 VMware Tools”对话框

单击“挂载”按钮即开始安装，安装完成可以在CentOS虚拟机首页面查看安装结果，如图3.63所示。

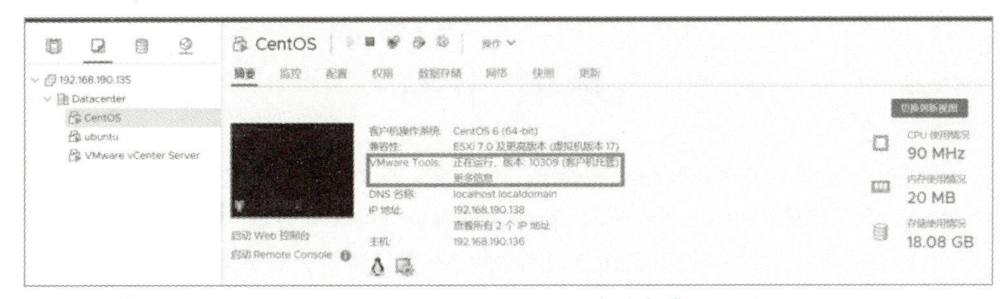

图 3.63　VMware Tools 安装完成

4. 拍摄快照

选择CentOS虚拟机主页面“操作”下的“快照”命令，用户可以根据选项进行操作，可以拍摄、恢复、删除和管理操作，如图3.64所示。

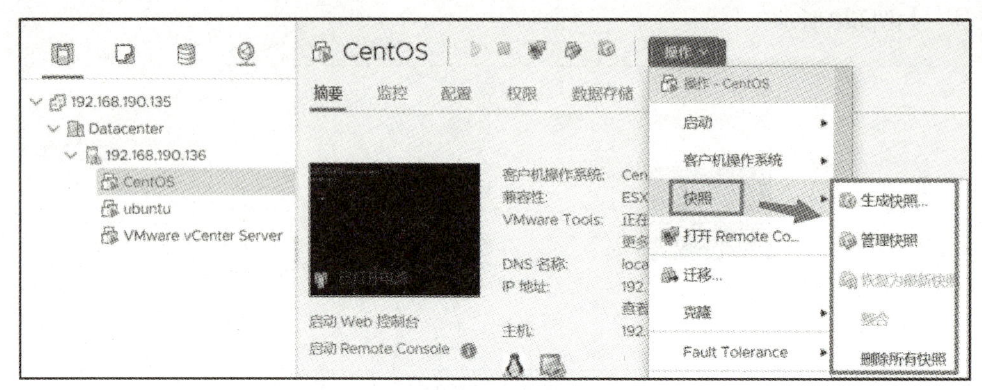

图 3.64　快照管理

相关操作同项目一中的管理快照步骤一致，此处不再过多赘述。

5. 克隆虚拟机

选择CentOS虚拟机首页“操作”下方的“克隆”命令，用户可以根据选项进行操作，可以将虚拟机克隆为虚拟机、模板以及作为模板克隆到库，如图3.65所示。

图 3.65　克隆虚拟机

相关操作同项目一中的克隆虚拟机步骤一致，此处不再做过多赘述。

项 目 小 结

本项目首先在ESXi主机上安装vCenter Server，之后使用vSphere Client登录vCenter Server对服务进行配置，最后讲解了使用vCenter Server管理主机和虚拟机的操作步骤。通过这些讲解，读者能够对vCenter Server有一定的了解，通过vCenter Server用户可以对多台服务器进行配置部署。一些大型vSphere环境可以容纳约2 000个主机或约35 000个虚拟机，学习了本项目后，读者便可以轻松管理大批量服务器。

习 题

1. 填空题

（1）vCenter Server为虚拟机和主机提供________。

（2）vCenter Server 7.0整合的服务包括________、________、________、________。

（3）微型vSphere环境要求的CPU核数和内存，容量为________和________。

（4）vCenter Server中的vSphere Client组件是一个基于________的Web界面。

（5）部署vCenter Server的两种方式为________、________。

2. 思考题

（1）简述安装vCenter Server第一阶段为虚拟机设置密码时的密码策略。

（2）简述配置vCenter Server服务的四种方式。

（3）简述配置vCenter Server中配置日志记录设置时的六种日志级别及表示意义。

3. 实操题

在一台ESXi主机上安装vCenter Server，使用vSphere Client登录并在vCenter Server中创建一台虚拟机，操作系统读者可自行决定。

项目四

配置 vSphere 网络

学习目标

◎了解网络的概念。
◎掌握 vSphere 标准交换机和分布式交换机的创建方式。
◎掌握使用 vSphere 标准交换机和分布式交换机设置网络连接的操作方式。
◎熟悉设置 VMkernel 网络的操作。
◎掌握 TCP/IP 堆栈的配置方式。
◎掌握网络协议配置文件的添加及配置方式。

前面项目介绍了vSphere两大组件的安装配置，本项目将要介绍vSphere的网络连接。网络连接对任意一台服务器来说都是至关重要的，拥有了网络后，服务器才能与其他服务器进行通信。网络通过通信设备和线路将多个独立的服务器连接起来，从而使多个服务器之间能够进行资源共享。

项目准备

本项目主要介绍vSphere网络连接的配置，讲解vSphere网络的概念及如何使用vSphere标准交换机配置网络连接。

1. 网络概念

在学习vSphere网络知识之前，了解网络的基本概念非常重要。接下来将介绍vSphere网络的多个重要概念。

（1）物理网络

物理网络指的是连接物理计算机之间的实际物理网络，使得这些物理机可以互相通信。这种网络适用于运行在物理机上的VMware ESXi主机。

（2）虚拟网络

虚拟网络即运行在同一物理机上的虚拟机间创建的网络，使虚拟机之间进行通信，创建虚拟机时添加的网络即虚拟网络，可以连接其他虚拟机。

（3）含糊网络

含糊网络又称外部网络，是由vSphere之外的实体创建的网络，例如，由VMware NSX创建的网络在vCenter Server中显示为外部网络。

（4）物理以太网交换机

物理以太网交换机负责管理物理网络上计算机间的网络流量。每个交换机拥有多个端口，每个端口可以连接其他交换机或计算机。该交换机可以根据连接计算机的需求为每个端口进行不同的配置，并通过连接其端口的主机信息将网络流量转发给真正的物理机。

（5）vSphere标准交换机

vSphere标准交换机与物理以太网交换机的运行方式相似，它通过连接其端口的虚拟机信息将网络流量转发给真正的虚拟机。vSphere标准交换机也可以通过物理以太网适配器与物理交换机进行连接。

（6）vSphere分布式交换机

vSphere分布式交换机（vSphere Distributed Switch），可以在数据中心中为所有关联主机充当单一交换机，以此来管理虚拟网络。在vCenter Server系统中配置分布式交换机，可以保证虚拟机迁移时其关联主机的网络配置一致。

（7）标准端口组

网络服务通过端口组连接标准交换机，端口组能够决定通过交换机网络连接的方式。端口组通常为每个端口制定了一定的端口配置选项，单个交换机可与一个或多个端口组进行关联。

（8）VMkernel TCP/IP网络层

VMkernel TCP/IP网络层负责主机连接，并处理迁移、IP存储、Fault Tolerance和vSAN的标准基础架构流量。

2. ESXi 中的网络服务

虚拟网络为虚拟机和主机提供了多种服务，在ESXi中支持两种网络服务，分别为将虚拟机连接到物理网络或其他虚拟机和将VMkernel服务连接至物理网络。

3. vSphere 标准交换机原理

vSphere标准交换机的架构如图4.1所示。

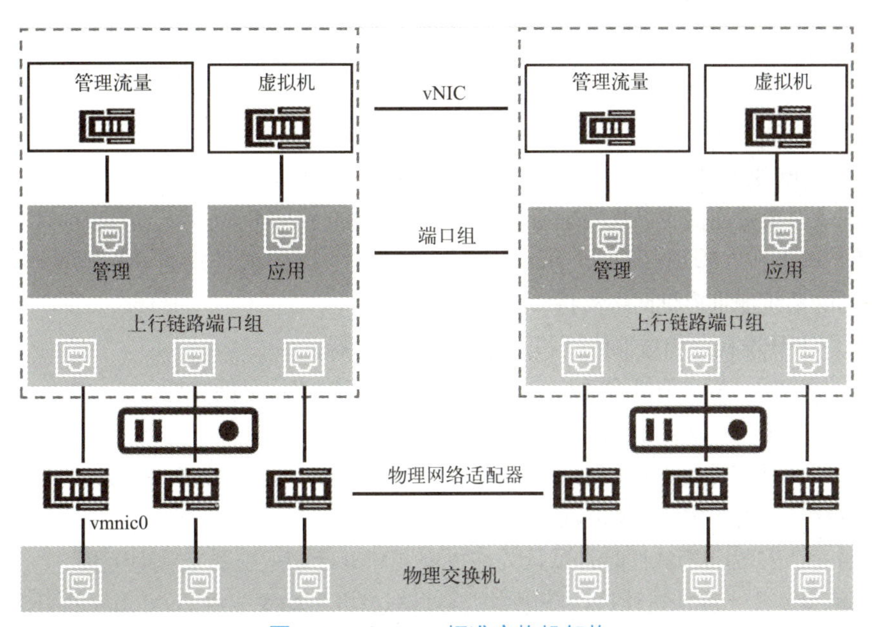

图 4.1　vSphere 标准交换机架构

如图4.1所示，在交换机上主机的物理网卡要与上行链路端口连接，虚拟机必须具有vNIC适配器才能在交换机中与端口组进行连接。每个端口组可使用一个或多个物理网卡为其处理网络流量，若是某个端口未连接物理网卡，则该虚拟机仅能与相同端口组内的虚拟机进行通信。

4. 分布式交换机原理

分布式交换机的架构如图4.2所示。

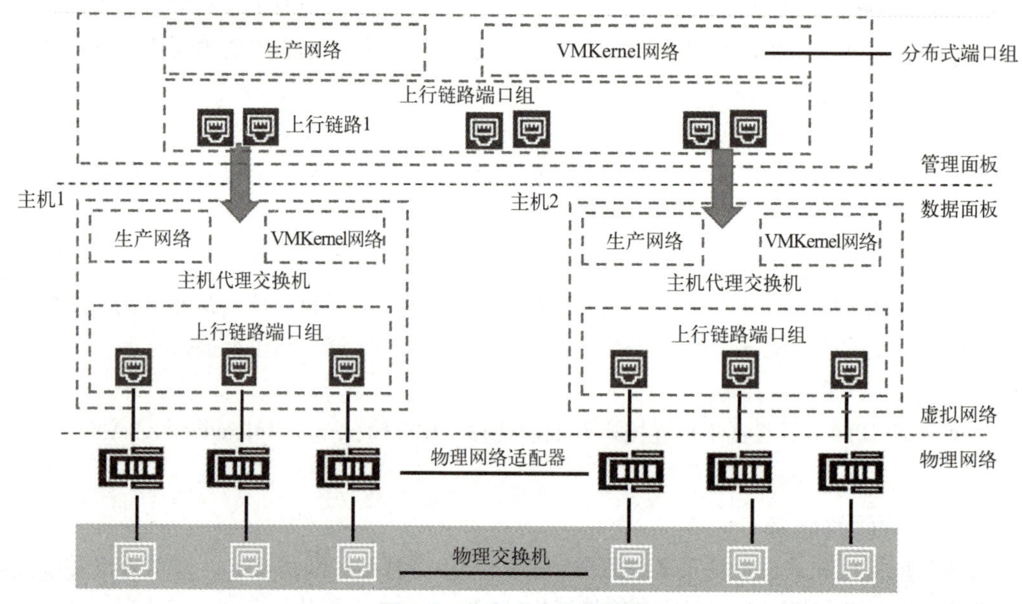

图 4.2 分布式交换机架构

图4.2中，创建分布式交换机时可以对上行链路端口组进行点定义，可以具有一个或多个上行链路。将物理网卡映射到上行链路端口组后，对上行链路设置故障切换和负载均衡策略，这些设置同步到分布式交换机关联的主机中。

分布式端口组为虚拟机提供网络服务及vMotion流量，可以在分布式端口组上配置策略，这些配置会通过主机代理交换机传播到分布式交换机关联的主机中。

5. VMkernel 网络层概述

VMkernel网络层负责连接主机及处理系统流量，接下来介绍VMkernel级别的四种TCP/IP堆栈。

- 默认TCP/IP堆栈：管理vCenter Server与ESXi主机之间的流量及为vMotion、IP 存储、Fault Tolerance 等服务的系统流量提供网络支持。
- vMotion TCP/IP堆栈：为虚拟机迁移时的流量提供支持。
- 置备TCP/IP堆栈：为虚拟机冷迁移、克隆和快照迁移的流量提供支持。
- 自定义TCP/IP堆栈：通过自定义对流量进行处理。

VMkernel网络层负责处理网络流量，但流量分为多种类型，因此针对不同的流量类型为其配置不同的VMkernel适配器，接下来介绍网络流量的分类。

- 管理流量：在安装ESXi软件时，默认为主机安装VMkernel适配器来管理流量。
- vMotion流量：用于虚拟机迁移，在源主机与目标主机上均安装用于vMotion的VMkernel适配器。
- 置备流量：用于虚拟机冷迁移、克隆和快照迁移。

- Fault Tolerance流量：用于处理主容错的虚拟机向辅助容错的虚拟机发送数据。
- vSAN流量：加入vSAN集群的每一台主机都必须拥有处理vSAN流量的VMkernel适配器。

6. vApp 概念

vSphere不仅能够运行虚拟机，还能够运行打包的应用程序，应用程序的打包和管理格式称为vSphere vApp。vSphere vApp类似于容器，可以存储一个或多个虚拟机并配置CPU、内存资源分配等。

任务一　创建管理 vSphere 标准交换机

该任务主要是让读者掌握创建vSphere标准交换机的操作以及如何使用vSphere标准交换机设置网络连接。

1. 创建 vSphere 标准交换机

使用vSphere Client登录vSphere，单击“主机和集群”下方名为“192.168.190.136”的主机进入主机界面，如图4.3所示。

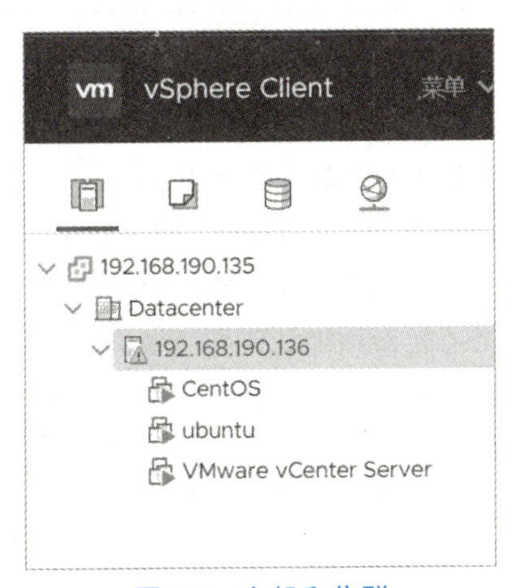

图 4.3　主机和集群

选择主机界面“配置”→“网络”→“虚拟交换机”选项，如图4.4所示。

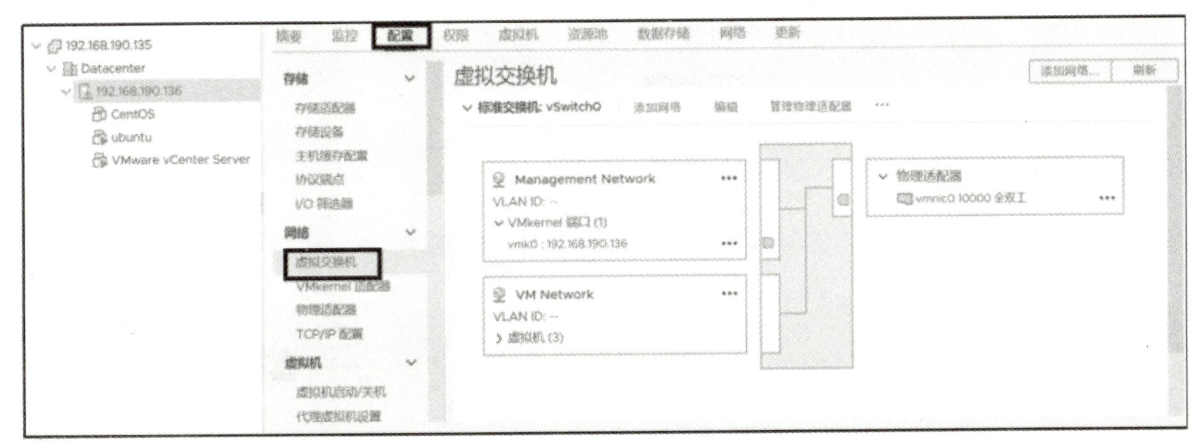

图 4.4　主机界面

单击“添加网络”进入“选择连接类型”对话框，选择要创建的网络连接类型，如图4.5所示。

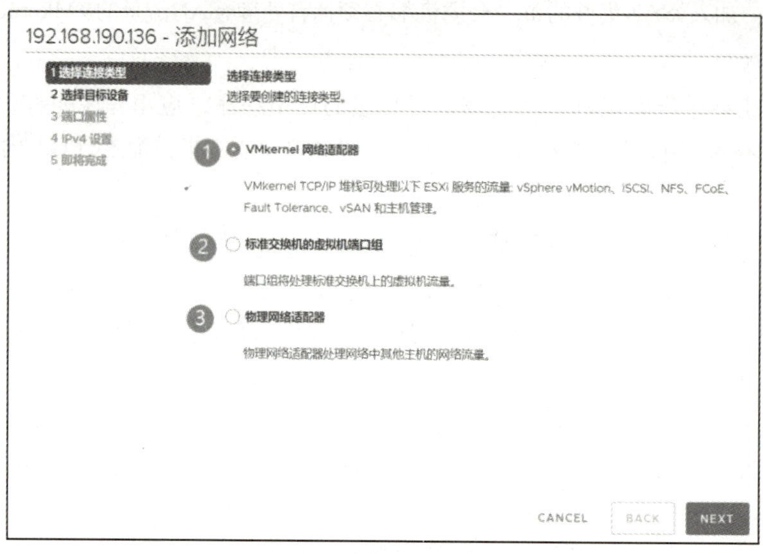

图 4.5 “选择连接类型”对话框

图4.5中，网络连接类型分为三种，分别为VMkernel网络适配器、标准交换机的虚拟机端口组和物理网络适配器。接下来对这三种网络连接类型做详细介绍。

- VMkernel网络适配器：管理主机及处理vMotion、网络存储、容错或 vSAN 等服务流量。
- 标准交换机的虚拟机端口组：为虚拟机网络创建新的端口组。
- 物理网络适配器：将物理网络适配器添加到标准交换机中。

此处该项目选择“VMkernel网络适配器”单选按钮，单击“NEXT”按钮进入“选择目标设备”对话框，如图4.6所示。

192.168.190.136 - 添加网络
1 选择连接类型
2 选择目标设备
3 创建标准交换机
4 端口属性
5 IPv4 设置
6 即将完成
选择目标设备
为新连接选择目标设备。
选择现有网络
选择现有标准交换机
新建标准交换机
MTU (字节) 1500
CANCEL
BACK
NEXT

图 4.6 “选择目标设备”对话框

选择“新建标准交换机”单选按钮，单击“NEXT”按钮进入“创建标准交换机”对话框，如图4.7所示。

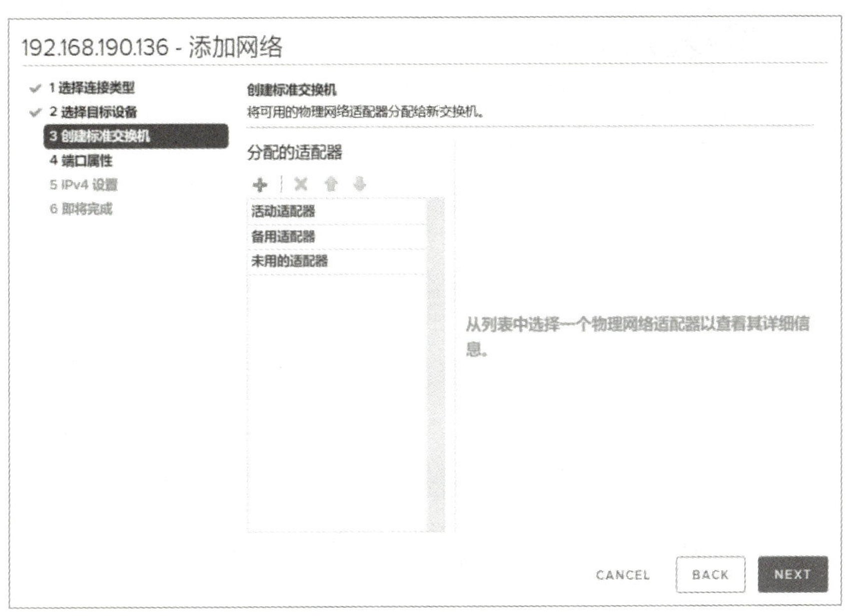

图 4.7　“创建标准交换机”对话框

单击图4.7中的“ ✚ ”按钮为交换机分配物理适配器，如图4.8所示。

图 4.8　将物理适配器添加到交换机

选中网络适配器单击“确定”按钮即可，此处为新建的标准交换机分配两个物理适配器。单击图4.7中的“NEXT”按钮进入“端口属性”对话框，如图4.9所示。

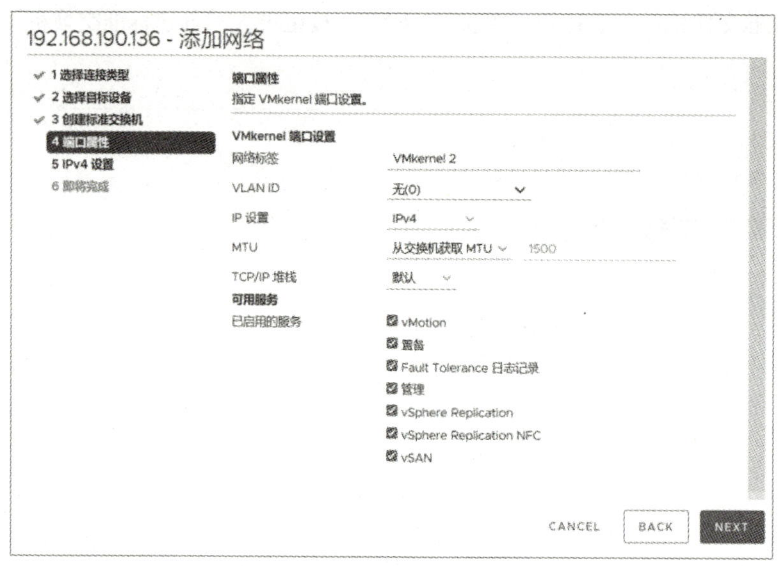

图 4.9 “端口属性”对话框

图4.9中，VMkernel端口设置下方有五项设置，接下来介绍这五项设置的详细信息。

- 网络标签：表示VMkernel适配器的流量类型。
- VLAN ID：表示VMkernel适配器的网络流量将要使用的VLAN。
- IP设置：可选择IPv4、IPv6或两者。
- MTU：可选择从交换机获取MTU或自定义，若是选择自定义，则可以在后方文本框内输入MTU值，MTU值最大不得超过9 000字节。
- TCP/IP堆栈：可选择默认、置备和vMotion，若是选择置备或vMotion，则只能使用该堆栈处理主机上的置备和vMotion流量。

用户可根据实际情况开启“可用服务”下方的各项服务，该项目此处启用所有服务。

单击“NEXT”按钮进入“IPv4设置”对话框，设置静态IPv4或动态IPv4，如图4.10所示。

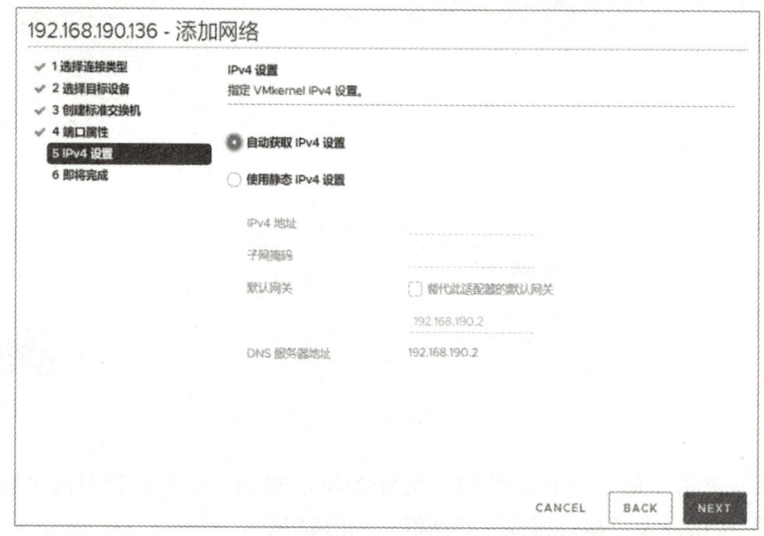

图 4.10 “IPv4 设置”对话框

单击“NEXT”按钮进入“即将完成”对话框，核对相关配置信息，如图4.11所示。

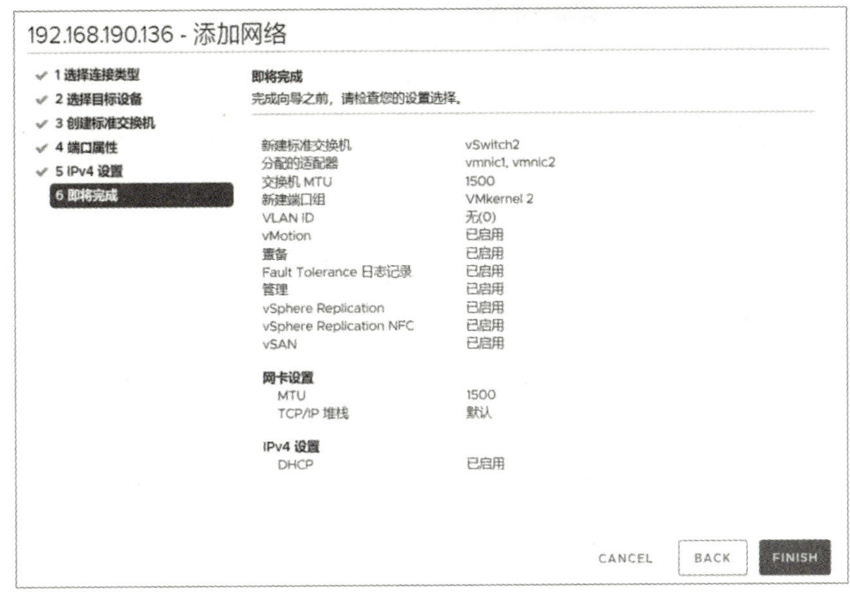

图 4.11　“即将完成”对话框

单击“FINISH”按钮即可完成标准交换机的创建，可在虚拟交换机界面查看新建交换机，如图4.12所示。

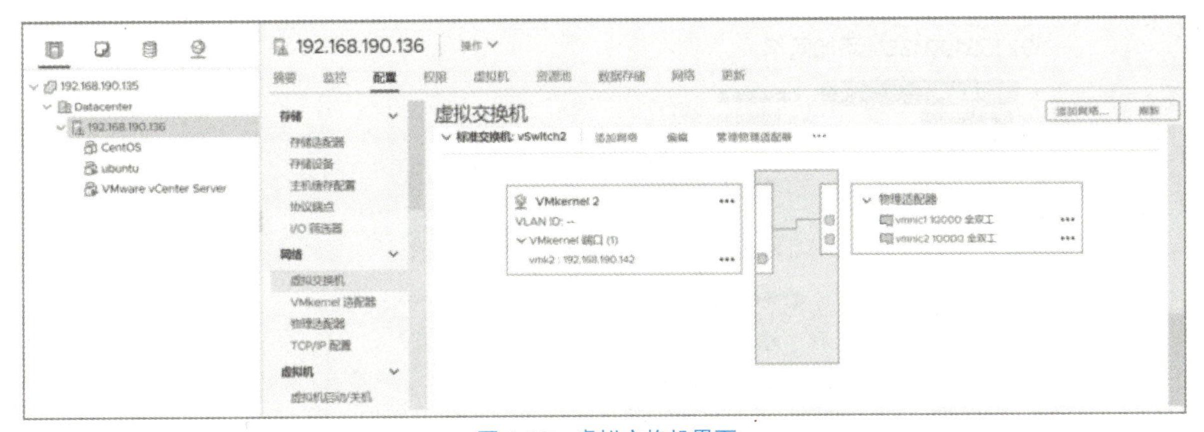

图 4.12　虚拟交换机界面

技能提升

若是读者在进行“将物理适配器添加到交换机”这一步骤发现无可选物理适配器时，可以在VMware Workstation软件中为ESXi主机添加网络适配器。

2. 添加虚拟机端口组

在vSphere标准交换机中添加虚拟机端口组，方便虚拟机的连接和网络配置。

在vSphere主页面右击主机，选择“添加网络”按钮，如图4.13所示。

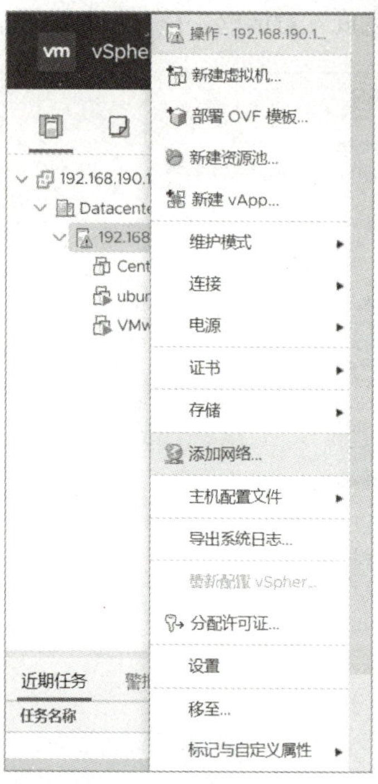

图 4.13　添加网络

进入“选择连接类型”对话框，选择“标准交换机的虚拟机端口组”单选按钮，如图4.14所示。

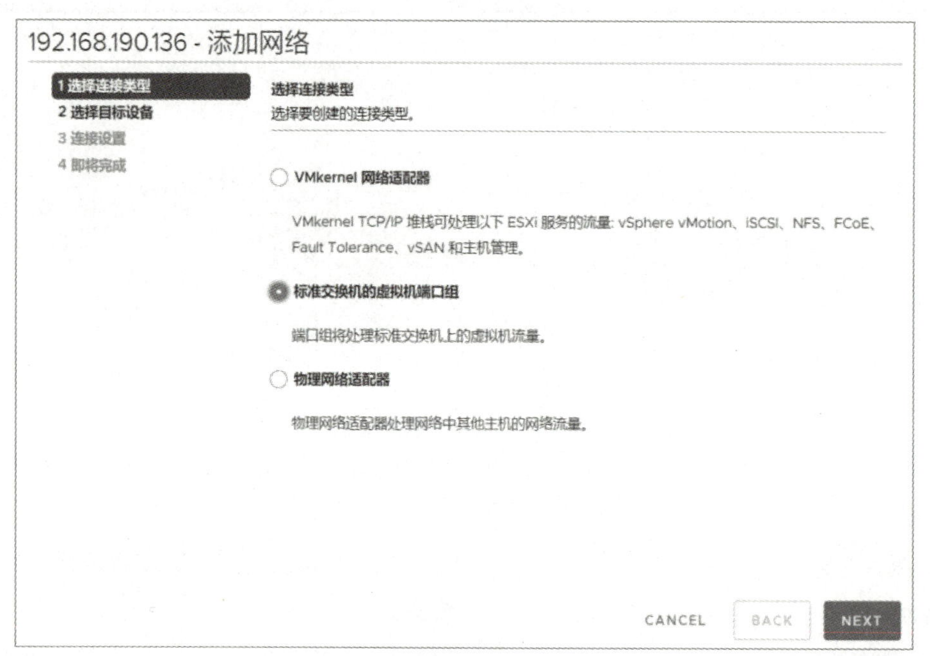

图 4.14　“选择连接类型”对话框

单击“NEXT”按钮进入“选择目标设备”对话框，选择“选择现有标准交换机”单选按钮，如图4.15所示。

图 4.15　“选择目标设备”对话框

单击图4.15中“选择现有标准交换机”下方的“浏览”按钮，为端口组选择交换机，如图4.16所示。

图 4.16　选择交换机

选择新建交换机“vSwitch2”，单击“确定”按钮。

选择完交换机后，单击图4.15中的“NEXT”按钮进入“连接设置”对话框，如图4.17所示。

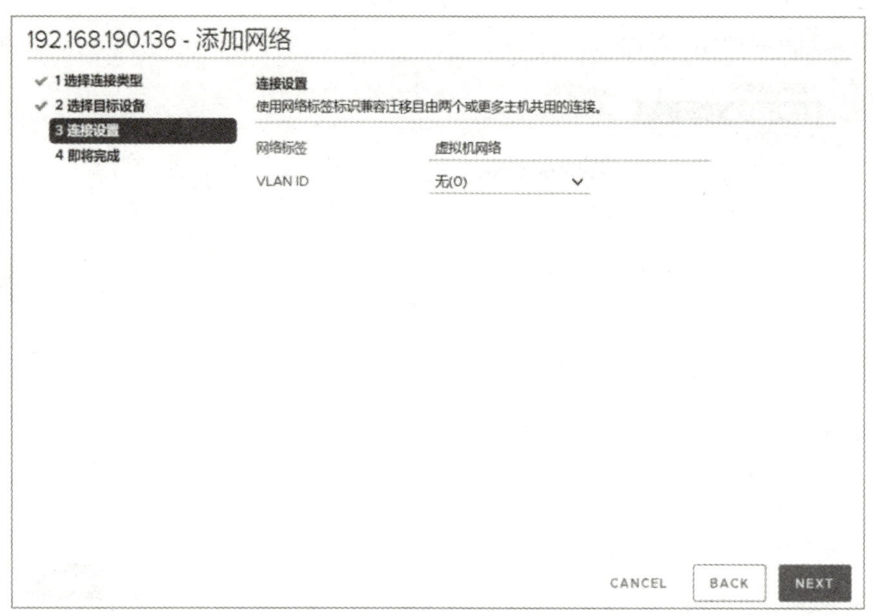

图 4.17 “连接设置”对话框

单击“NEXT”按钮进入“即将完成”对话框，核对相关配置，如图4.18所示。

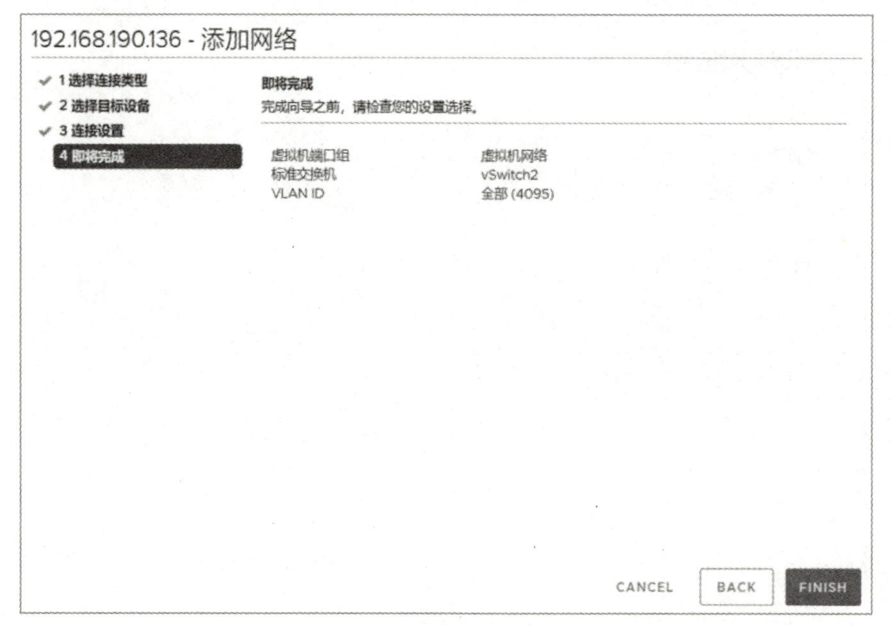

图 4.18 “即将完成”对话框

信息核对无误后，单击“FINISH”按钮完成虚拟机端口组的添加。可以在标准交换机vSwitch2的配置页面查看新添加的端口组，如图4.19所示。

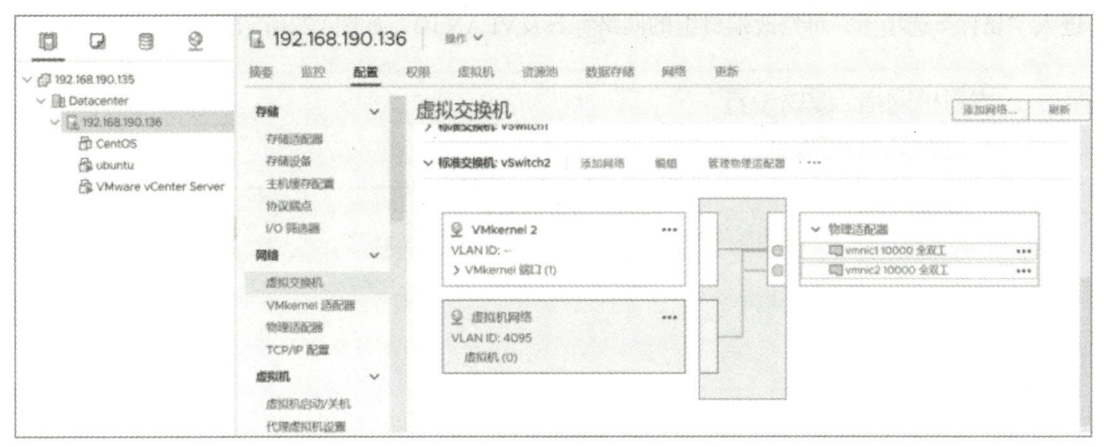

图 4.19　查看新建端口组

3. 编辑标准交换机端口组

接下来讲解对已有端口组的编辑操作。进入主机的“配置”界面，展开“网络”选项单击“虚拟交换机”。任意选择一台交换机，展开其拓扑图，如图4.20所示。

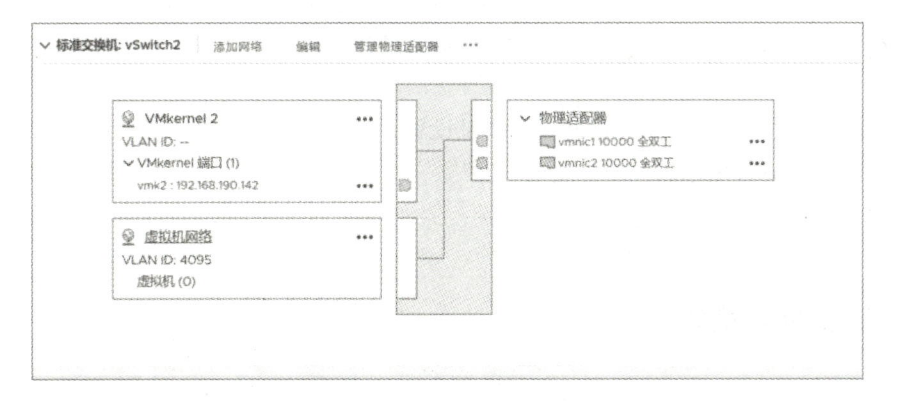

图 4.20　标准交换机拓扑图

单击“虚拟机网络”端口组右上角的“•••”，选择“编辑设置”按钮，如图4.21所示。

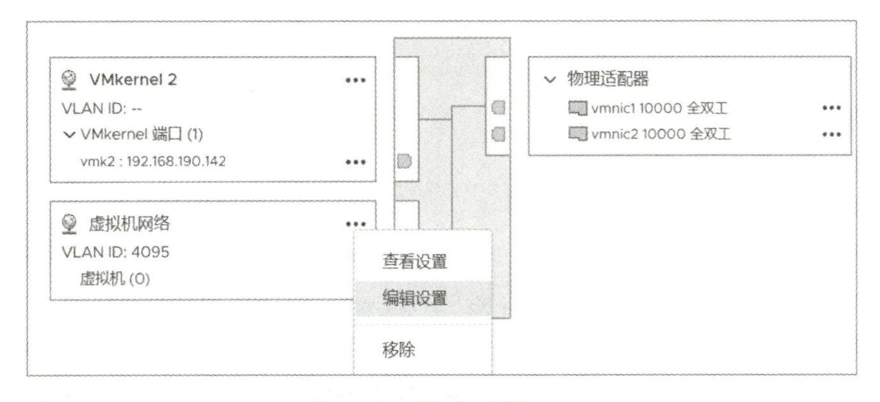

图 4.21　编辑设置端口组

进入“属性”选项卡，可修改端口组的网络标签及VLAN ID，如图4.22所示。

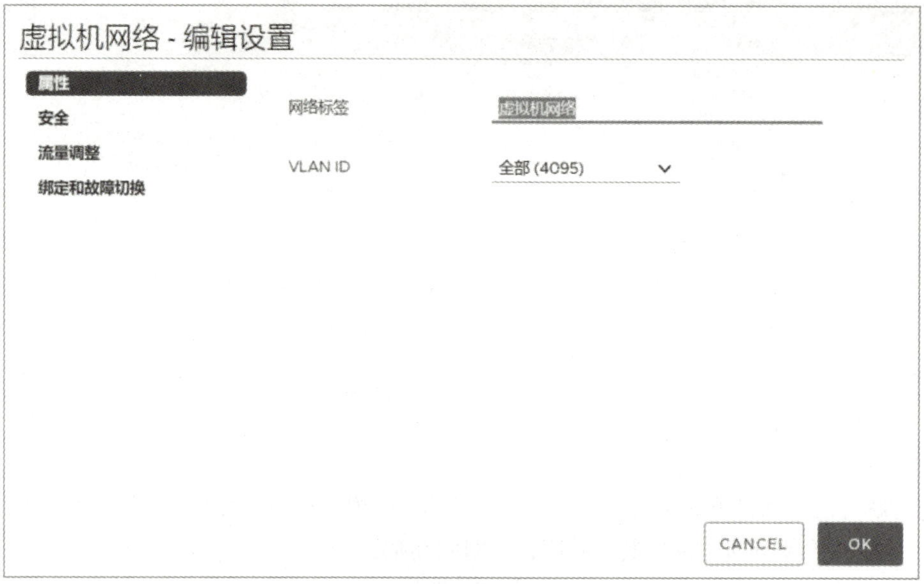

虚拟机网络 - 编辑设置
属性
安全
流量调整
绑定和故障切换
网络标签 虚拟机网络
VLAN ID 全部 (4095)
CANCEL OK

图 4.22　属性设置

进入“安全”选项卡，可选择是否替代交换机设置，从而防止虚拟机在伪传输、MAC地址更改及混杂模式下运行，如图4.23所示。

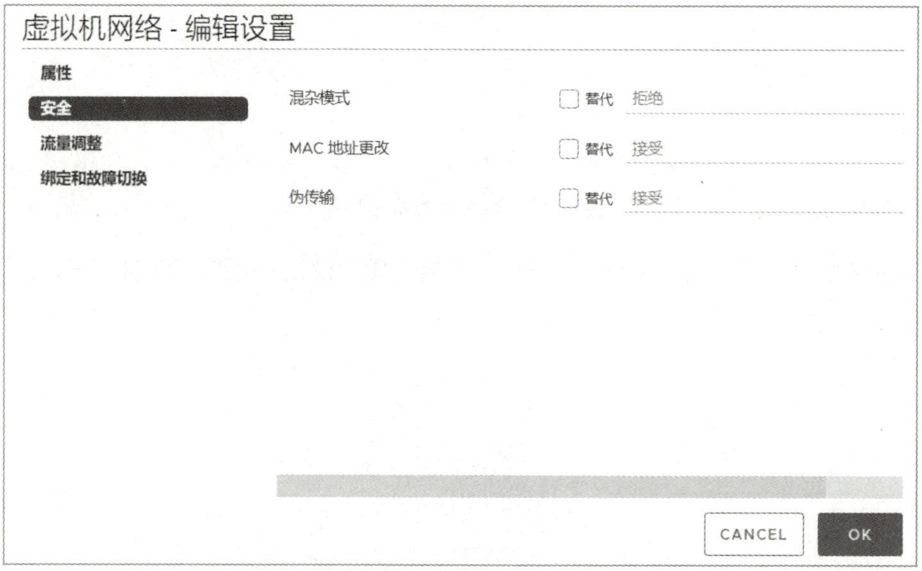

虚拟机网络 - 编辑设置
属性
安全
流量调整
绑定和故障切换
混杂模式 替代 拒绝
MAC 地址更改 替代 接受
伪传输 替代 接受
CANCEL OK

图 4.23　安全设置

进入“流量调整”选项卡，可替代平均贷款、峰值贷款及突发的大小，如图4.24所示。

图 4.24　流量调整设置

进入“绑定和故障切换”选项卡，可替代从标准交换机继承的绑定和故障切换设置，如图4.25所示。

图 4.25　绑定和故障切换设置

任务二　创建管理分布式交换机

该任务主要是让读者掌握创建vSphere分布式交换机的操作以及如何使用vSphere分布式交换机设置网络连接。

1. 创建分布式交换机

使用vSphere Client登入vCenter界面，右击“数据中心”，选择“Distributed Switch”→“新建Distributed Switch”命令，如图4.26所示。

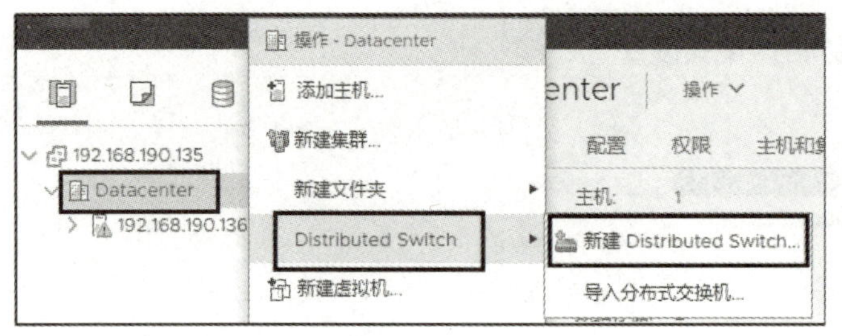

图 4.26 新建 Distributed Switch

进入“名称和位置”对话框，为交换机设置名称，如图4.27所示。

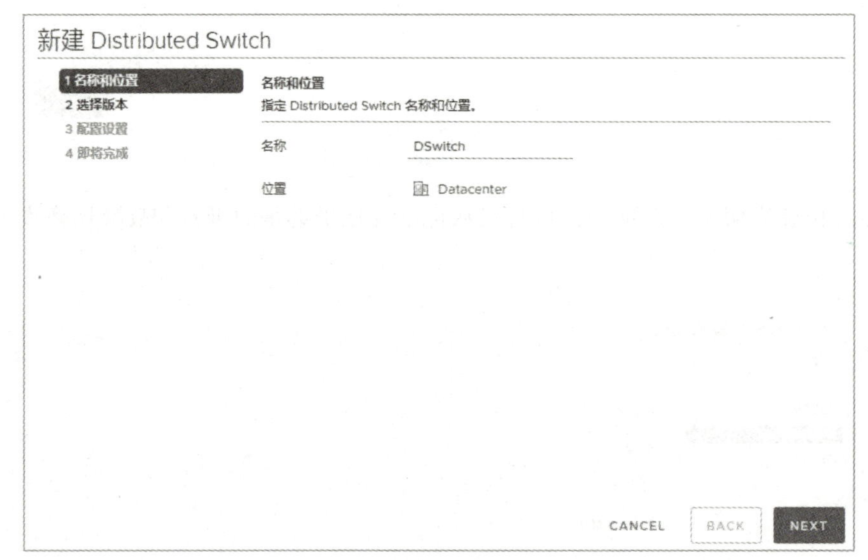

图 4.27 “名称和位置”对话框

单击“NEXT”按钮进入“选择版本”对话框，勾选所选版本的单选按钮，如图4.28所示。

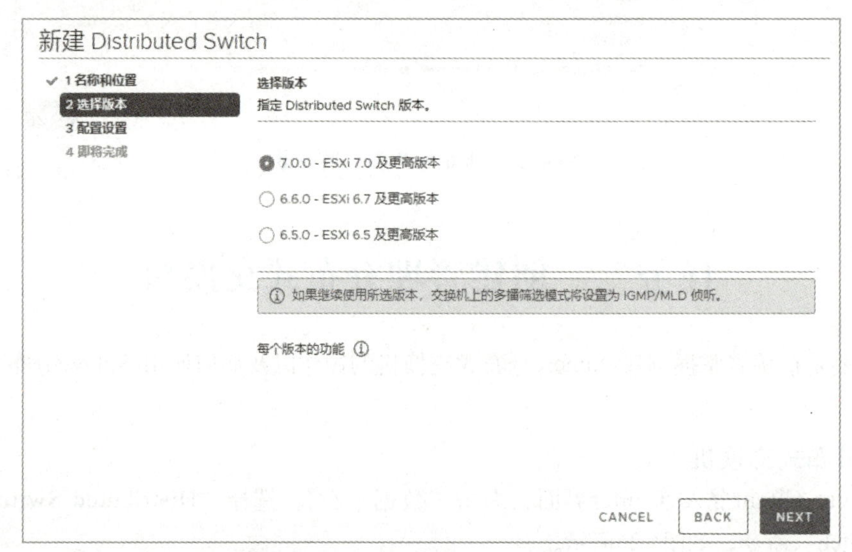

图 4.28 “选择版本”对话框

单击“NEXT”按钮进入“配置设置”对话框，设置上行链路数量和端口组的名称，通过下拉列表选择是否启用“Network I/O Control”，通过复选框选择是否创建默认端口组，如图4.29所示。

新建 Distributed Switch

✓ 1 名称和位置
✓ 2 选择版本
3 配置设置
4 即将完成

配置设置
指定上行链路端口数、资源分配和默认端口组。

上行链路数　4
Network I/O Control　已启用
默认端口组　创建默认端口组
端口组名称　DPortGroup

CANCEL　BACK　NEXT

图 4.29　“配置设置”对话框

单击“NEXT”按钮进入“即将完成”对话框，检查设置选择以及查看后续操作，如图4.30所示。

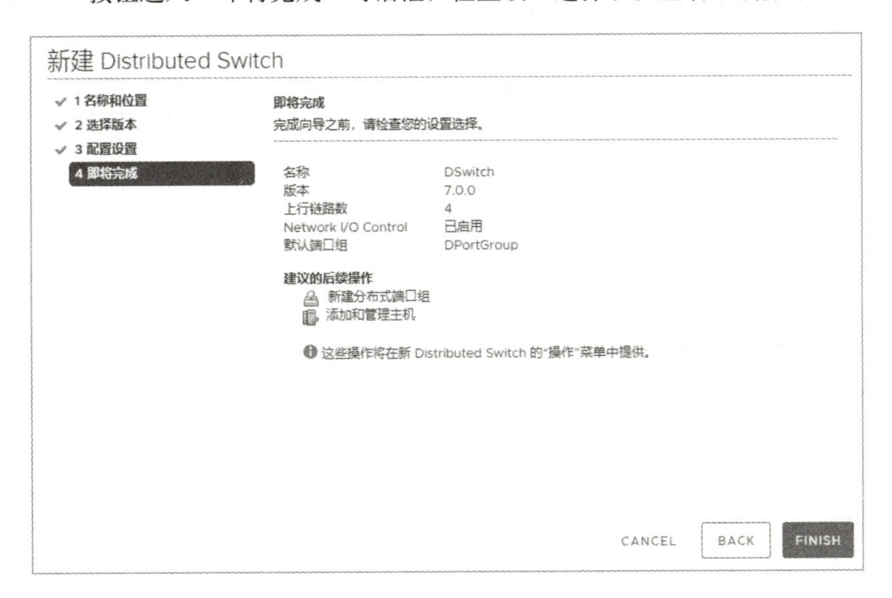

图 4.30　“即将完成”对话框

如图4.30所示，接下来可以在新建的分布式交换机中创建分布式端口组以及添加和管理主机。

单击“FINISH”按钮完成分布式交换机的创建。单击导航器中的“网络”按钮，可以看到创建完成的分布式交换机，如图4.31所示。

2. 为分布式交换机添加 ESXi 主机

目前vCenter中只有一台主机，使用VMware Workstation另外创建两台ESXi虚拟机平台，创建ESXi虚拟机平台的方式参考项目二创建虚拟机流程。将两台主机添加到vCenter的“数据中心”中，如图4.32所示。

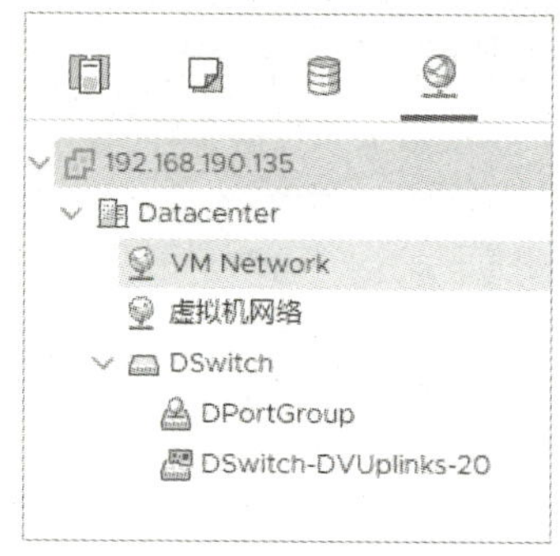

图 4.31　查看分布式交换机

单击vCenter导航栏中的“网络”按钮，右击新建的分布式交换机，选择“添加和管理主机”命令，如图4.33所示。

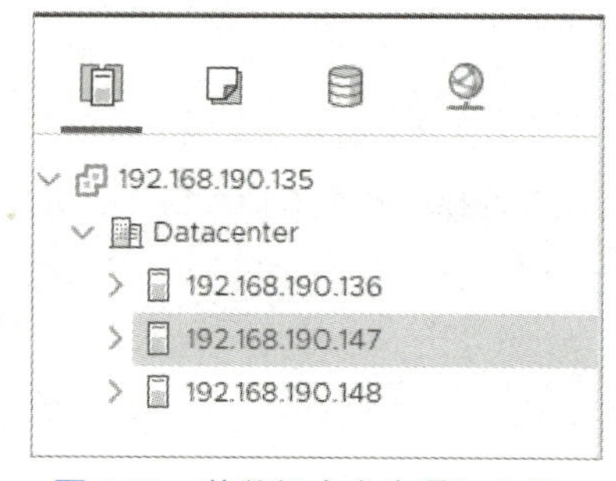

图 4.32　往数据中心中添加主机

图 4.33　添加和管理主机

进入“选择任务”对话框，选择对该分布式交换机要执行的任务，此处选择“添加主机”单选按钮，如图4.34所示。

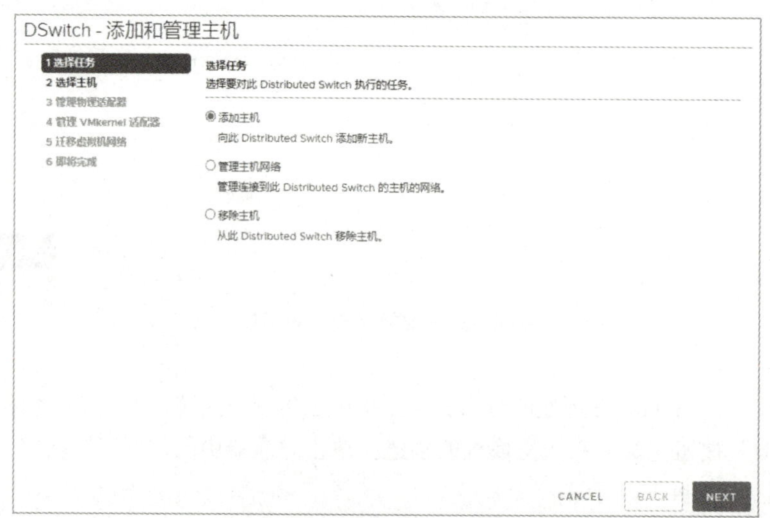

图 4.34　“选择任务”对话框

单击“NEXT”按钮进入“选择主机”对话框，如图4.35所示。

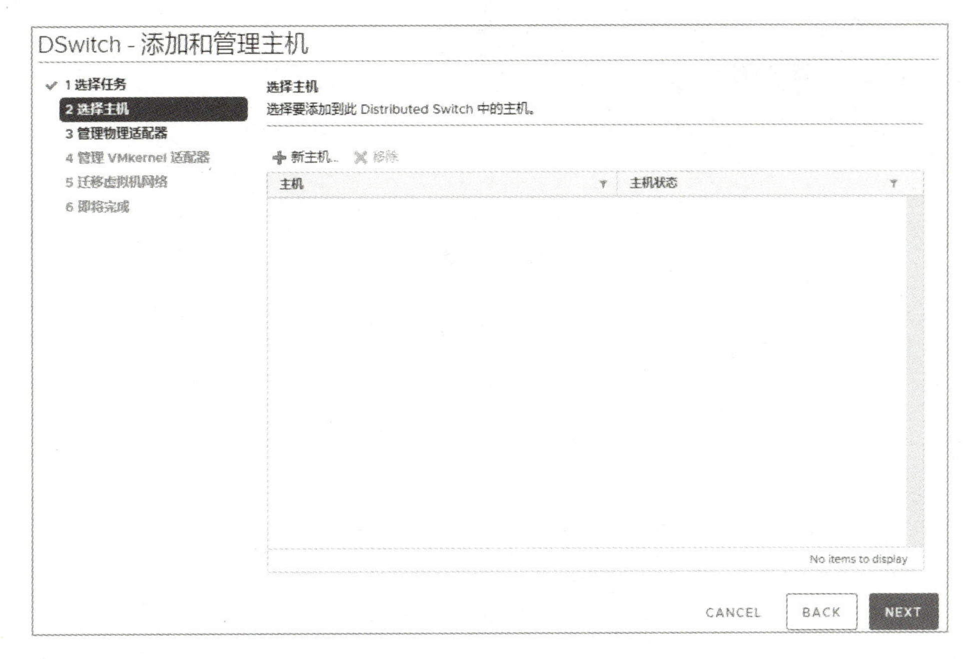

图 4.35　“选择主机”对话框

单击选择主机对话框中的“+”按钮，添加新主机，勾选要选择的主机，如图4.36所示。

图 4.36　选择新主机

主机选择完毕后，单击“确定”按钮，回到“选择主机”对话框，单击“NEXT”按钮进入“管理物理适配器”对话框，为两台主机分配适配器，如图4.37所示。

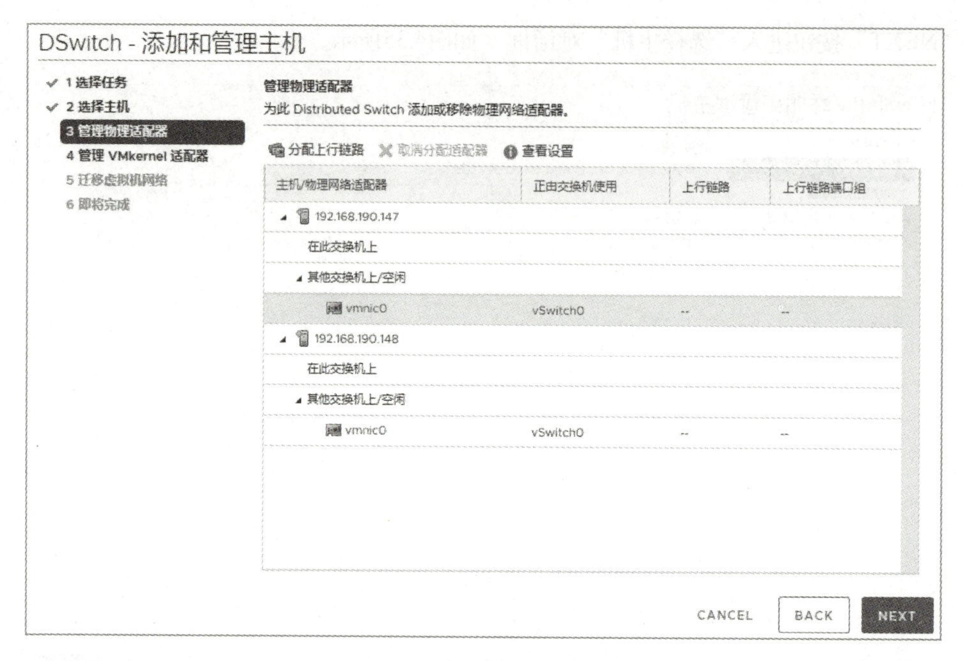

图 4.37 “管理物理适配器”对话框

图4.37中，为192.168.190.147主机选择了“其他交换机上”的vmnic0适配器，单击“vmnic0”即可选中。

选择好适配器后，单击“分配上行链路”按钮，在分配上行链路对话框中为vmnic0选择上行链路1，如图4.38所示。

选择上行链路 | vmnic0

上行链路	已分配的适配器
上行链路 1	--
上行链路 2	--
上行链路 3	--
上行链路 4	--
(自动分配)	

5 items

将此上行链路分配应用于其余主机

取消　确定

图 4.38 “选择上行链路”对话框

单击“确定”按钮回到“管理物理适配器”对话框，用同样方法为192.168.190.148分配适配器及上行链路，如图4.39所示。

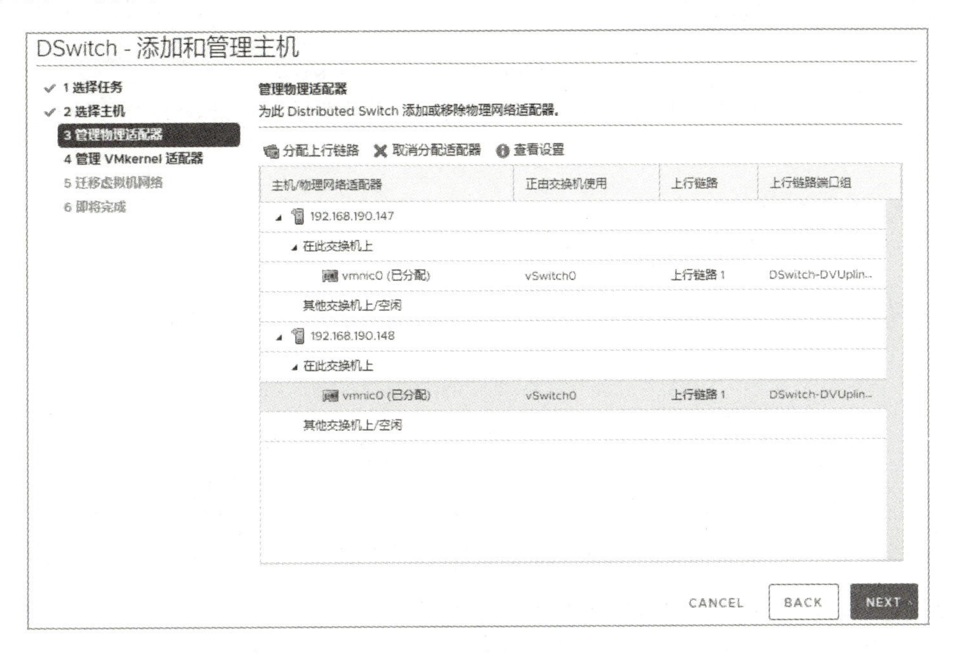

图 4.39　“管理物理适配器”对话框

单击“NEXT”按钮进入“管理VMkernel适配器”对话框，如图4.40所示。

图 4.40　“管理 VMkernel 适配器”对话框

单击图4.40中的“vmk0”，单击“分配端口组”为其指定端口组，如图4.41所示。

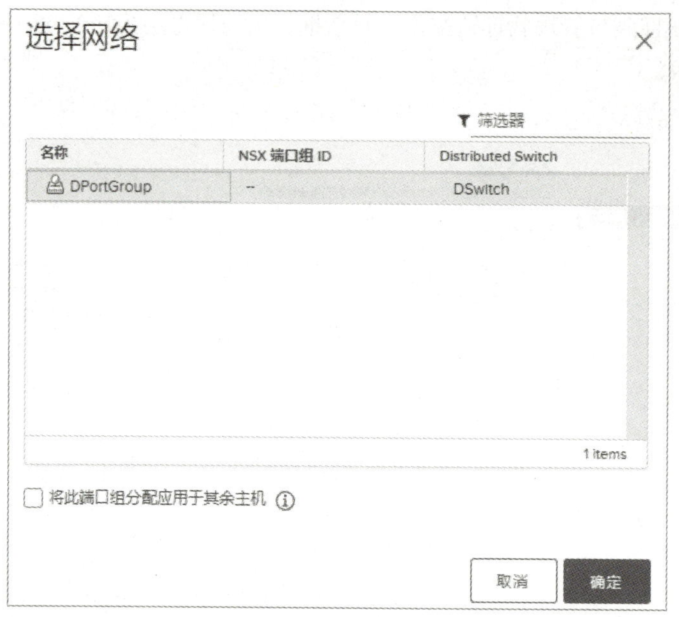

图 4.41 “选择网络”对话框

选择完端口组后，单击“确定”按钮返回“管理VMkernel适配器”对话框。使用相同的方法为192.168.190.148主机分配端口组，分配完毕后，如图4.42所示。

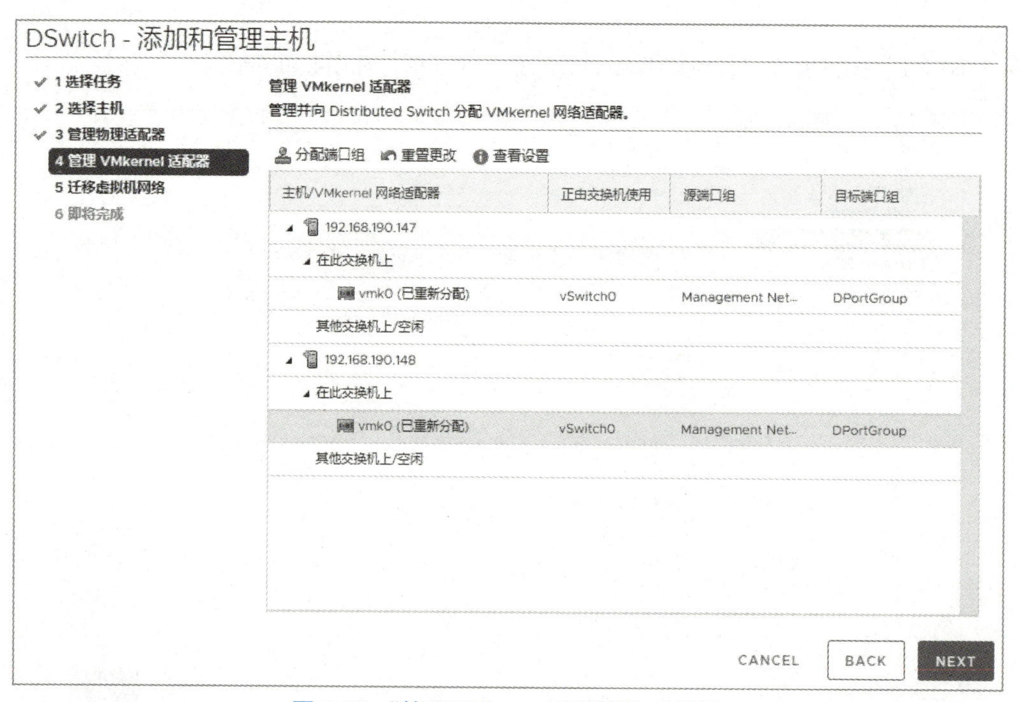

图 4.42 “管理 VMkernel 适配器”对话框

单击“NEXT”按钮进入“迁移虚拟机网络”对话框，如图4.43所示。

单击“NEXT”按钮进入“即将完成”对话框，检查上述的设置选择，如图4.44所示。

DSwitch - 添加和管理主机
1 选择任务
2 选择主机
3 管理物理适配器
4 管理 VMkernel 适配器
5 迁移虚拟机网络
6 即将完成
迁移虚拟机网络
选择要迁移到 Distributed Switch 的虚拟机或网络适配器。
迁移虚拟机网络
分配端口组
重置更改
查看设置
主机/虚拟机/网络适配器
网卡计数
源端口组
目标端口组
No records to display
CANCEL
BACK
NEXT

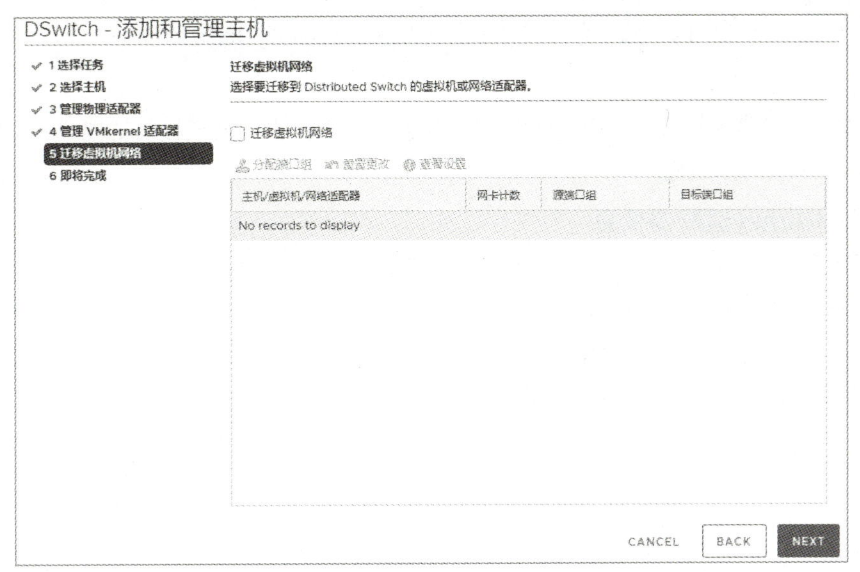

图 4.43　“迁移虚拟机网络”对话框

DSwitch - 添加和管理主机
1 选择任务
2 选择主机
3 管理物理适配器
4 管理 VMkernel 适配器
5 迁移虚拟机网络
6 即将完成
即将完成
完成向导之前，请检查您的设置选择。
托管主机数
要添加的主机 2
要更新的网络适配器的数量
物理适配器 2
重新分配的 VMkernel 适配器 2
CANCEL
BACK
FINISH

图 4.44　“即将完成”对话框

核对无误后，单击“FINISH”按钮结束主机的添加，如图4.45所示。

DSwitch
操作
摘要
监控
配置
权限
端口
主机
虚拟机
网络
192.168.190.135
Datacenter
VM Network
虚拟机网络
DSwitch
DPortGroup
DSwitch-D...
筛选器
名称 ↑
状况
状态
集群
192.168.190.147
已连接
正常
192.168.190.148
已连接
正常

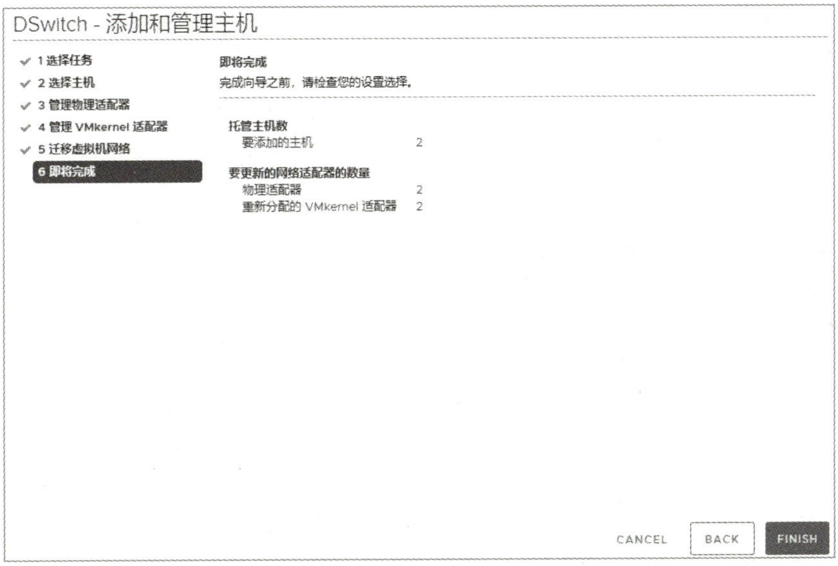

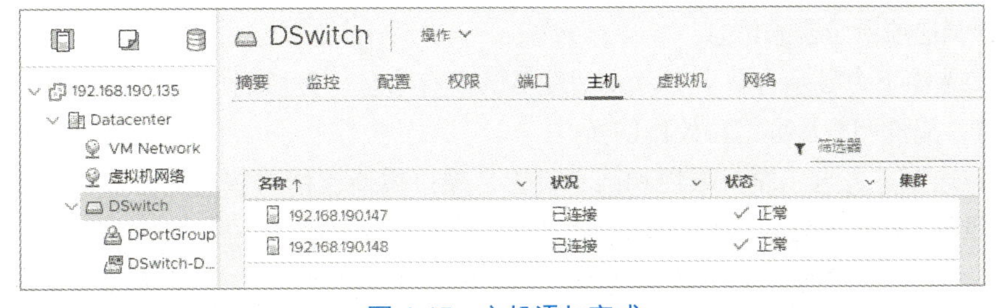

图 4.45　主机添加完成

任务三　设置 VMkernel 网络

本任务主要是让读者通过设置VMkernel网络适配器为主机提供网络连接及处理迁移、IP存储、Fault Tolerance和vSAN服务的系统流量。

1. 查看 VMkernel 适配器信息

进入主机的“配置”界面，展开“网络”选项，单击“VMkernel适配器”选项，如图4.46所示。

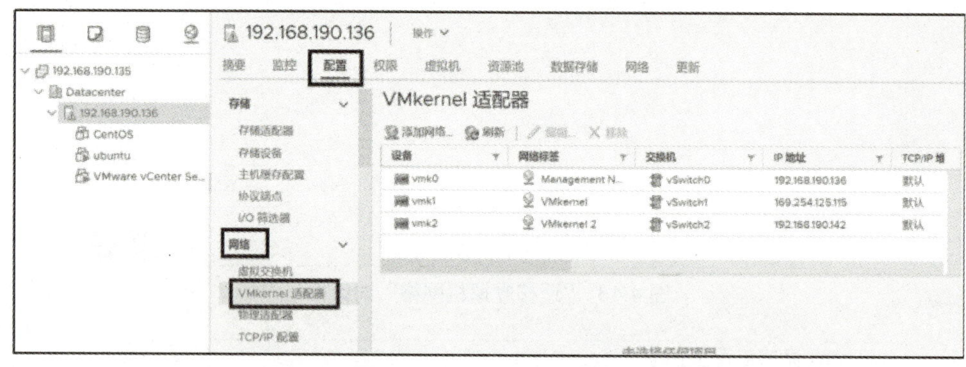

图 4.46　VMkernel 适配器

任意选择一个设备，单击其名称，查看该设备的详细信息，如图4.47所示。

设备	网络标签	交换机	IP 地址	TCP/IP 堆栈	vMotion
vmk0	Management N...	vSwitch0	192.168.190.136	默认	禁用
vmk1	VMkernel	vSwitch1	169.254.125.115	默认	已启用
vmk2	VMkernel 2	vSwitch2	192.168.190.142	默认	已启用

VMkernel 网络适配器: vmk2

全部　属性　IP 设置　策略

端口属性

网络标签　VMkernel 2
VLAN ID　无(0)
TCP/IP 堆栈　默认
已启用的服务　vMotion
Fault Tolerance 日志记录
管理

图 4.47　vmk2 的详细信息

图4.47中，一个VMkernel适配器的详细信息包括四部分，分别为全部、属性、IP设置和策略。接下来详细介绍这四个选项所包含的信息。

- 全部：该选项下方显示有关VMkernel适配器的所有信息，包括端口属性、IPv4设置、IPv6设置、网卡设置、安全、流量调整及绑定和故障切换。
- 属性：该选项下方显示端口属性和网卡设置，端口属性包括与该适配器关联的端口组、VLAN ID 和已启用的服务，网卡设置包括MAC地址和已配置的MTU大小。
- IP设置：该选项下方显示VMkernel适配器的所有IPv4和IPv6设置，若主机禁用IPv6，则不会显示IPv6的信息。

● 策略：该选项下方显示安全、流量调整及绑定和故障切换信息，这些策略将用于该VMkernel适配器所关联的端口组。

2. 在 vSphere 标准交换机上创建 VMkernel 适配器

进入主机的“配置”界面，展开“网络”选项，选择“VMkernel适配器”选项，单击“添加网络”选项进入“选择连接类型”对话框，如图4.48所示。

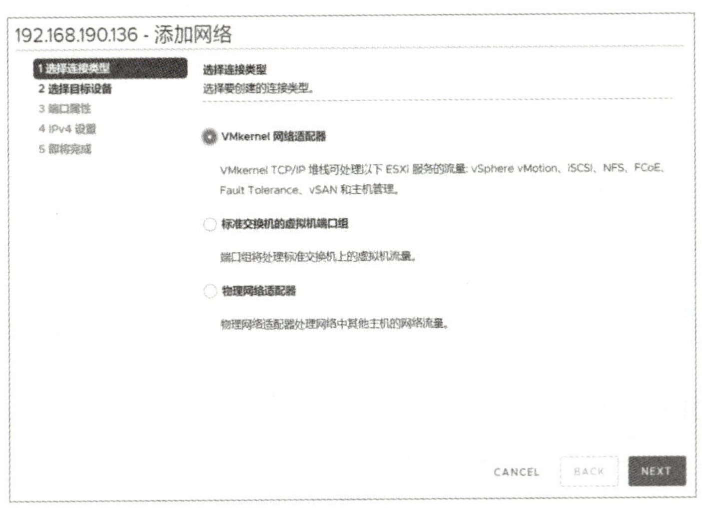

图 4.48 “选择连接类型”对话框

选择“VMkernel网络适配器”单选按钮，单击“NEXT”按钮进入“选择目标设备”对话框，如图4.49所示。

图 4.49 “选择目标设备”对话框

可以选择“新建标准交换机”或“选择现有标准交换机”单选按钮，若是选择“选择现有标准交换机”单选按钮，单击“浏览”按钮选择任意一台交换机。

此处选择“选择现有标准交换机”单选按钮，使用vSwitch2交换机，单击“NEXT”按钮进入“端口属性”对话框，如图4.50所示。

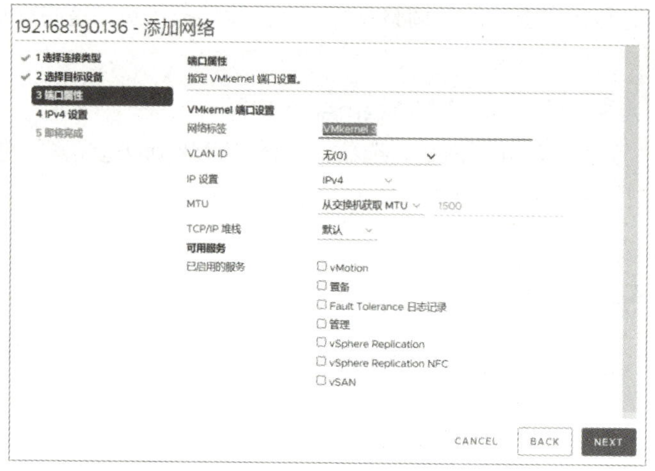

图 4.50 “端口属性”对话框

此处端口设置下各个选项的填写可参考任务二中网络连接的讲解。接下来详细讲解可用服务下的各项服务功能。

- vMotion：允许VMkernel适配器向主机发送广播验证身份，即发送vMotion流量应使用的网络连接。
- 置备：处理虚拟机迁移、克隆和快照迁移的数据。
- Fault Tolerance日志记录：如果要在主机上启用Fault Tolerance日志记录，需要注意每台主机的Fault Tolerance流量只能使用一个VMkernel适配器。这意味着无法使用多个VMkernel适配器来处理同一台主机的Fault Tolerance流量。
- 管理：为主机和vCenter Server启用管理流量。
- vSphere Replication：处理从ESXi主机发去Replication服务器的出站复制数据。
- vSphere Replication NFC：处理目标复制站点上的入站复制数据。
- vSAN：在主机上启用vSAN流量。

配置完成后，单击“NEXT”按钮进入“IPv4设置”对话框，选择“自动获取IPv4设置”或“是使用静态IPv4”单选按钮，如图4.51所示。

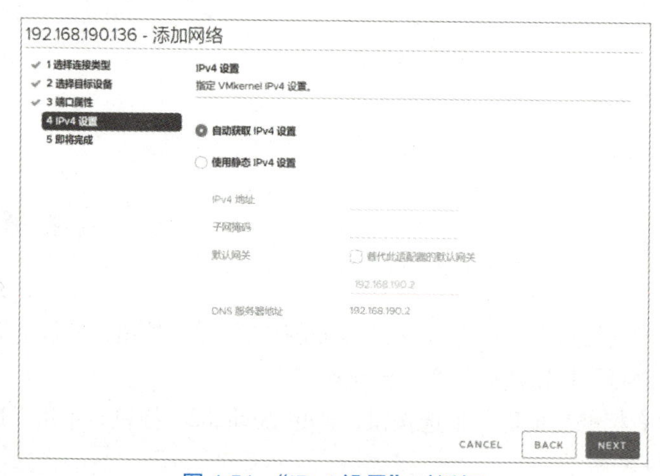

图 4.51 “IPv4 设置”对话框

选择完毕后，单击“NEXT”按钮进入“即将完成”对话框，如图4.52所示。

图 4.52　“即将完成”对话框

核对配置信息，核对无误后单击“FINISH”按钮完成VMkernel适配器的添加。

3. 在 vSphere 分布式交换机上创建 VMkernel 适配器

登录vCenter，单击导航器中的“网络”，右击新建分布式交换机的端口组“DPortGroup”，选择“添加VMkernel适配器”命令，如图4.53所示。

图 4.53　添加 VMkernel 适配器

选择“添加VMkernel适配器”命令后进入“选择主机”对话框，如图4.54所示。

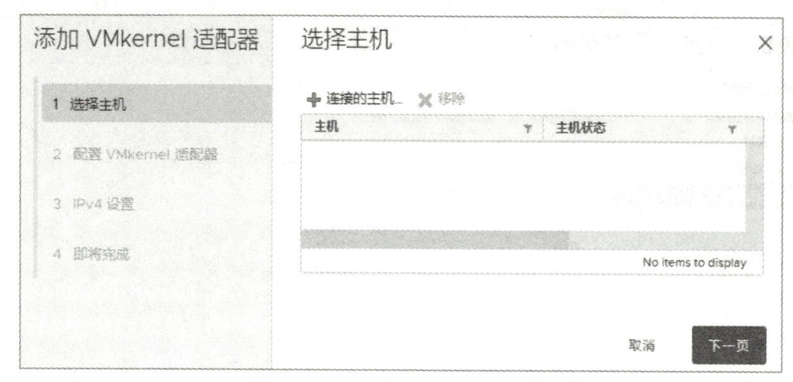

图 4.54 “选择主机”对话框

单击图4.54中的“+”按钮进入“选择成员主机”对话框，勾选主机，如图4.55所示。

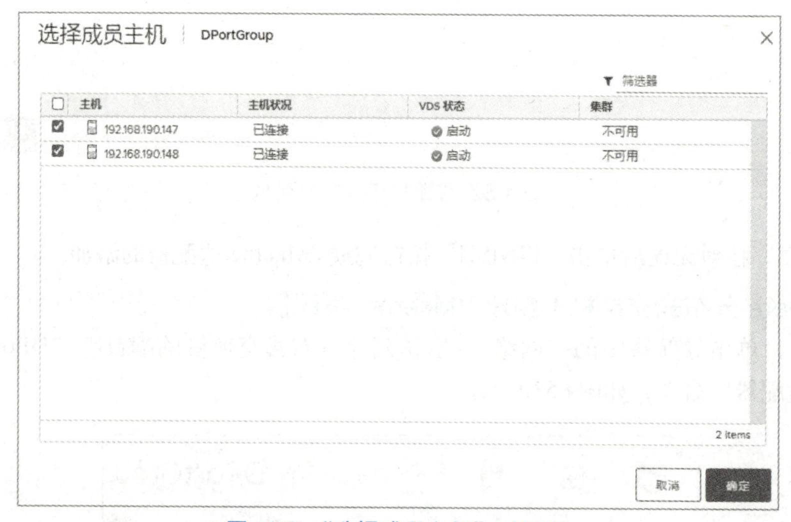

图 4.55 “选择成员主机”对话框

选择完主机后，单击“确定”按钮返回“选择主机”对话框，如图4.56所示。

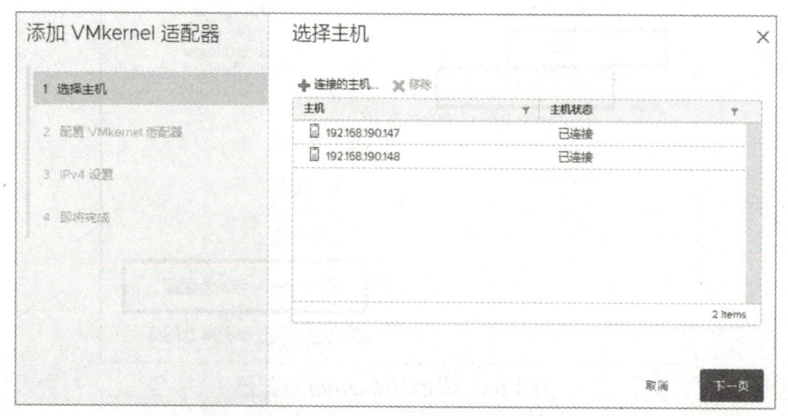

图 4.56 “选择主机”对话框

单击“下一页”按钮进入“配置VMkernel适配器”对话框，勾选可用服务下方的“vMotion”复选框，如图4.57所示。

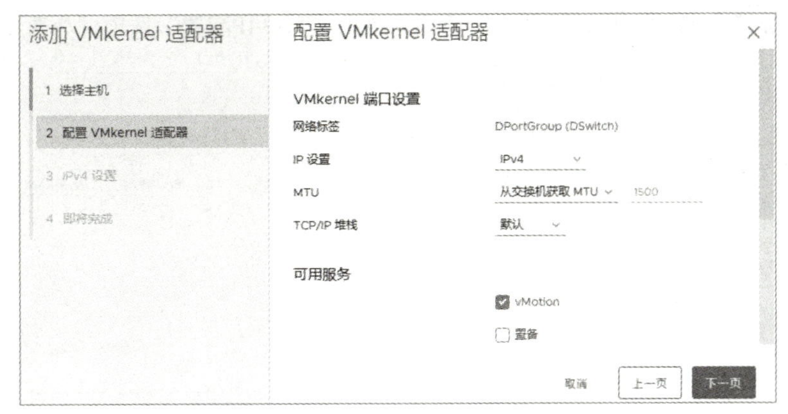

图 4.57 “配置 VMkernel 适配器”对话框

单击“下一页”按钮进入“IPv4设置”对话框，用户可根据个人情况选择“自动获取IPv4设置”或是“使用静态IPv4设置”单选按钮，如图4.58所示。

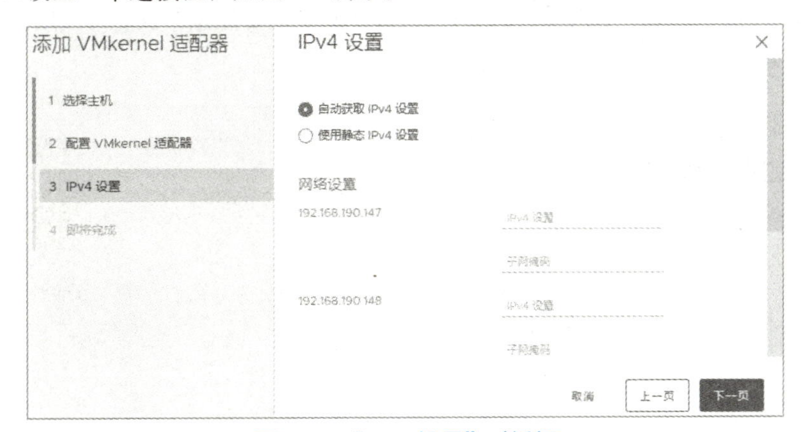

图 4.58 “IPv4 设置”对话框

单击“下一页”按钮进入“即将完成”对话框，检查上述设置，如图4.59所示。

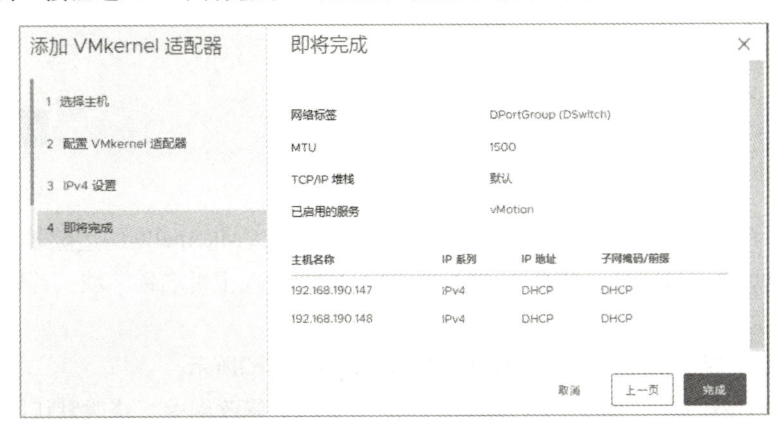

图 4.59 “即将完成”对话框

核对无误后，单击“完成”按钮结束VMkernel适配器的添加。

4. 更改主机的 TCP/IP 堆栈

进入主机的“配置”界面，展开“网络”选项，单击“TCP/IP配置”选项，如图4.60所示。

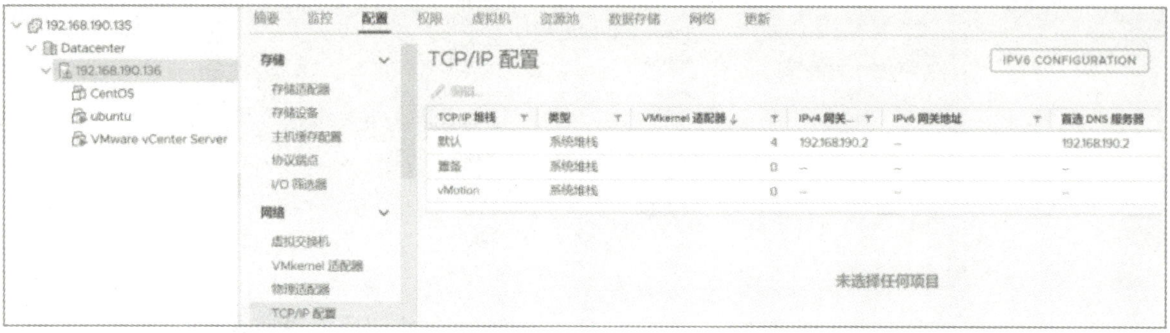

图 4.60　TCP/IP 配置

由图4.60可知，在TCP/IP堆栈下方有三种类型的堆栈，分别为默认、置备和vMotion，主机内的4台VMkernel适配器配置的均为默认TCP/IP堆栈。

选中默认TCP/IP堆栈，单击“编辑”按钮进行修改。此处需要注意，仅能修改默认TCP/IP堆栈的网关和DNS服务器，如图4.61所示。

图 4.61　DNS 配置

由图4.61可知，有两种获取DNS服务的方式。一种是自动从VMkernel网络适配器获取设置，通过下拉列表选择VMkernel适配器。另一种是手动输入设置，需要输入主机名称、域、首选DNS服务器、备用DNS服务器和搜索域。

选择完毕后单击“路由”选项进入“路由”对话框，如图4.62所示。

在“路由”对话框中修改网关配置，此处要注意不要轻易修改网关，修改默认网关会导致主机与vCenter Server之间的连接丢失。

图 4.62　编辑路由

单击“名称”选项进入“名称”对话框，更改自定义TCP/IP堆栈的名称，若是该堆栈为非自定义堆栈，则不能修改其名称，如图4.63所示。

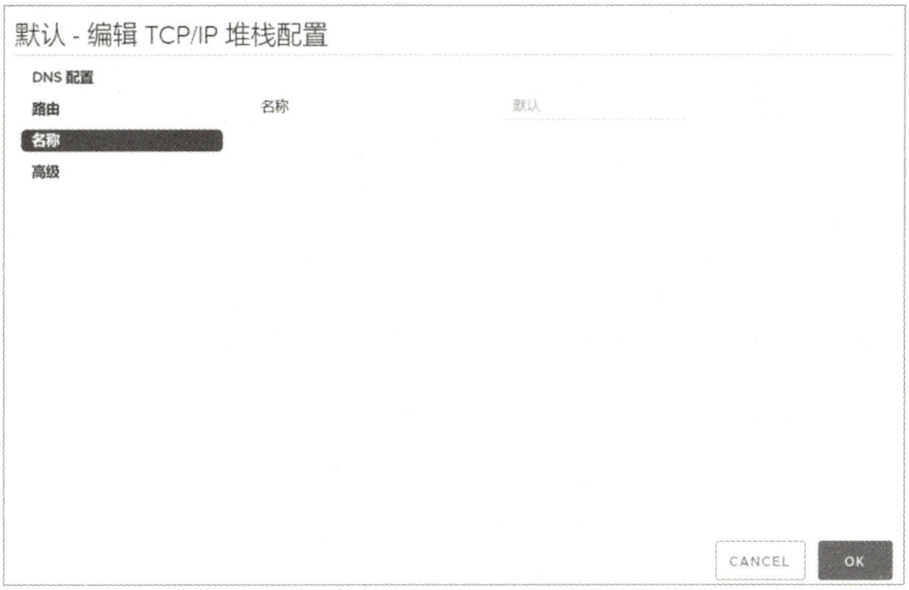

图 4.63　编辑名称

要编辑堆栈的最大连接数和拥堵控制算法，需要单击“高级”选项以进入“高级”对话框。在这里，可以选择使用Reno或CUBIC作为拥堵控制算法，并编辑堆栈的最大连接数。

Reno拥堵控制算法分为四个阶段，包括慢启动、拥塞避免、快重传和快速恢复。而CUBIC拥堵控制算法分为三个阶段，分别是稳定、探测新的最大窗口和公平收敛阶段，如图4.64所示。

默认 - 编辑 TCP/IP 堆栈配置

DNS 配置
路由
名称
高级

拥堵控制算法 新建 Reno
最大连接数 11000

CANCEL OK

图 4.64 高级配置

单击“OK”按钮保存上述配置。

任务四 网络协议配置文件

该任务主要是让读者掌握如何添加并配置网络协议配置文件。

网络协议配置文件中包含了与网络相关的各项配置，如IP子网、DNS等，还包括了地址池，这些地址能够连接到与配置文件相关联的端口组，从而可以被vCenter Server分配给vApp或是具有vApp的虚拟机使用。

1. 创建 vApp

在主机列表右击主机选择“新建vApp”命令，进入“选择创建类型”对话框，vApp的创建类型可以选择“创建新vApp”或“克隆现有vApp”单选按钮，此时vSphere环境中未创建过vApp，此处只能选择“创建新vApp”单选按钮，如图4.65所示。

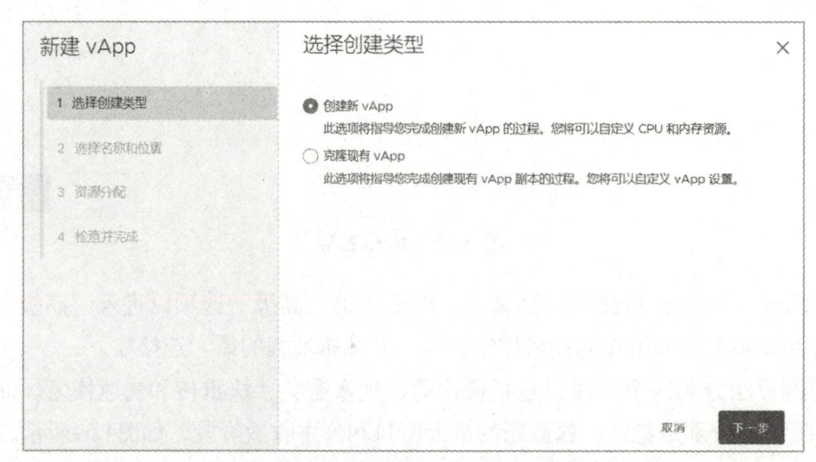

图 4.65 “选择创建类型”对话框

单击“下一步”按钮进入“选择名称和位置”对话框，设置vApp的名称和位置，如图4.66所示。

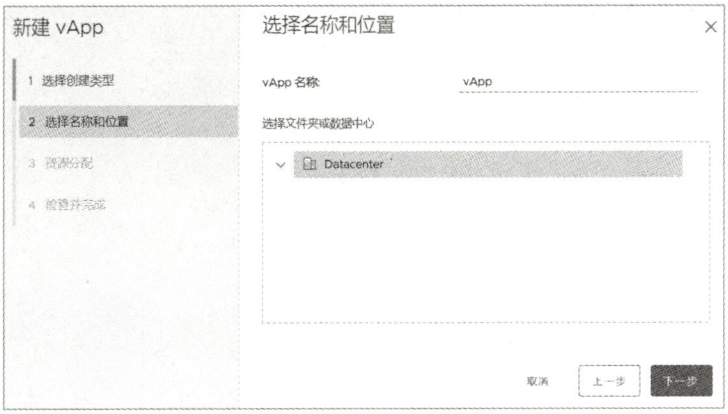

图 4.66　“选择名称和位置”对话框

单击“下一步”按钮进入“资源分配”对话框，为vApp设置CPU和内存的份额、预留值、预留类型和限制值，如图4.67所示。

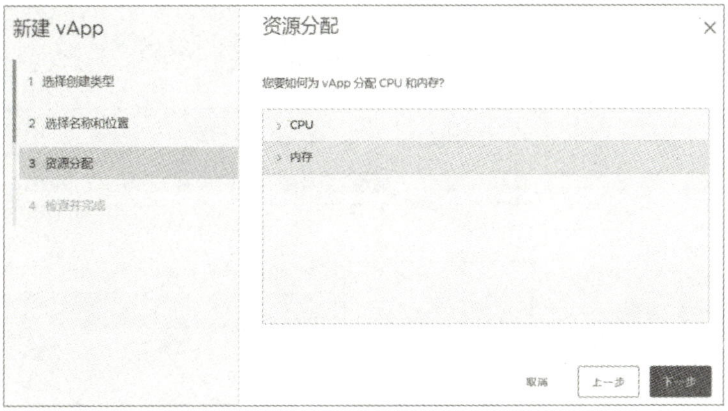

图 4.67　“资源分配”对话框

单击“下一步”按钮进入“检查并完成”对话框，核对上述配置信息，如图4.68所示。

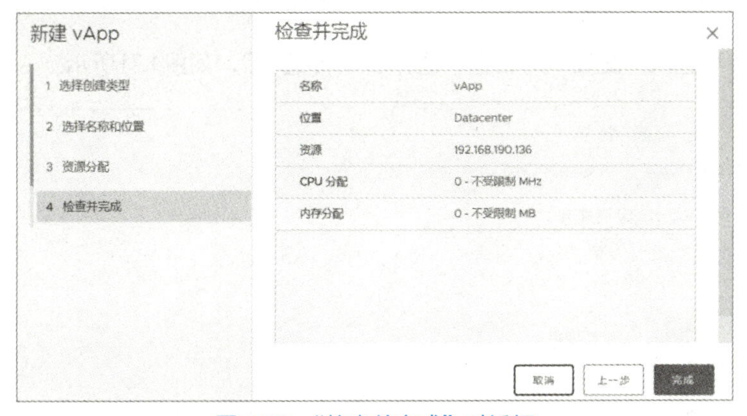

图 4.68　“检查并完成”对话框

信息核对无误后，单击“完成”按钮结束vApp的创建。

右击新建的vApp可以在vApp内创建虚拟机，如图4.69所示。

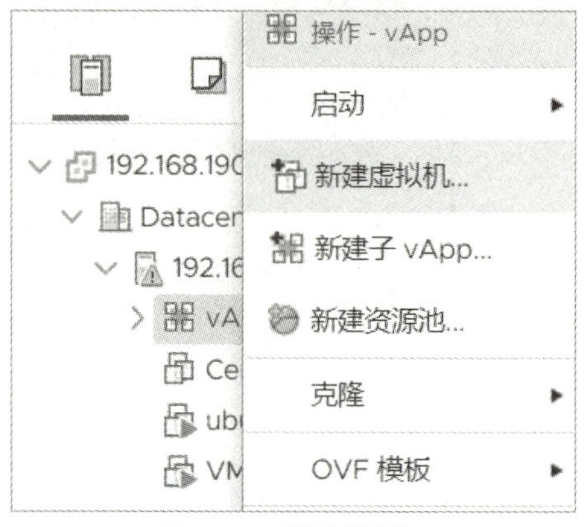

图 4.69 新建虚拟机

此处创建虚拟机的流程与项目三中创建虚拟机的流程一致，不再赘述。

2. 虚拟机启用 vApp

单击任意一台虚拟机，进入其“摘要”界面，如图4.70所示。

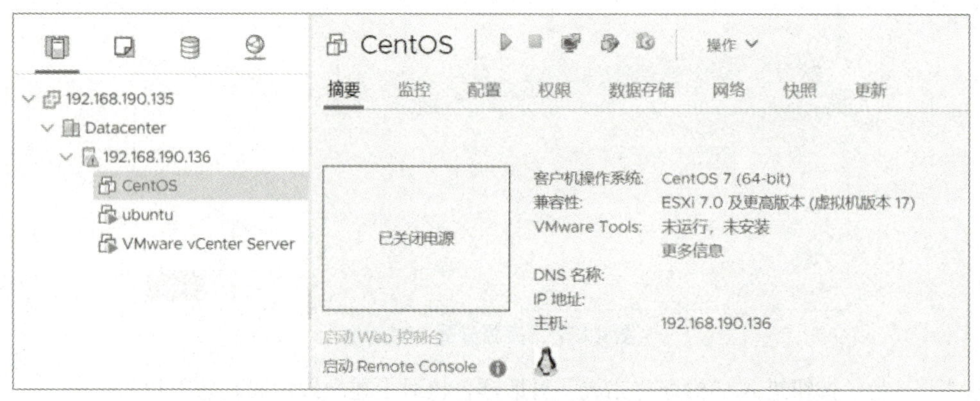

图 4.70 虚拟机“摘要”界面

单击“配置”选项进入“配置”对话框，选择“vApp选项”，如图4.71所示。

图 4.71 “vApp 选项”界面

由图4.71可知，该虚拟机的vApp选项处于禁用状态。单击“编辑”按钮进入“编辑vApp选项”对话框，如图4.72所示。

图 4.72　“编辑 vApp 选项”对话框

由图4.72可知，勾选“启用vApp选项”即可开启“vApp选项”对话框。开启vApp选项后，可通过下拉列表选择IPv4地址或是IPv6地址，IP分配方案处可选择DHCP或是OVF环境，若是均未勾选，则静态分配IP。

单击“确定”按钮即可完成vApp选项的开启。

3. 添加网络协议配置文件

单击与vApp关联的数据中心，进入“配置”界面，单击“网络协议配置文件”选项，如图4.73所示。

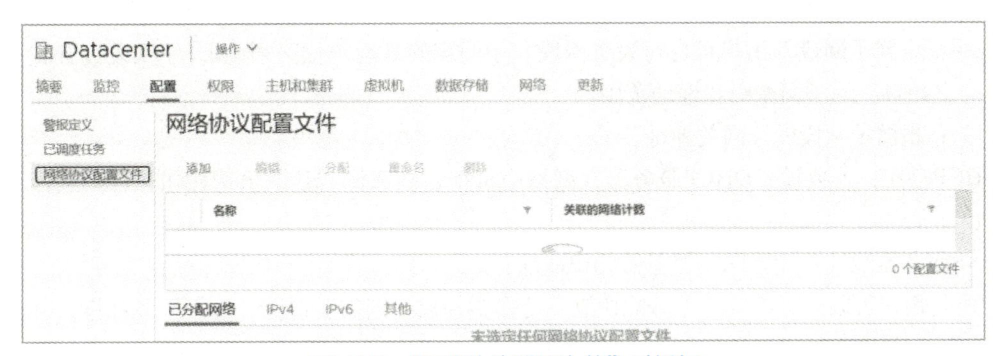

图 4.73　“网络协议配置文件”对话框

单击“添加”按钮进入“添加网络协议配置文件”向导对话框，在名称和网络对话框设置文件的名称和使用该配置文件的网络，如图4.74所示。

图 4.74　名称和网络配置

由图4.74可知，分配网络处可以选择分布式端口组或是网络，此处勾选VM Network网络复选框。单击“NEXT”按钮进入“配置IPv4”对话框，如图4.75所示。

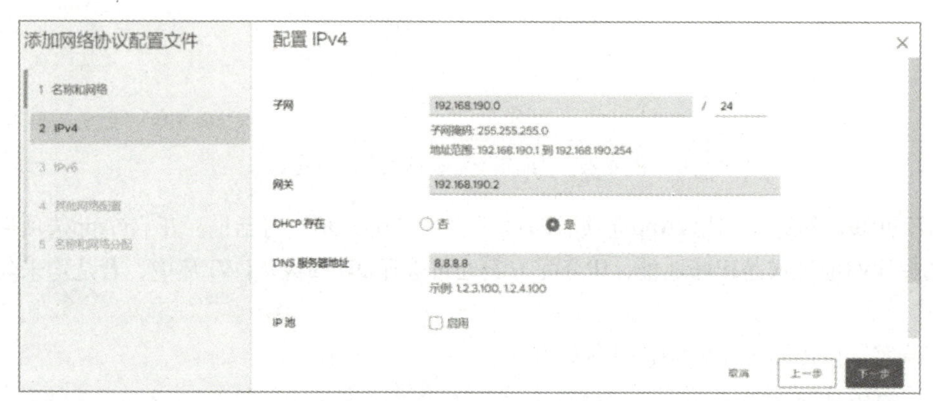

图 4.75　“配置 IPv4”对话框

由图4.75可知，IPv4的相关配置包括子网、网关、DHCP、DNS服务器和IP池，这五种配置的详细介绍如下。

- 子网：设置子网段，用户可自行设置网段，子网段的最后一位必须为0。子网段设置完成后，下方会出现与之相对应的子网掩码和地址范围。
- 网关：根据子网段设置网关地址。
- DHCP存在：若要设置DHCP服务器在网络中可用，则选择“是”单选按钮，否则选择“否”单选按钮。
- DNS服务器地址：设置DNS服务器的IP地址。
- IP池：用户可以自行决定是否开启IP池。若需要开启，则需要选择“启用”复选框，并在文本框内输入以逗号分隔的主机地址范围列表。需要注意的是，主机地址范围由IP地址、#符号和指定范围长度的数字组成。网关和范围必须位于同一子网内，但主机地址范围不能包括网关。

单击“下一步”按钮进入“配置IPv6”对话框，如图4.76所示。

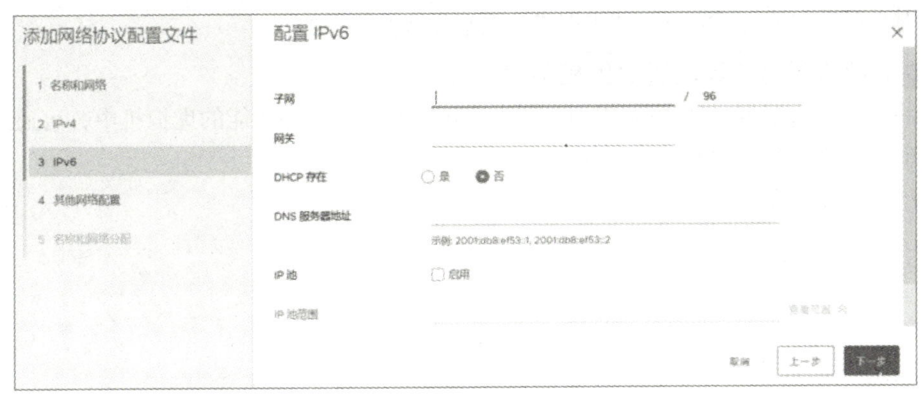

图 4.76 “配置 IPv6”对话框

IPv6地址的设置，与IPv4的设置相似，若是不启用IPv6地址，则可以忽略此页。

单击“下一步”按钮进入“设置其他网络配置”对话框，如图4.77所示。

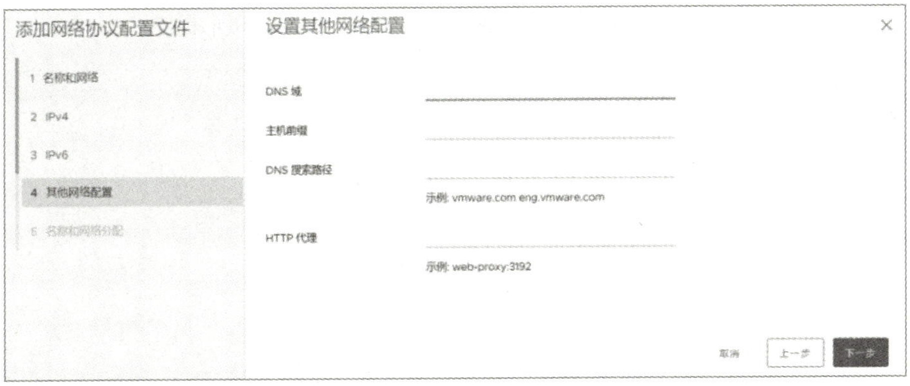

图 4.77 “设置其他网络配置”对话框

图4.77的内容是指定其他网络的配置，用户可自行决定设置与否。若是设置其他网络配置，则需要输入DNS域、主机前缀、DNS搜索路径和HTTP代理。此处需要注意，在设置HTTP代理时，服务器名称必须包含冒号和端口号。

单击“下一步”按钮进入“即将完成”对话框，核对配置信息，如图4.78所示。

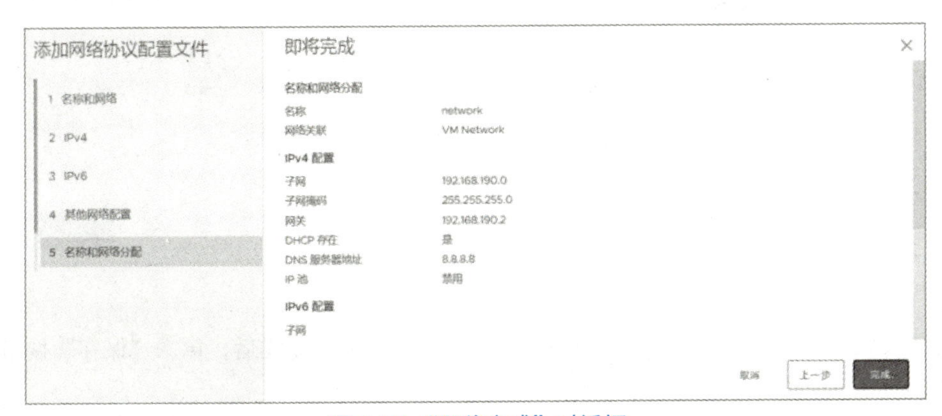

图 4.78 “即将完成”对话框

信息核对无误后，单击“完成”结束网络协议配置文件的添加。

4. 将端口组与网络协议配置文件相关联

若是要将网络协议配置文件中的IP地址范围应用到启用了vApp功能的虚拟机中，可通过将端口组与网络协议配置文件相关联来实现。

进入“网络协议配置文件”对话框，如图4.79所示。

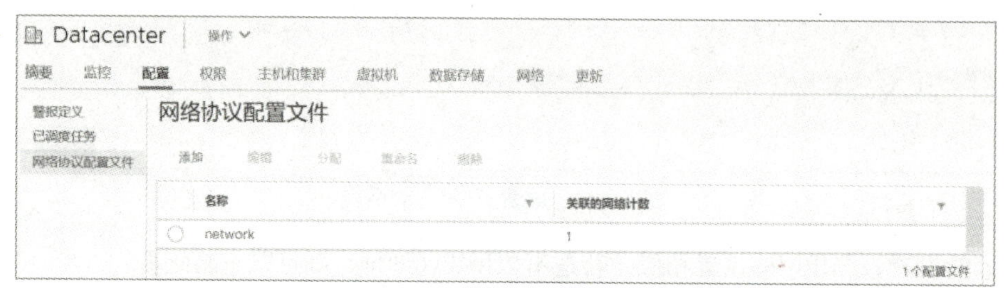

图 4.79 “网络协议配置文件”对话框

选中该文件，可以看到该文件已关联VM Network端口组，如图4.80所示。

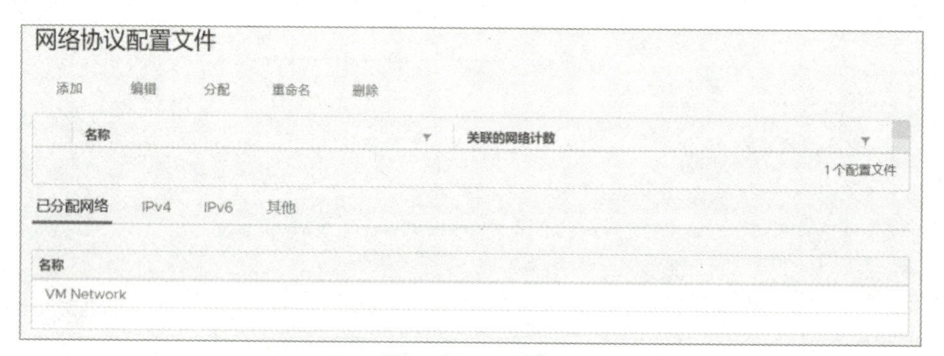

图 4.80 已关联

单击“分配”选项可为该文件关联其他端口组，如图4.81所示。

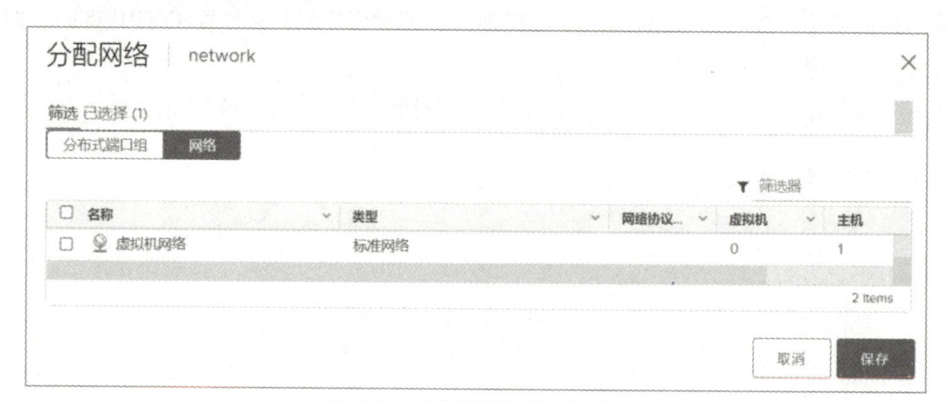

图 4.81 “分配网络”对话框

单击想要关联的端口组前的复选框，可以选中该端口组，配置完成后，单击“保存”按钮即可完成端口组的管理。

5. 使用网络协议配置文件为虚拟机分配 IP 地址

此处需要注意，该任务的前提是虚拟机连接的端口组已经与网络协议配置文件相关联。

单击上文中开启vApp选项的虚拟机，进入其“配置”界面，选择“vApp选项”，如图4.82所示。

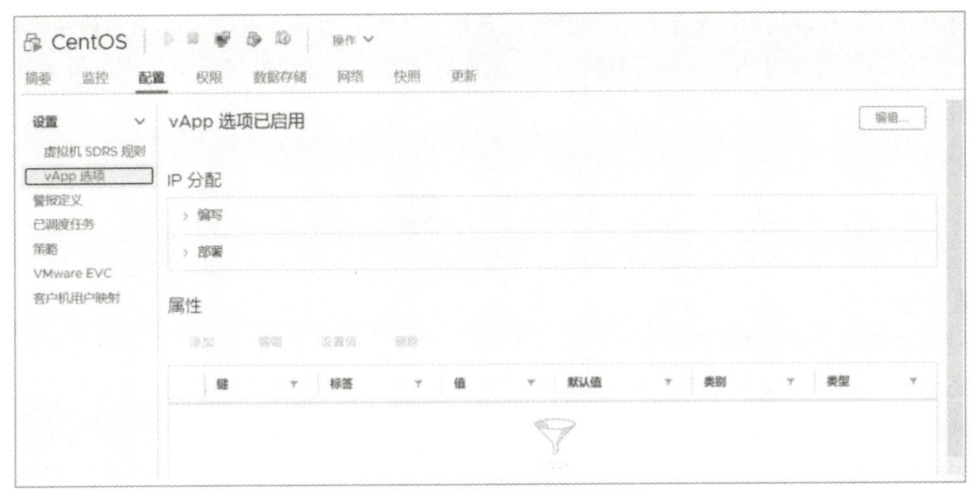

图 4.82 vApp 选项

单击“编辑”按钮进入“编辑vApp选项”对话框，在IP分配方案中使用OVF环境分配IP，IP分配中选择“静态-IP池”或是“暂时-IP池”选项，如图4.83所示。

图 4.83 “编辑 vApp 选项”对话框

配置完成后，单击“确定”按钮即可完成地址的分配。

项目小结

本章首先介绍了如何创建标准交换机，并在标准交换机中设置了端口组，然后讲解了VMkernel网络适配器的创建和TCP/IP堆栈的配置更改，最后使用网络协议配置文件为具有vApp功能的虚拟机分配IP。学习了本项目后，读者能对vSphere的网络知识有一定的了解，并且能够根据实际情况为主机及虚拟机配置网络连接。

习　题

1. 填空题

（1）物理以太网交换机负责管理________。

（2）vSphere分布式交换机可以在数据中心中为所有________充当单一交换机。

（3）VMkernel TCP/IP网络层负责________。

（4）ESXi中支持的两种网络服务为________和________。

（5）vSphere中应用程序的打包和管理格式称为________。

2. 思考题

（1）简述VMkernel级别的四种TCP/IP堆栈。

（2）简述vSphere环境中网络流量的分类。

（3）简述vSphere环境中三种类型的网络连接。

3. 实操题

在vSphere Client中创建一台vSphere标准交换机并为其添加端口组，相关配置由读者自行决定。

项目五

配置 vSphere 存储

学习目标

◎了解 vSphere 存储的概念。
◎掌握 Openfiler 的搭建。
◎熟练使用 Openfiler 搭建 iSCSI 存储服务器。
◎熟悉 iSCSI 存储服务器的配置。

在日常生活中，人们或多或少都会接触到存储这一概念。计算机中的存储是根据不同的应用环境通过一种安全和有效的方式将数据保存到某个空间，并且保证该数据能够实时被访问。它既是一个保存数据的介质，也是一种保证数据安全的方式。

项目准备

该项目主要介绍vSphere存储的相关知识及配置，讲解vSphere存储的分类及如何使用Openfiler搭建配置iSCSI存储服务器。

1. 存储设备

存储方式根据服务器的类型可以划分为封闭系统的存储和开放系统的存储，其中开放系统的存储又可以划分为内置存储和外挂存储。其中，外挂存储包括DAS（Direct-Attached Storage，直连式存储）和FAS（Fabric-Attached Storage，网络存储），而网络存储又可以分为NAS（Network Attached Storage，网络接入存储）和SAN（Storage Area Network，存储区域网络）。存储还可以根据存储类型分为块存储、文件存储和对象存储。接下来对存储方式和存储类型做详细介绍。

（1）块存储

块存储类型包括DAS和SAN存储方式。块存储的典型设备包括磁盘阵列和硬盘，主要是将设备完整地映射给主机使用。

① DAS。DAS是一种直连服务器的存储方式，主要通过SCSI接口将存储设备与服务器进行连接，但不支持多主机之间共享数据。ESXi支持多种直连存储设备，包括SCSI、IDE、SATA、USB、SAS、闪存和NVMe设备，且存储设备与主机之间为单一连接。DAS连接示意图如图5.1所示。

② SAN。SAN专为存储建立，通过专用高速存储网络连接服务器，它独立于TCP/IP网络。SAN集中管理存储数据，其可靠的架构可用于对性能要求较高的业务，如Oracle数据库。SAN的连接示意图如图5.2所示。

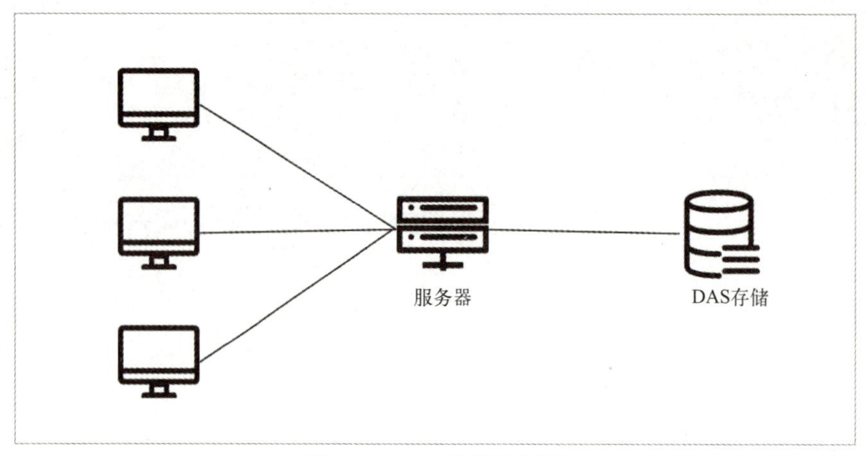

图 5.1　DAS 连接示意图

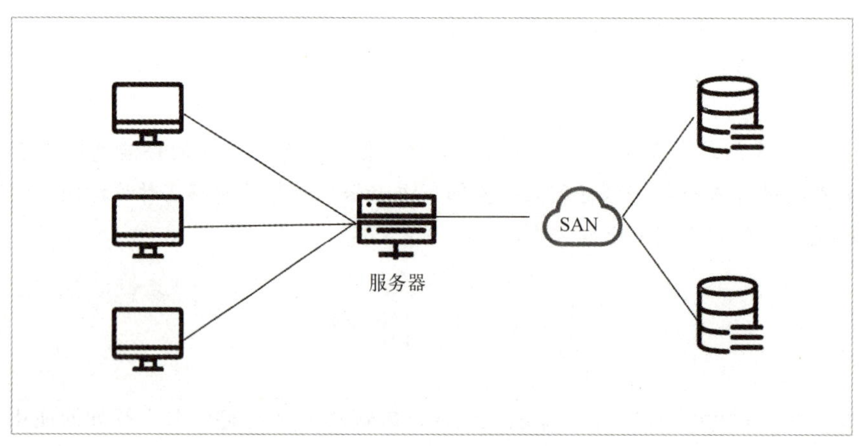

图 5.2　SAN 连接示意图

SAN的常见协议分为两种，接下来对这两种协议进行详细介绍。

- FCP（光纤通道协议）：SAN通过该协议将ESXi主机的数据流量传输到共享存储中，另外该协议还可以将SCSI命令打包到光纤通道帧中。
- iSCSI（Internet小型计算机系统接口）：iSCSI是一种存储协议，基于广泛的TCP/IP协议，用于建立ESXi主机与高性能存储系统之间的连接和创建SAN。iSCSI将SCSI命令封装到光纤通道或以太网帧中，然后再进行传输。

（2）文件存储

NAS也被称为网络附属存储，是连接在网络上，具有存储功能的装置。作为专用数据存储服务器，NAS以数据为中心，将存储设备与主机分隔开来，集中管理数据。NAS服务器直接连接到TCP/IP网络上，并通过TCP/IP网络存储管理数据。NAS文件系统一般分为两种，分别为NFS（网络文件系统）和CIFS（通用Internet文件系统）。NAS的连接示意图如图5.3所示。

（3）对象存储

对象存储是一种基于对象的存储方式，主要将数据分解成离散单元，此处的离散单元即为对象。对象存储需要HTTP接口来供大部分的客户端使用，最适合存储静态数据。

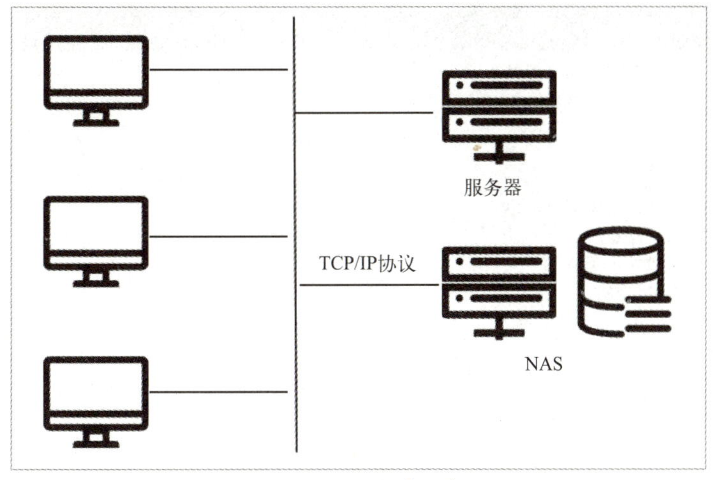

图 5.3　NAS 连接示意图

2. vSphere 存储概念

存储虚拟化即在虚拟机及其应用程序中将物理资源进行逻辑抽象化，ESXi提供主机级别的存储虚拟化。虚拟磁盘本质上是物理文件，可以被移动、复制和备份，虚拟磁盘位于物理存储中部署的一个数据存储上，ESXi中的虚拟机使用虚拟磁盘来存储其文件系统或其他数据。若要访问虚拟磁盘，那么虚拟机就需要使用虚拟SCSI控制器，虚拟控制器包括BusLogic并行、LSI Logic并行、LSI Logic SAS和VMware准虚拟。

vSphere支持三种存储文件格式，分别为VMware vSphere VMFS、Network File System（NFS）和RDM（裸设备映射）。下面对这三种存储文件格式做详细介绍。

- VMware vSphere VMFS：该文件格式是一种特殊的高性能文件系统格式，块存储设备上部署的数据存储使用的文件系统格式便是VMFS。VMFS提供了高效的虚拟化管理层，是跨越多个服务器实现虚拟化的基础，可以使用迁移和高可用等高级特性。
- NFS：ESXi可以通过挂载NFS实现文件共享，且允许单系统在网络上与他人共享文件。
- RDM：RDM可以作为裸物理存储设备的代理运行，ESXi中的虚拟机默认是以VMFS文件的方式储存的。VMFS文件会分发出VMDK文件充作虚拟磁盘，但是VMDK读写大量数据时可能会出现瓶颈，而RDM可以让虚拟机直接访问存储设备，且经过虚拟磁盘。

任务一　部署 Openfiler 外部存储

该任务主要是让读者掌握Openfiler的配置部署及使用Openfiler搭建iSCSI存储服务器的操作。

1. 安装 Openfiler

Openfiler是一个网络存储管理工具，可作为SAN服务器操作系统，在网站架构中支持NAS和SAN。本任务主要目的使用Openfiler搭建iSCSI存储服务器，为管理员提供一个强大的管理平台。

使用VMware Workstation软件创建虚拟机，步骤与项目一中创建虚拟机的操作一致，请回顾项目一的任务二。在该虚拟机的操作系统要选择“其他”系统中的“其他64位”版本，如图5.4所示。

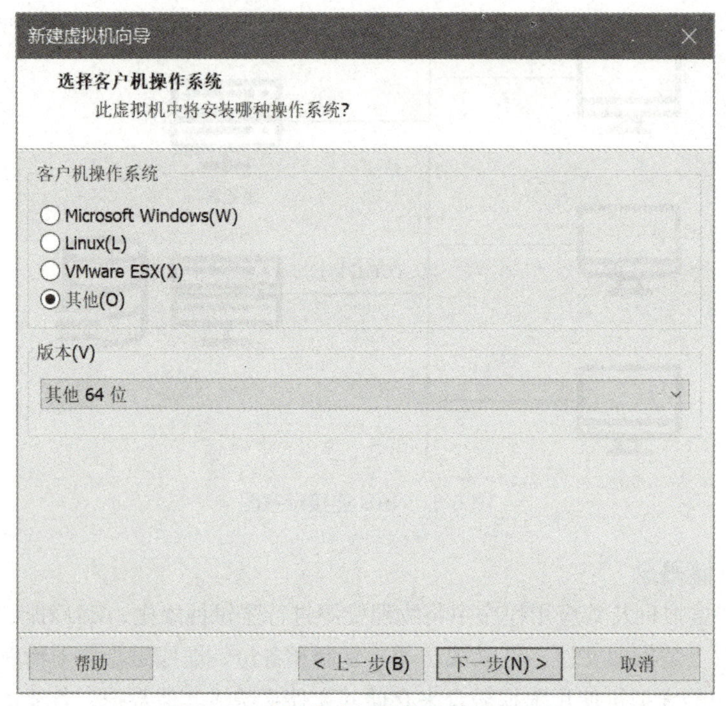

图 5.4 “选择客户机操作系统”对话框

虚拟机安装完成后，再另外增加三块8 GB的硬盘，如图5.5所示。

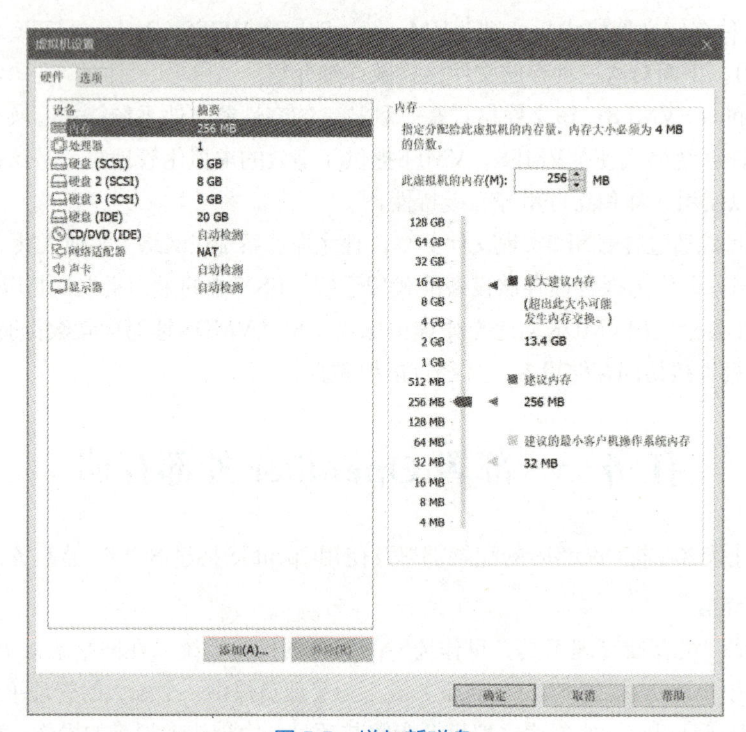

图 5.5 增加新磁盘

将Openfiler的镜像将其安装至虚拟机中，如图5.6所示。

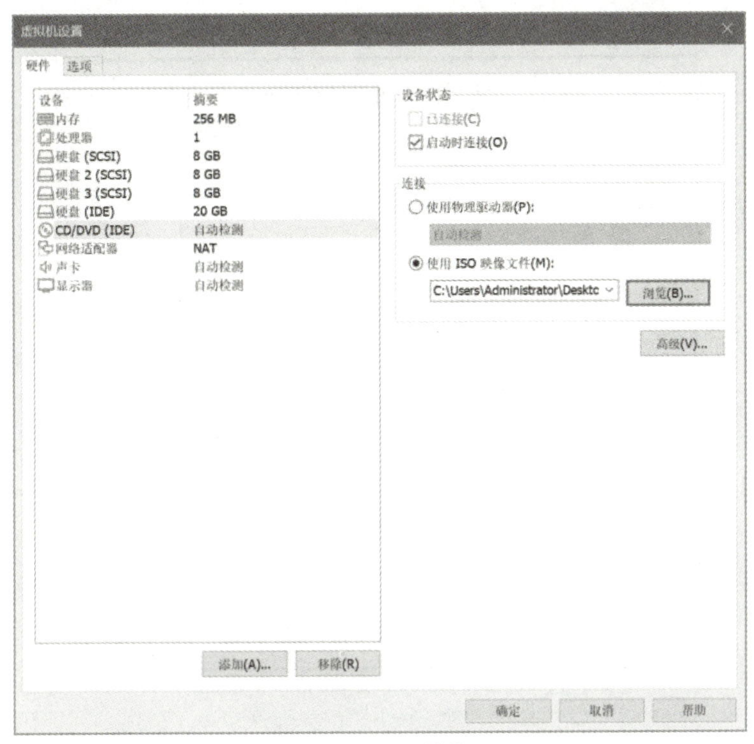

图 5.6 配置镜像

虚拟机创建完成后单击首页“开启此虚拟机”按钮启动虚拟机，进入安装界面，如图5.7所示。

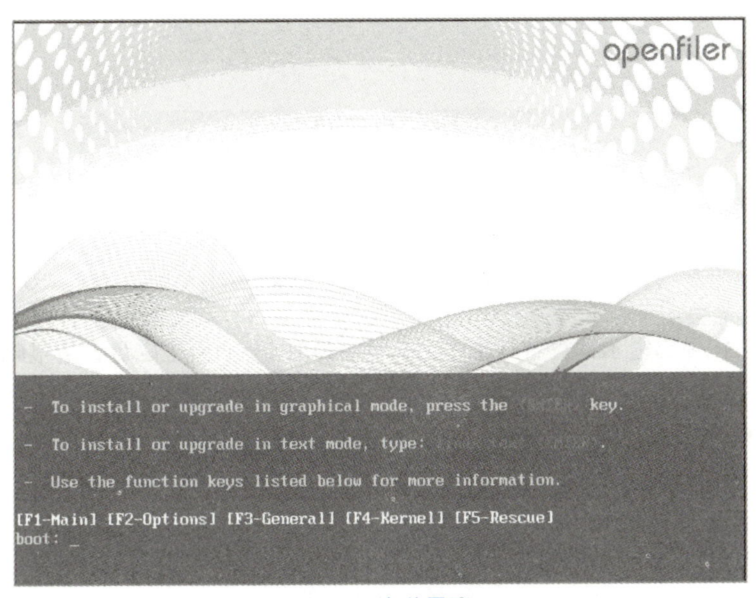

图 5.7 安装界面

如图5.7所示，Openfiler的安装方式分为两种，一种是图形界面，另一种是文本界面。

按【Enter】键安装图形界面，图形界面安装结束后，进入“Openfiler欢迎”界面，如图5.8所示。

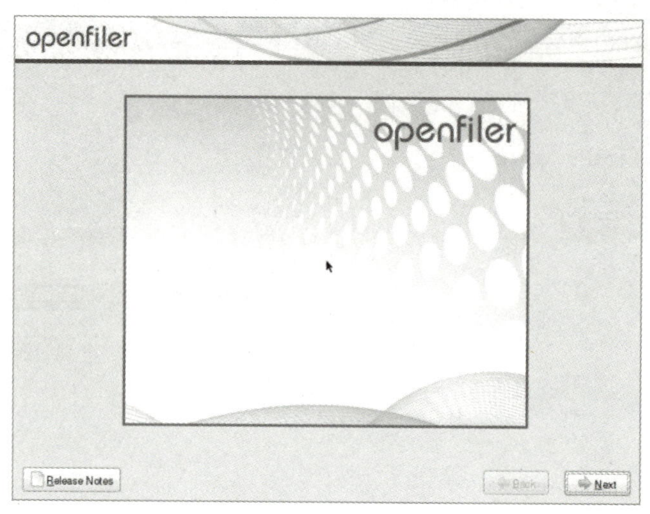

图 5.8 “Openfiler 欢迎”对话框

单击“Next”按钮进入“键盘布局”界面选中“US.English”布局方式，如图5.9所示。

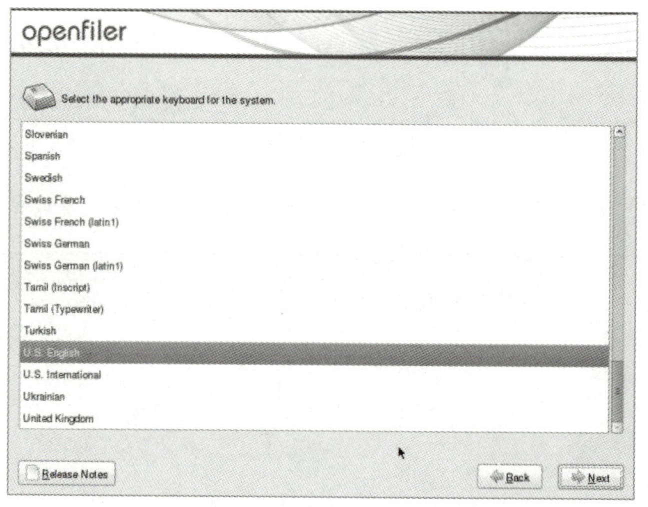

图 5.9 “键盘布局”对话框

单击“Next”按钮弹出提示框，若是单击“Yes”按钮则会初始化磁盘，清空磁盘内的所有数据。因为该虚拟机此时为初始状态，磁盘内无数据，此处选择“Yes”按钮，如图5.10所示。

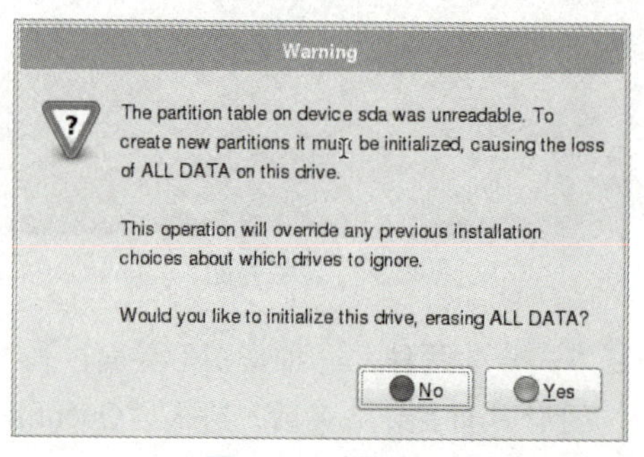

图 5.10 提示框

单击“Yes”按钮进入安装位置选择界面，选中一个磁盘，再选择“Remove all partition on select drives and create default layout”分区方式，删除所有磁盘分区并创建默认分区。在“Select the drive to use for this installation”列表为程序选择一块磁盘作为安装位置。在“What drive would you like to boot the installation from?”列表选择一块磁盘作为引导程序。选中“Review and modify partitioning layout”复选框，该功能可以查看和编辑磁盘的默认分区，磁盘安装位置选择完毕后，单击“Next”按钮，如图5.11所示，弹出提示框，该提示框主要是提示用户是否要清空所选磁盘内的所有数据，若要清空数据，则单击“Yes”按钮，否则单击“No”按钮。因为所选磁盘内无数据，所以此处选择“Yes”按钮，如图5.12所示。

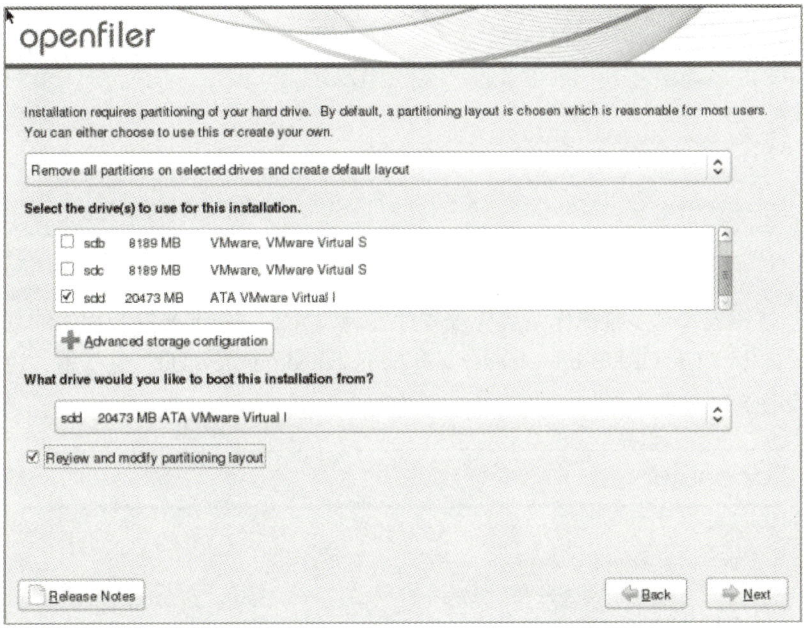

图 5.11　“安装位置选择”对话框

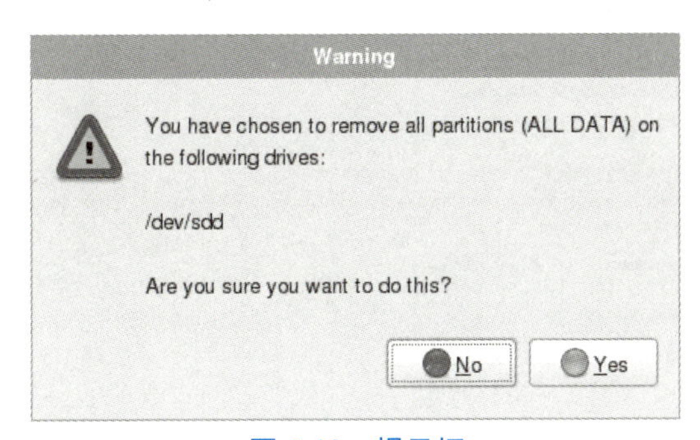

图 5.12　提示框

单击“Yes”按钮进入“磁盘分区创建”界面，程序为sdd磁盘自动创建了默认分区，分别为/boot、/和swap分区，其他三块磁盘未被分区和使用，此处不用为其创建分区。如图5.13所示。

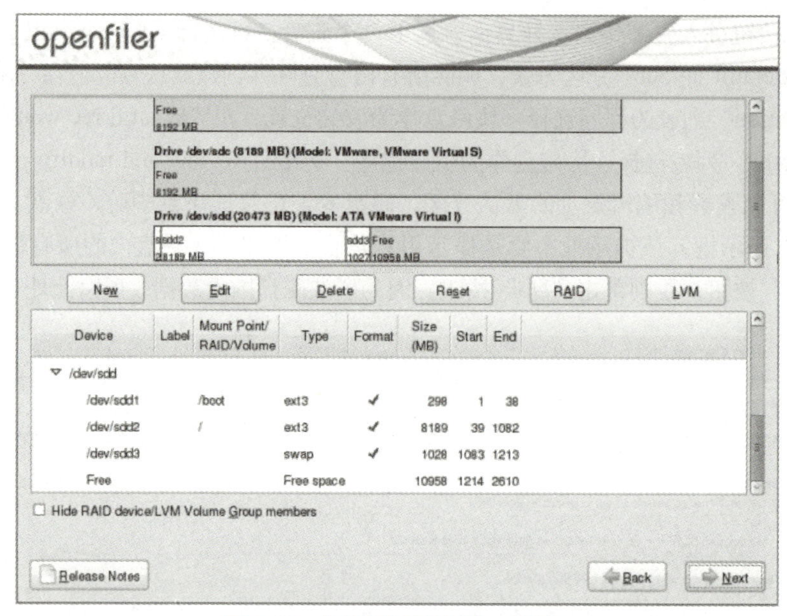

图 5.13 “磁盘分区创建”对话框

单击“Next”按钮进入“多重操作系统管理程序安装”界面，勾选要安装程序的复选框，此处选择安装GRUB程序，选中“The GRUB boot loader will be installed on /dev/sdd”复选框，该程序可以用来引导不同的系统，如图5.14所示。

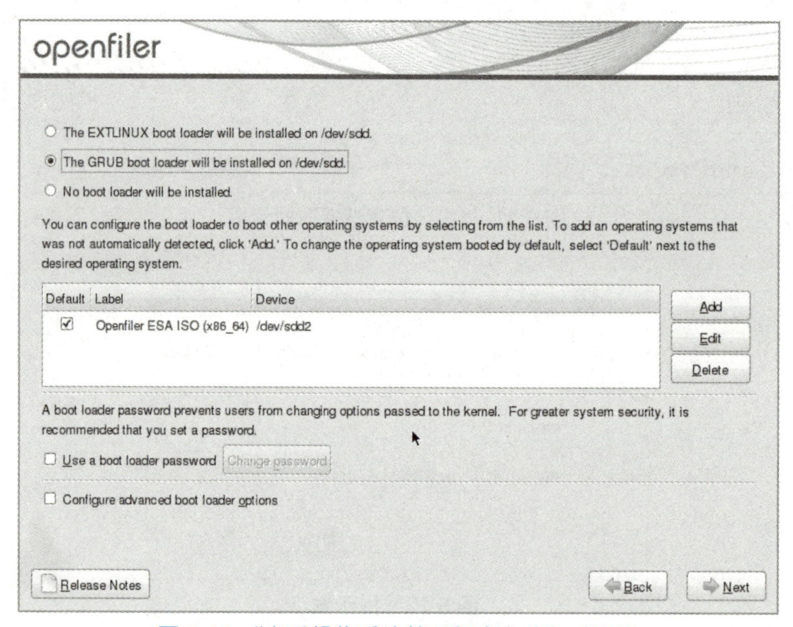

图 5.14 “多重操作系统管理程序安装”对话框

单击“Next”按钮进入“网络设置”界面，在“Network Devices”列表中选择网卡，单击“Edit”按钮可以设置静态或动态IP地址。在“Hostname”列表下设置主机名，如图5.15所示。单击图5.15中的“Edit”按钮配置IP地址，用户可以通过勾选“Enable IPv4 support”和“Enable IPv6 support”前的复选框来开启IPv4和IPv6地址，“Dynamic IP configuration”表示使用DHCP服务器自动分配IP地址，“Manual configuration”表示自定义配置IP地址，用户可根据实际情况配置IP地址，如图5.16所示。

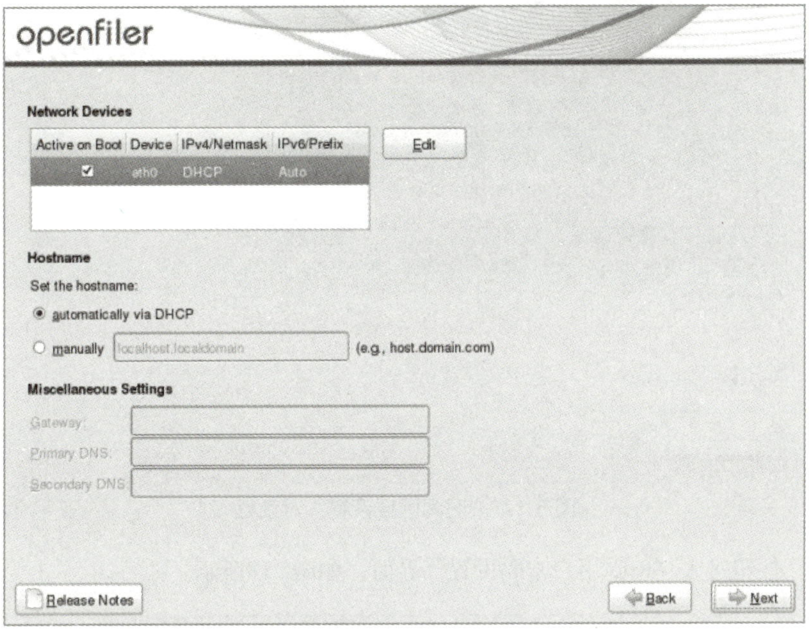

openfiler

Network Devices

Active on Boot	Device	IPv4/Netmask	IPv6/Prefix
☑	eth0	DHCP	Auto

Edit

Hostname

Set the hostname:

◉ automatically via DHCP

○ manually　localhost.localdomain　(e.g., host.domain.com)

Miscellaneous Settings

Gateway:

Primary DNS:

Secondary DNS:

Release Notes　Back　Next

图 5.15　“网络设置”对话框

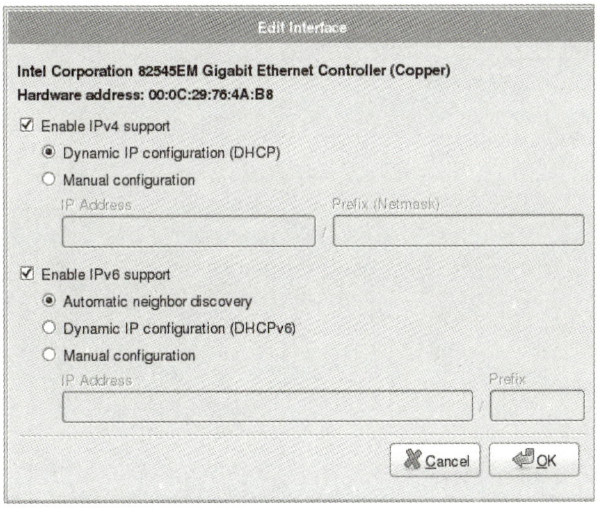

Edit Interface

Intel Corporation 82545EM Gigabit Ethernet Controller (Copper)

Hardware address: 00:0C:29:76:4A:B8

☑ Enable IPv4 support

◉ Dynamic IP configuration (DHCP)

○ Manual configuration

IP Address　Prefix (Netmask)

☑ Enable IPv6 support

◉ Automatic neighbor discovery

○ Dynamic IP configuration (DHCPv6)

○ Manual configuration

IP Address　Prefix

Cancel　OK

图 5.16　“IP 地址设置”对话框

配置完成后，单击“OK”按钮保存配置，单击图5.15中的“Next”按钮进入“时间区域设置”界面，设置区域时可以通过单击地图的位置或“Selected city”下方的列表进行选择，“System clock uses UTC”表示系统时间为世界统一标准时间，如图5.17所示。

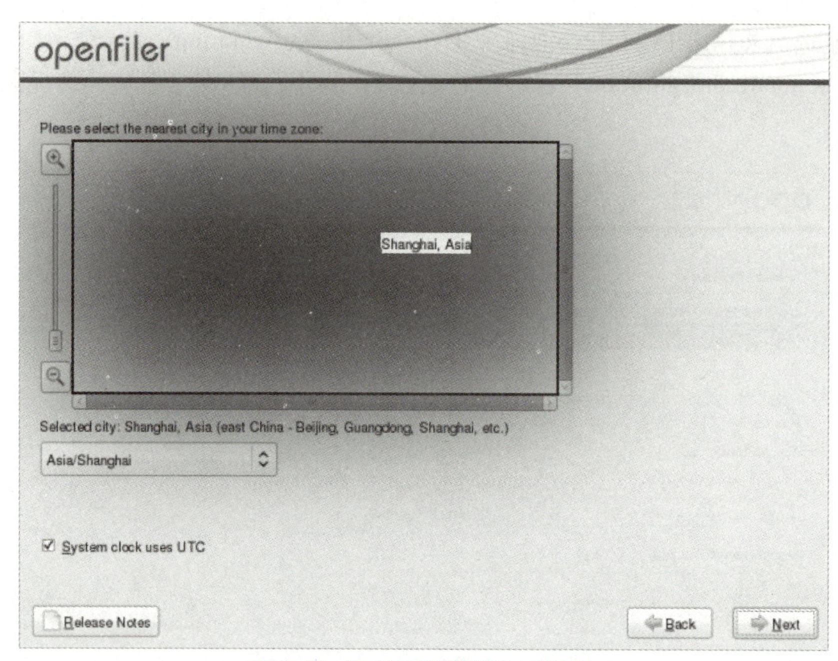

图 5.17 “时间区域设置”对话框

单击“Next”按钮进入“Root用户密码设置”界面，如图5.18所示。

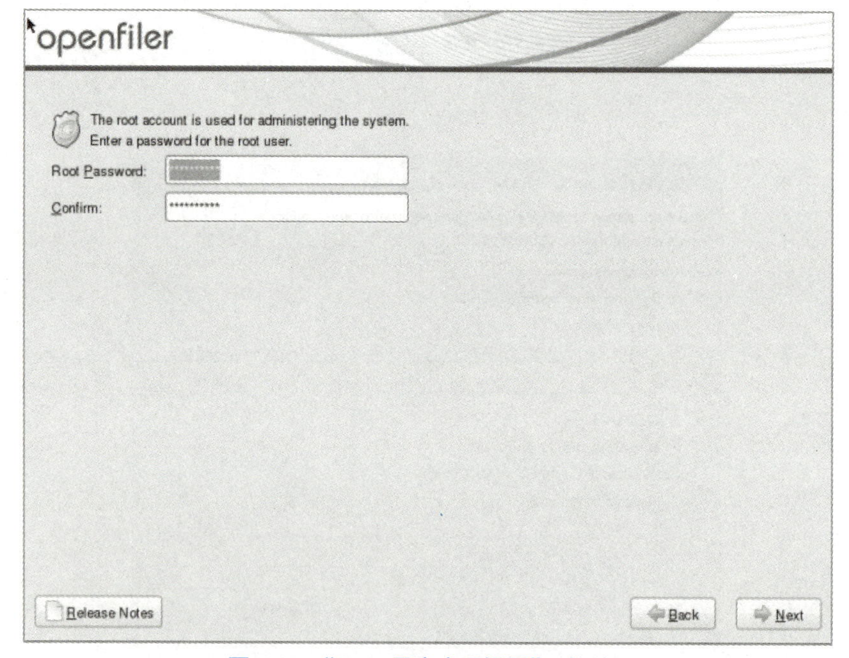

图 5.18 “Root 用户密码设置”对话框

单击“Next”按钮进入“安装程序配置向导结束”界面，如图5.19所示。

图 5.19　“安装程序配置向导结束”对话框

单击“Next”按钮开始安装Openfiler，如图5.20所示。

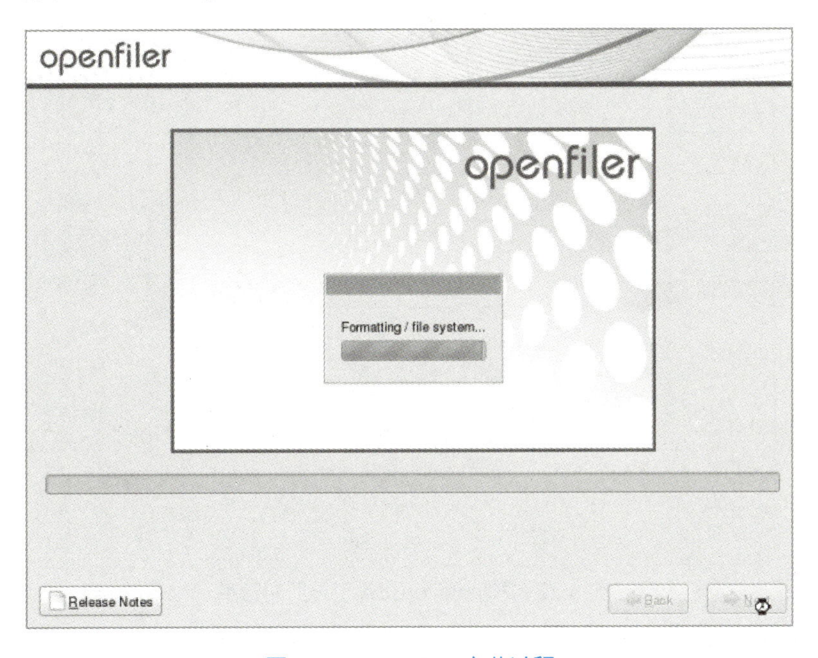

图 5.20　Openfiler 安装过程

安装结束后，可以通过单击“Reboot”按钮重启计算机，如图5.21所示。

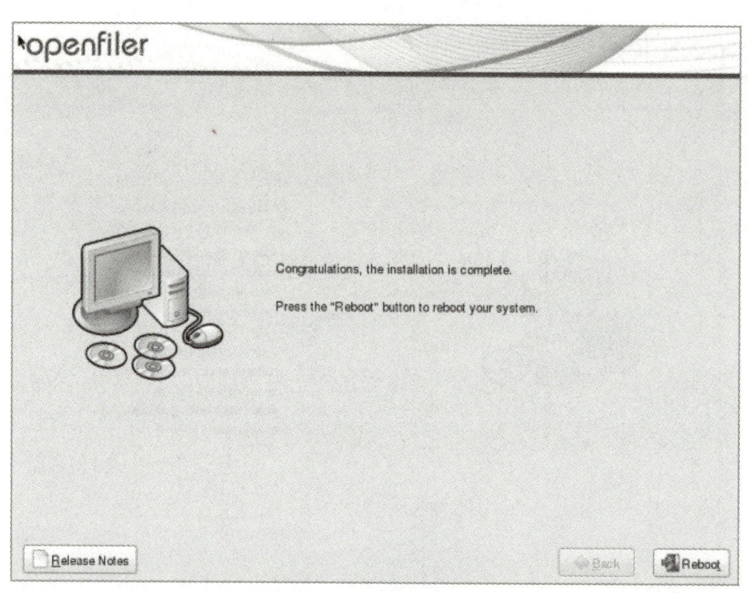

图 5.21 重启计算机

计算机重启后，出现“OpenfilerESA引导”界面，可以通过按【Enter】键或是等待5秒启动Openfiler系统，如图5.22所示。

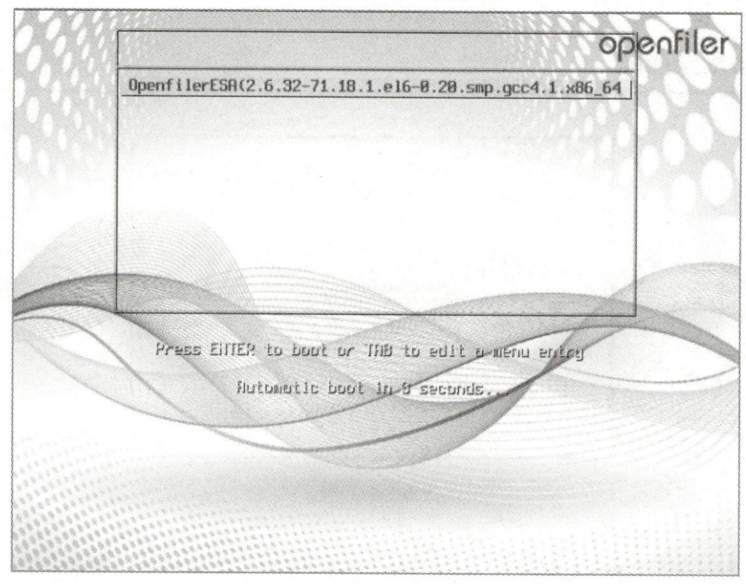

图 5.22 “OpenfilerESA 引导”对话框

系统启动成功后，进入“Openfiler ESA文本登录”界面。界面显示IP地址，如图5.23所示。

2. 配置 Openfiler

在浏览器中输入新建计算机的IP地址，浏览器会提示非私密连接，单击“高级”按钮，继续访问Openfiler系统，如图5.24所示。

```
Commercial Support: http://www.openfiler.com/support/
Administrator Guide: http://www.openfiler.com/buy/administrator-guide
Community Support: http://www.openfiler.com/community/forums/
Internet Relay Chat: server: irc.freenode.net    channel: #openfiler

(C) 2001-2011 Openfiler. All Rights Reserved.
Openfiler is licensed under the terms of the GNU GPL, version 2
http://www.gnu.org/licenses/gpl-2.0.html

Welcome to Openfiler ESA, version 2.99.1

Web administration GUI: https://192.168.190.144:446/

localhost login: _
```

图 5.23　“Openfiler ESA 文本登录”界面

图 5.24　访问 Openfiler 系统

进入“登录”界面，使用默认用户名Openfiler和默认密码Password登入系统，如图5.25所示。

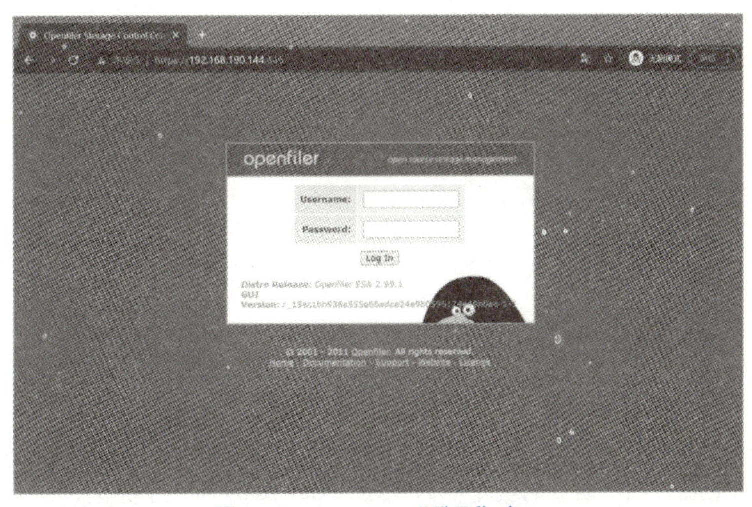

图 5.25　Openfiler“登录”窗口

单击“Log In”按钮进行登录，登录成功后，可以看到Openfiler主机的软硬件信息，如图5.26所示。

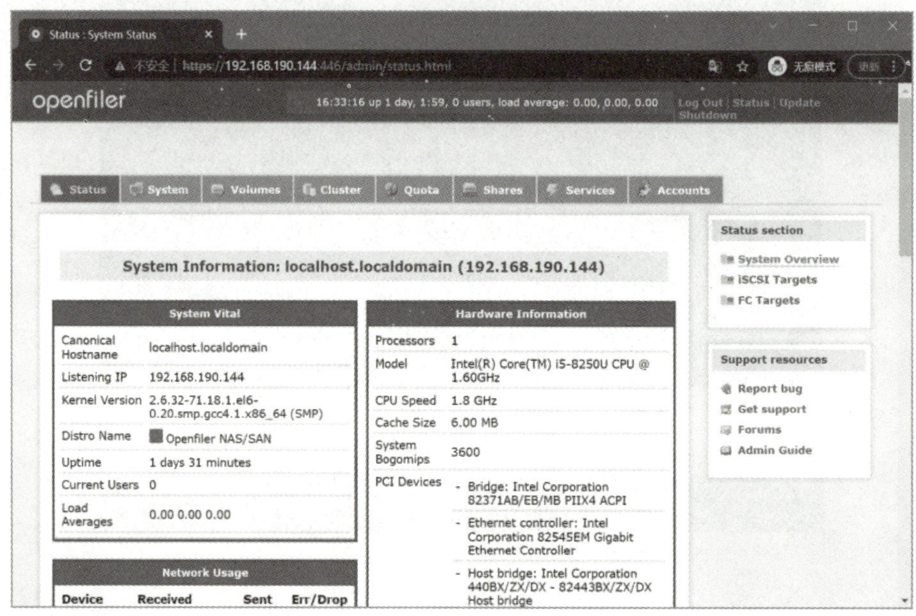

图 5.26 Openfiler 主机的软硬件信息

单击“Volumes”选项卡查看卷组，可以看到“Volume Group Management”下方没有任何卷信息，如图5.27所示。

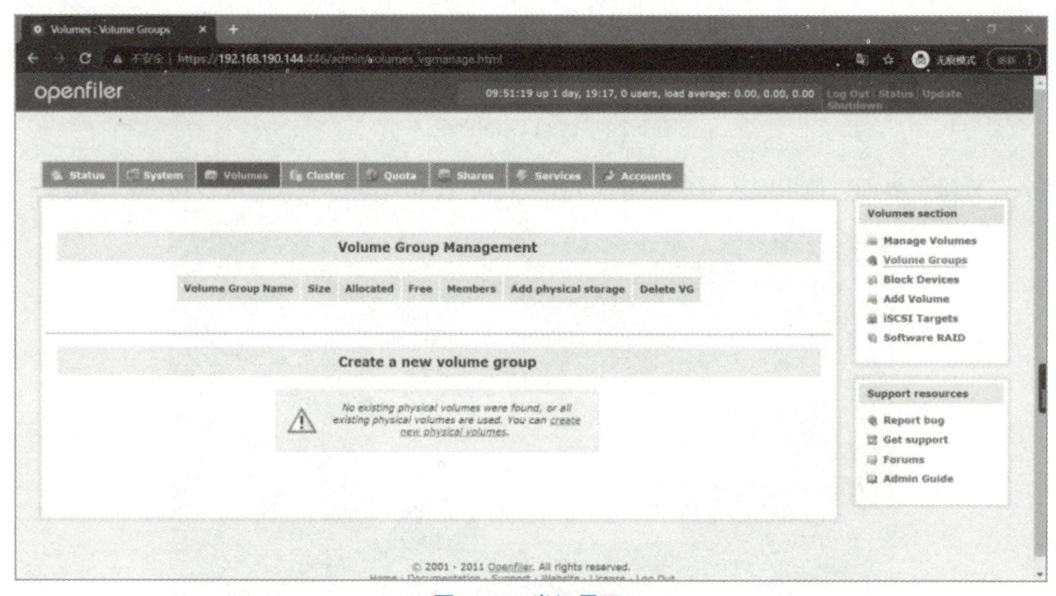

图 5.27 卷组界面

单击图5.27右方“Volumes section”→“Block Devices”选项，可以查看系统的硬件信息，由图5.28可知，系统内有四块磁盘，四块磁盘的类型都为SCSI，/dev/sda下有三个分区，其余三个磁盘下均无分区，均未被使用。如图5.28所示。

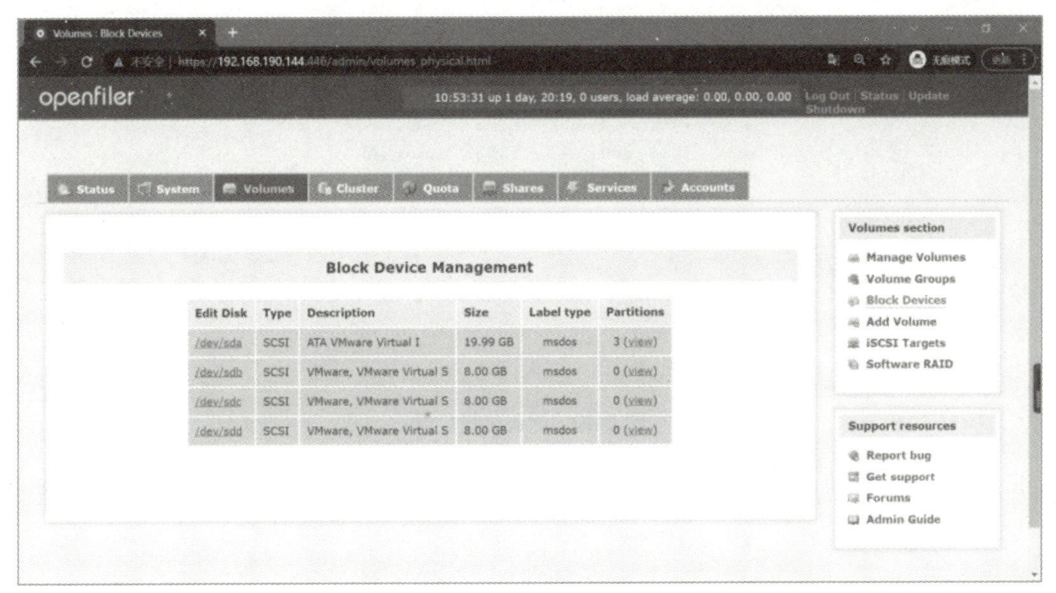

图 5.28　系统硬件信息

单击“Edit Disk”下的“/dev/sdb”进入磁盘分区界面，对sdb磁盘进行分区，如图5.29所示。

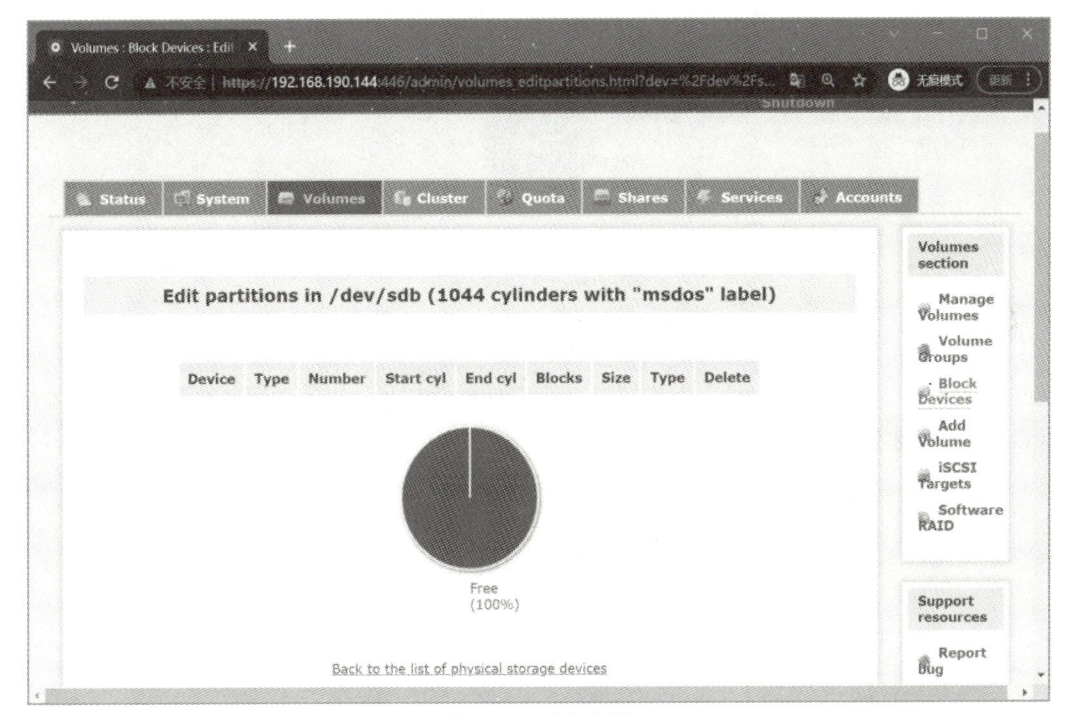

图 5.29　磁盘分区

向下滑动界面，设置新建分区的类型及大小，将类型设置为Physical volume（物理卷），如图5.30所示。

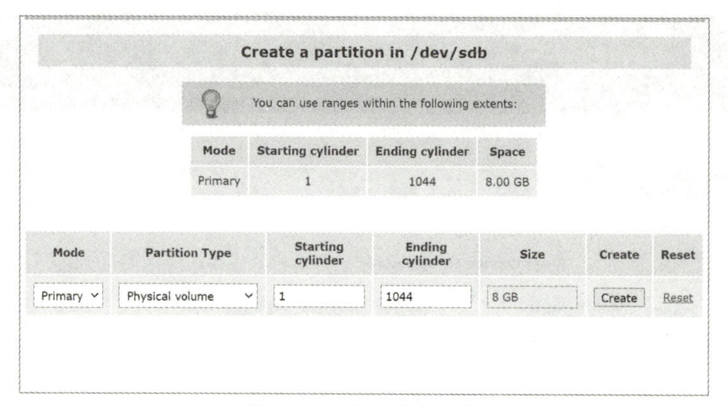

图 5.30　配置磁盘分区

单击“Create”按钮即可完成分区的创建。使用相同的方式为/dev/sdc磁盘创建分区，如图5.31所示。

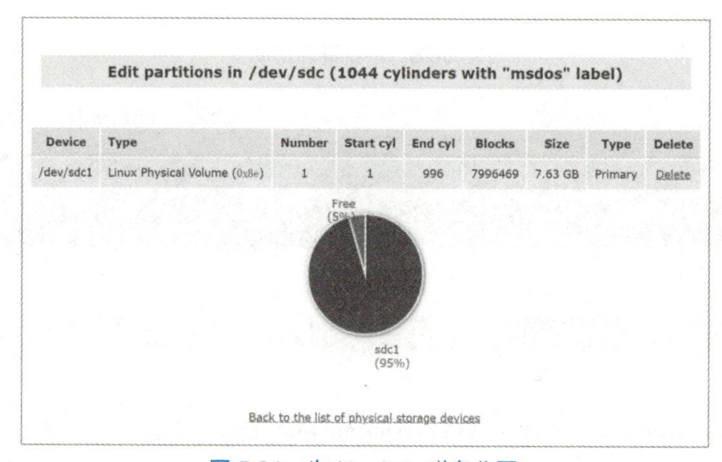

图 5.31　为 /dev/sdc 磁盘分区

单击图5.29中“Volumes section”下的“Volume Groups”选项，进入卷组创建界面。在文本框内输入卷组的名称，勾选要使用的磁盘，如图5.32所示。

Create a new volume group

Valid characters for volume group name: **A-Z a-z 0-9 _ + -**

Volume group name (no spaces)		
testgroup		
Select physical volumes to add		
☑	/dev/sdb1	7.63 GB
☑	/dev/sdc1	7.63 GB
Add volume group		

图 5.32　创建卷组

单击“Add volume group”按钮即可完成卷组的创建，卷组创建成功后可在“卷组”界面查看，如图5.33所示。

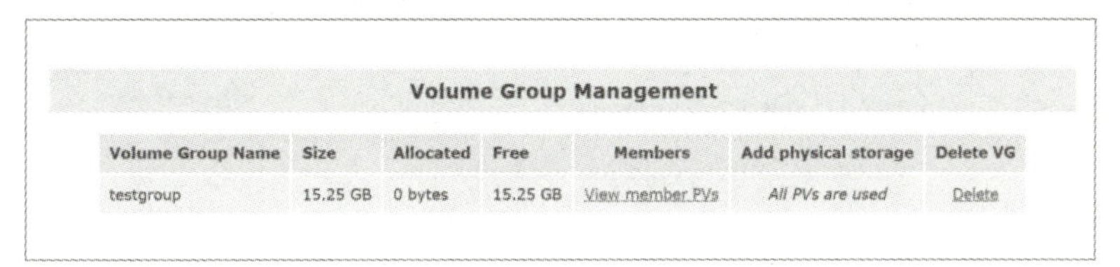

Volume Group Management

Volume Group Name	Size	Allocated	Free	Members	Add physical storage	Delete VG
testgroup	15.25 GB	0 bytes	15.25 GB	View member PVs	All PVs are used	Delete

图 5.33　“卷组”界面

3. 创建 SCSI 逻辑卷

单击首页的“Services”选项卡，查看Openfiler服务的运行状态，默认情况下，iSCSI Target服务处于关闭状态，如图5.34所示。

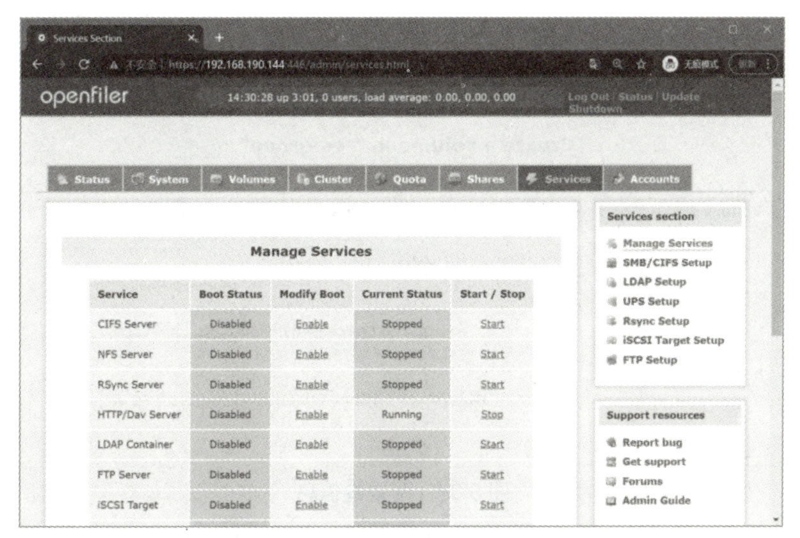

图 5.34　Openfiler 服务运行状况

单击“iSCSI Target”右方的“Enable”和“Start”按钮，将iSCSI Target服务开启，如图5.35所示。

Manage Services

Service	Boot Status	Modify Boot	Current Status	Start / Stop
CIFS Server	Disabled	Enable	Stopped	Start
NFS Server	Disabled	Enable	Stopped	Start
RSync Server	Disabled	Enable	Stopped	Start
HTTP/Dav Server	Disabled	Enable	Running	Stop
LDAP Container	Disabled	Enable	Stopped	Start
FTP Server	Disabled	Enable	Stopped	Start
iSCSI Target	Enabled	Disable	Running	Stop
UPS Manager	Disabled	Enable	Stopped	Start
UPS Monitor	Disabled	Enable	Stopped	Start

图 5.35　开启 iSCSI Target 服务

进入“Volumes”界面，单击右方的“Add Volume”选项创建新的卷，如图5.36所示。

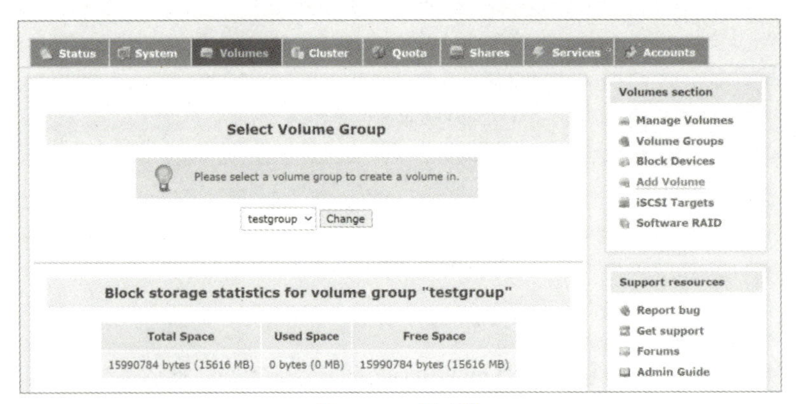

图 5.36 创建卷

向下滑动页面，在文本框内输入卷的名称和所需容量，所需容量可根据实际需求与主机硬件规格进行配置，使用下拉列表配置卷的类型，如图5.37所示。

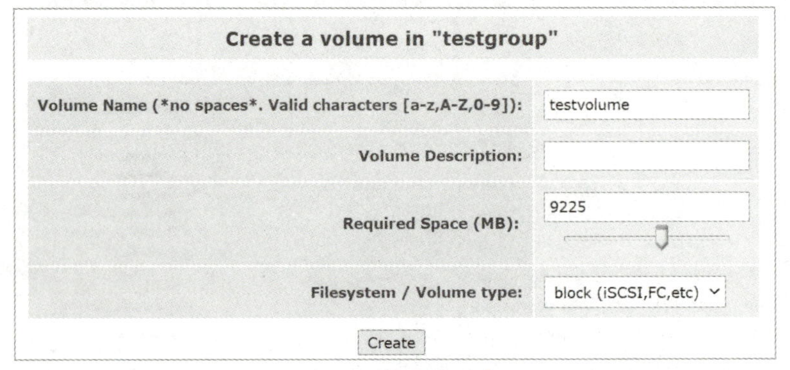

图 5.37 配置卷信息

单击“Create”按钮即可完成卷的创建，在创建卷的界面可以查看新建卷的大小及剩余空间大小，如图5.38所示。

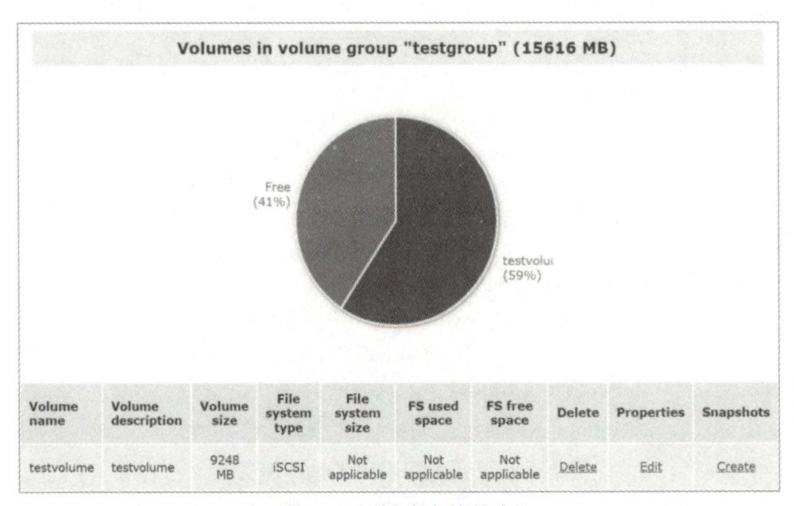

Volume name	Volume description	Volume size	File system type	File system size	FS used space	FS free space	Delete	Properties	Snapshots
testvolume	testvolume	9248 MB	iSCSI	Not applicable	Not applicable	Not applicable	Delete	Edit	Create

图 5.38 新建卷的信息

单击图5.36中的“System”选项卡，为系统配置网络访问，如图5.39所示。

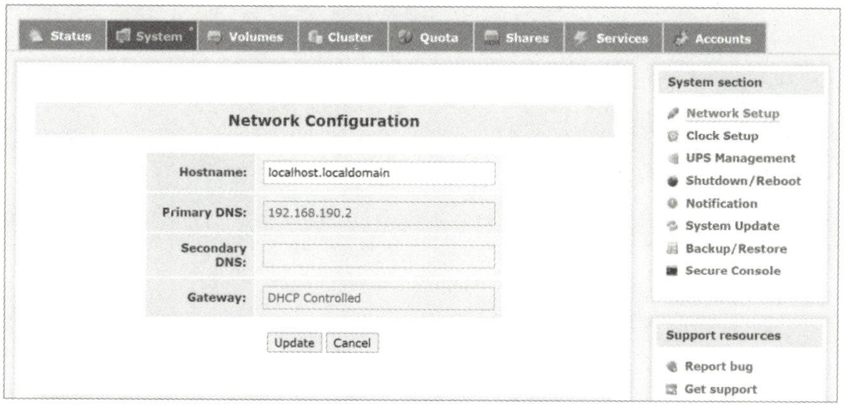

图 5.39　“网络配置”窗口

向下滑动界面，在“Network Access Configuration”下方的文本框内输入允许访问该系统的网段，单击“Update”按钮即可保存配置，如图5.40所示。

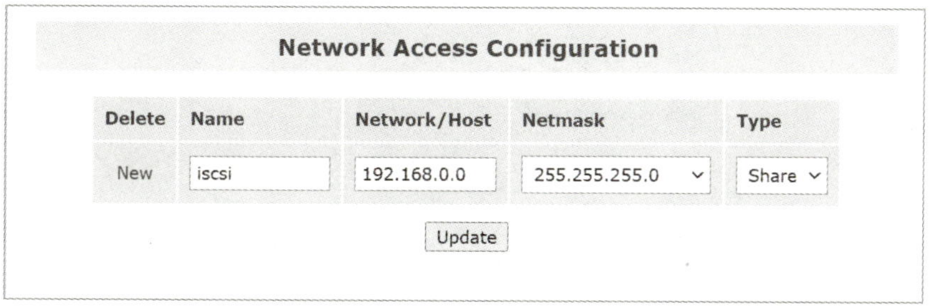

图 5.40　配置访问网段

网络配置保存完毕后单击图5.39中的“Volumes”选项卡进入卷组界面，单击页面右方的“iSCSI Targets”进入iSCSI Targets设置界面，如图5.41所示。

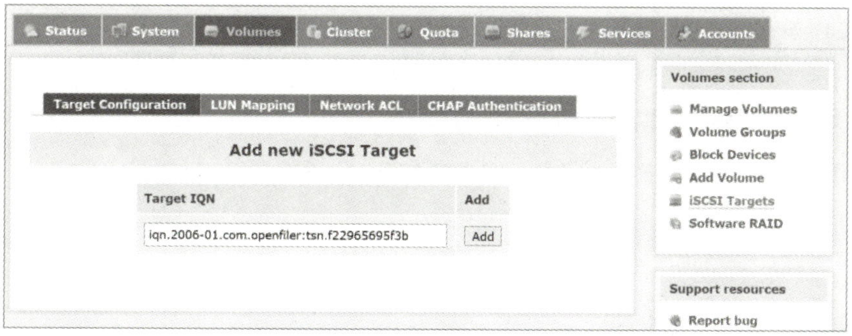

图 5.41　iSCSI Targets 设置

单击“Add”按钮添加一个新的iSCSI Targets，添加完成后向下滑动界面，配置iSCSI选项，用户可根据个人情况对iSCSI的选项进行配置，配置完成后，单击“Update”按钮即可保存配置，如图5.42所示。

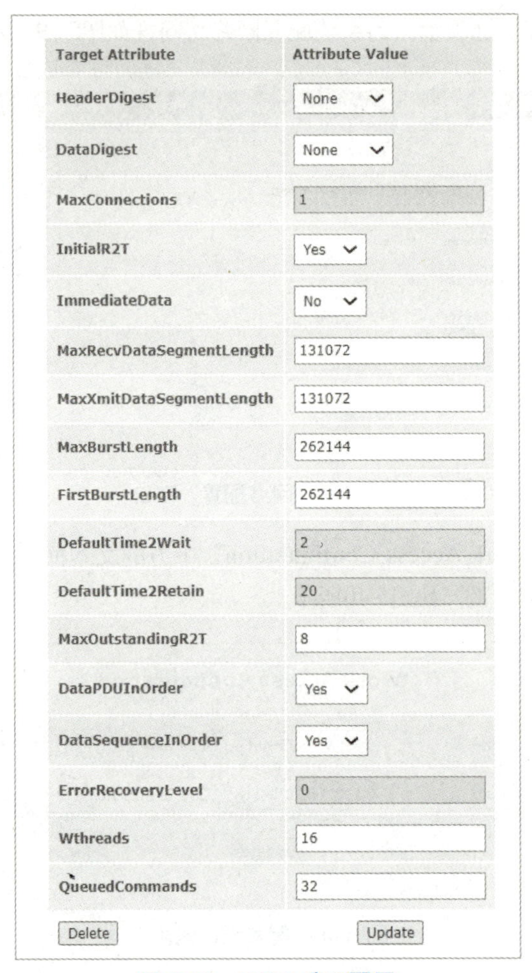

图 5.42 iSCSI 选项配置

单击图5.41中的“LUN Mapping”选项卡，对新建的卷进行映射，如图5.43所示。

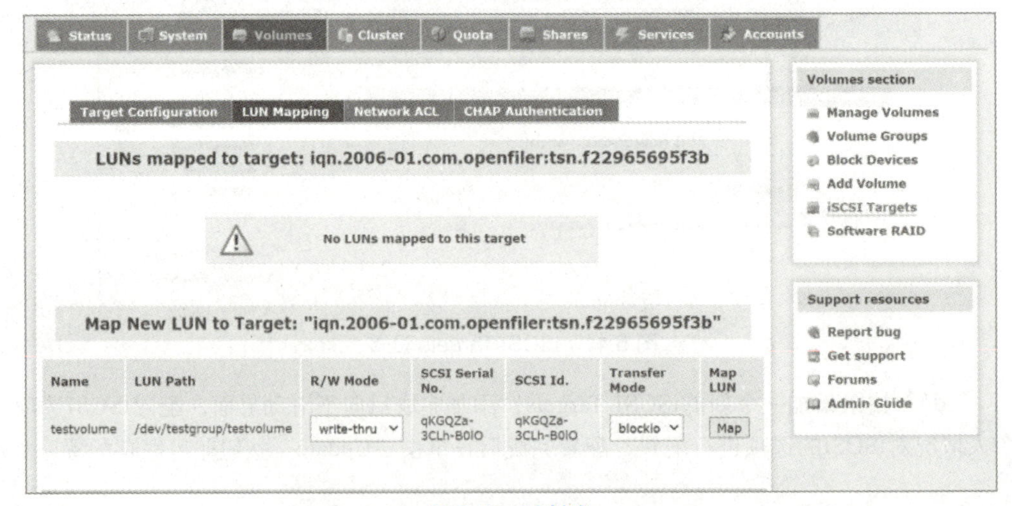

图 5.43 映射卷

单击"Map"按钮进行映射，若映射成功，"LUNs mapped to target"下方则会出现映射的卷组，如图5.44所示。

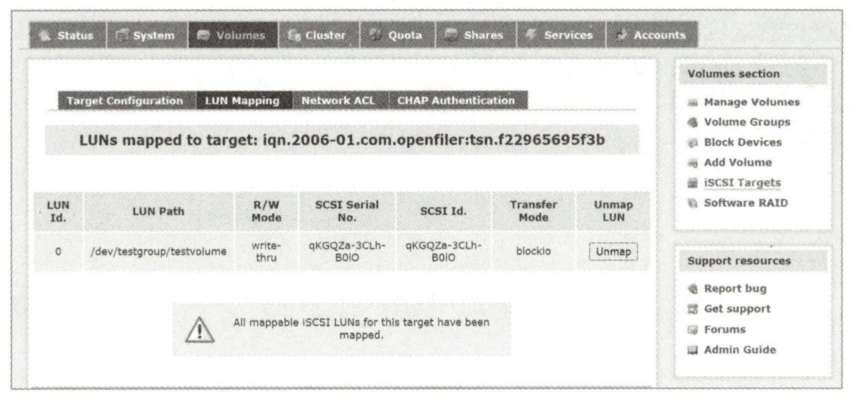

图 5.44　卷组映射成功

任务二　配置 iSCSI 外部存储

本任务主要是让读者掌握配置iSCSI外部存储的操作。

使用vSphere Web Client登录ESXi主机，在主界面单击"存储"选项，选择"数据存储"选项卡，查看ESXi主机所使用数据存储的详细信息，如图5.45所示。

图 5.45　数据存储

单击图5.45中的"适配器"选项卡，查看ESXi主机所使用的存储适配器信息，如图5.46所示。

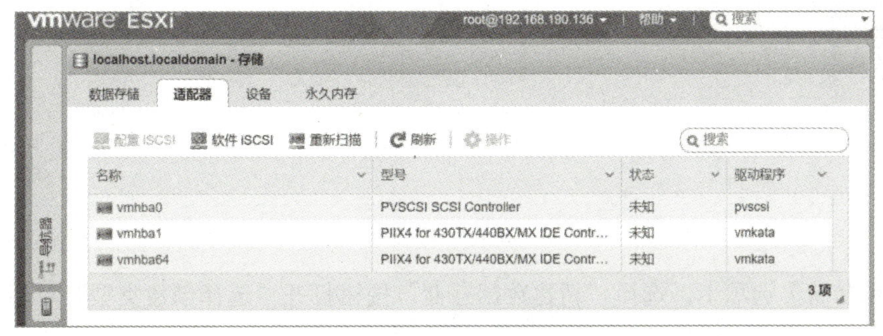

图 5.46　存储适配器

单击“软件iSCSI”按钮弹出“配置iSCSI”对话框，在对话框内“iSCSI已启用”处勾选“已启用”单选按钮，如图5.47所示。

配置 iSCSI - vmhba65
iSCSI 已启用 ○ 禁用 ◉ 已启用
名称和别名 iqn.1998-01.com.vmware:localhost.localdomain:49853093:65 (iscsi_vmk)
CHAP 身份验证 不使用 CHAP
双向 CHAP 身份验证 不使用 CHAP
高级设置 单击以展开
网络端口绑定 添加端口绑定 移除端口绑定
VMkernel 网卡 端口组 IPv4 地址
无端口绑定
静态目标 添加静态目标 移除静态目标 编辑设置 搜索
目标 地址 端口
无静态目标
动态目标 添加动态目标 移除动态目标 编辑设置 搜索
地址 端口
无动态目标
保存配置 取消

图 5.47 “配置 iSCSI”对话框

在“动态目标”一栏单击“添加动态目标”按钮，在“地址”一列输入Openfiler的IP地址，如图5.48所示。

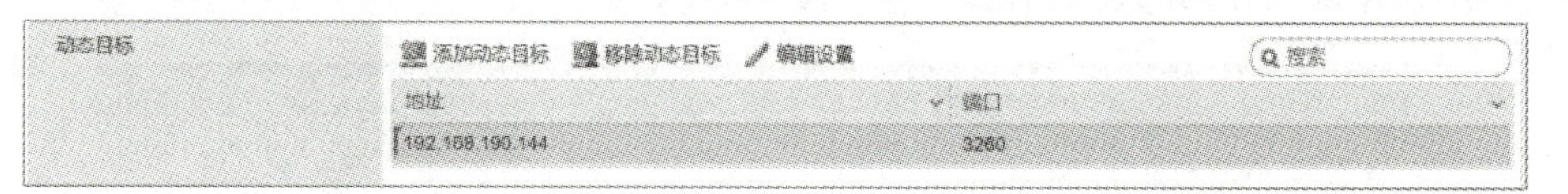

图 5.48 输入 Openfiler 的 IP 地址

输入IP地址后，单击“配置iSCSI”对话框中的“保存配置”按钮，保存配置并关闭对话框。单击适配器界面的“重新扫描”按钮即可看到上述步骤中新加的iSCSI适配器，如图5.49所示。

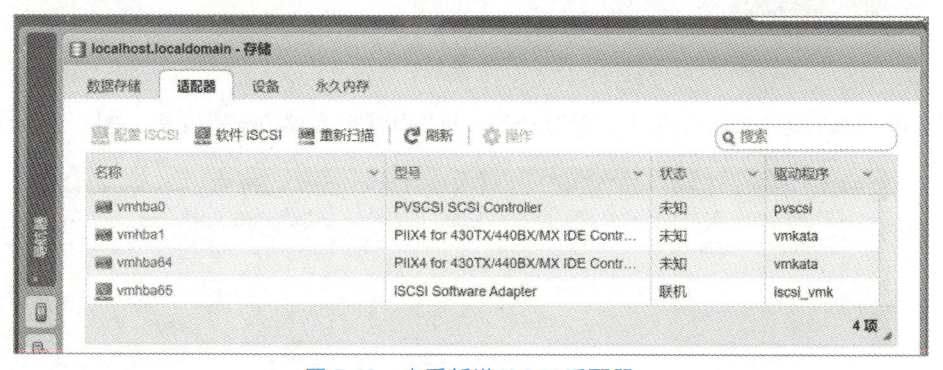

图 5.49 查看新增 iSCSI 适配器

单击“数据存储”选项卡，选择“新建数据存储”按钮打开“选择创建类型”对话框，如图5.50所示。

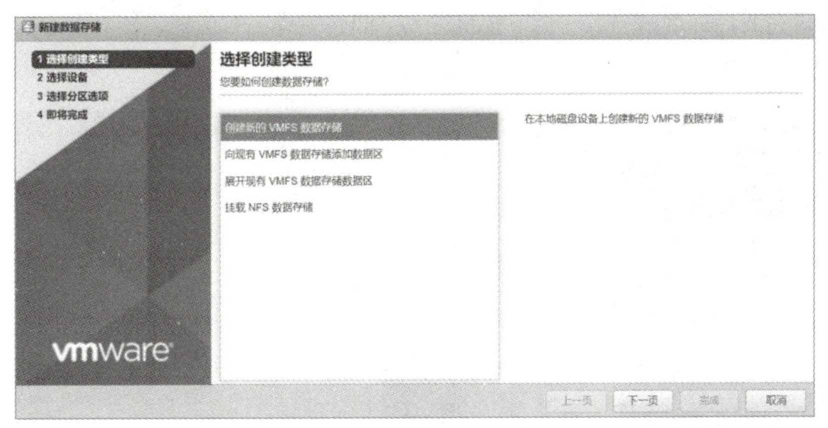

图 5.50 “选择创建类型”对话框

选择“创建新的VMFS数据存储”选项，单击“下一页”按钮进入“选择设备”对话框，如图5.51所示。

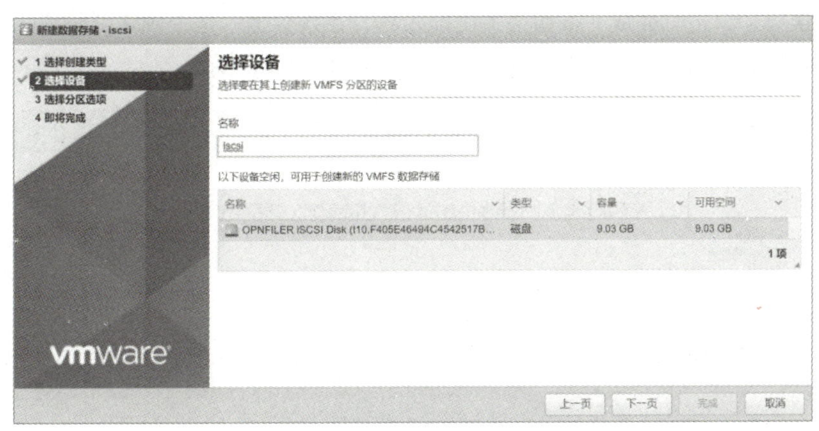

图 5.51 “选择设备”对话框

输入设备的名称，选择设备，单击“下一页”按钮进入“选择分区选项”对话框，用户可根据实际情况对磁盘进行分区，可以使用全部磁盘或自定义，如图5.52所示。

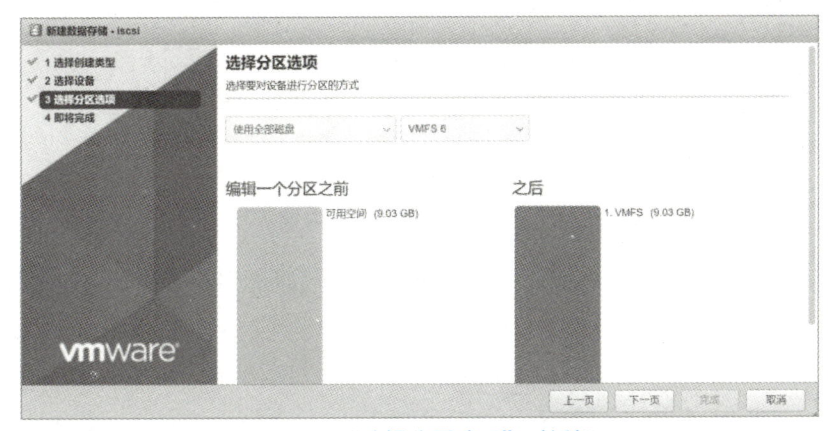

图 5.52 “选择分区选项”对话框

磁盘分区编辑完成后，单击“下一页”按钮进入“即将完成”对话框，核对上述操作配置信息，如图5.53所示。

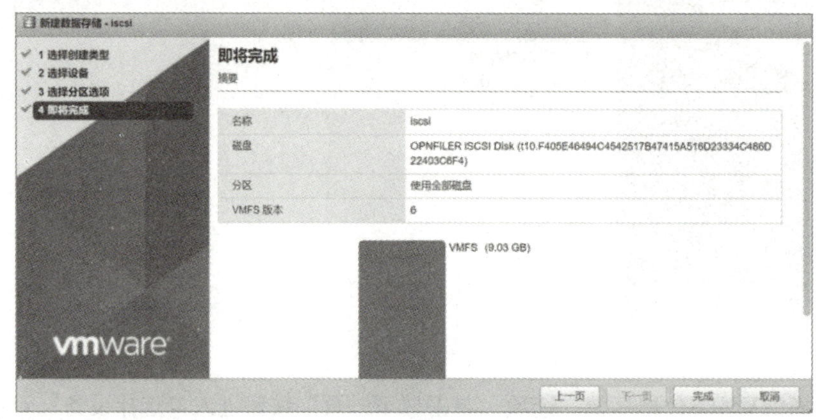

图 5.53 “即将完成”对话框

信息核对无误后，单击“完成”按钮会弹出提示框，系统会提示是否确定“将清除此磁盘上的全部内容并替换为指定配置”的信息，单击“是”按钮即可，如图5.54所示。

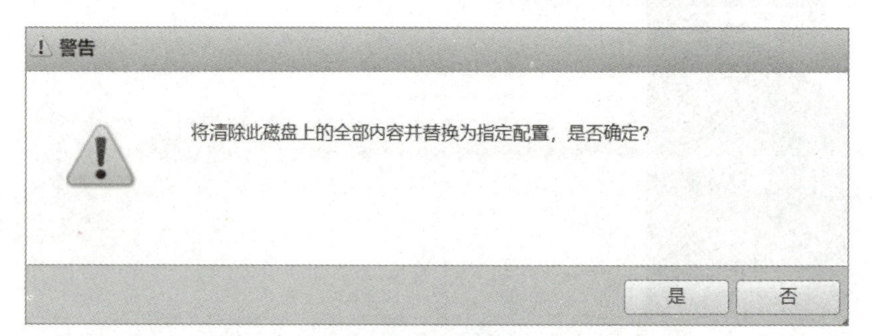

图 5.54 提示框

iSCSI外部存储添加成功后，可在“数据存储”界面查看，如图5.55所示。

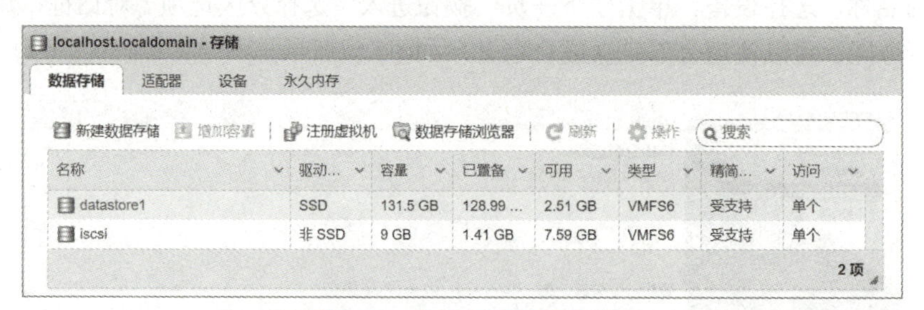

图 5.55 查看新建外部存储

使用vSphere Client登入到vCenter中，在“存储”界面可以看到新增的iSCSI外部存储，如图5.56所示。

图 5.56　在 vCenter 中查看新增外部存储

项目小结

本项目首先介绍了vSphere存储的相关知识，然后讲解了Openfiler存储的安装，最后使用Openfiler配置了iSCSI外部存储。通过本次学习，希望读者能对vSphere的存储知识有一定的了解，当服务器内本地存储容量不够时，可以通过外部存储来扩充存储容量。

习　题

1. 填空题

(1) 存储根据服务器的类型可以划分为________的存储和________的存储。

(2) 外挂存储包括________和________。

(3) 网络存储包括________和________。

(4) 存储还可以根据存储类型分为________、________和________。

(5) SAN是一种通过专用高速存储网络连接服务器的存储方式，它独立于________网络之外，专为________建立。

2. 思考题

(1) 简述SAN的两种常见协议。

(2) 简述vSphere支持的三种存储文件格式。

(3) 简述什么是对象存储。

3. 实操题

安装Openfiler并使用Openfiler为ESXi主机配置iSCSI外部存储。

项目六

迁移虚拟机

学习目标

◎了解虚拟机迁移的概念。
◎掌握 vMotion 迁移的原理及要求。
◎掌握 storage vMotion 迁移的原理及要求。
◎掌握 Converter Standalone 迁移的原理。
◎熟悉使用 vMotion 迁移的操作。
◎熟悉使用 storage vMotion 迁移的操作。
◎熟悉使用 Converter Standalone 迁移的操作。

在实际工作中，有时会对主机进行维护或功能升级，这就要对主机进行脱机处理。如果直接脱机，主机内的虚拟机也会一并丢失，那么可以通过将虚拟机迁移至另一计算资源或存储位置来解决这个问题。根据虚拟机的电源状态，有多种方式可以对虚拟机进行迁移；根据虚拟机的资源类型，可以执行多种类型的迁移。本项目将会对虚拟机迁移方式和类型进行详细介绍。

项 目 准 备

该项目主要介绍虚拟机迁移的相关概念，讲解使用vMotion迁移的原理与条件以及使用storage vMotion迁移的原理与关键操作。

1. 虚拟机迁移概念

虚拟机迁移是指将一台虚拟机从一个计算机资源或存储位置迁移至另一个计算机资源或存储位置中。在vSphere 6.0及以上版本中，可以在三种类型的对象间进行虚拟机的迁移，分别是将虚拟机迁移至另一台虚拟机，将虚拟机迁移至另一数据中心和将虚拟机迁移至另一vCenter Server系统。

① 根据虚拟机的电源状态，虚拟机迁移可以分为冷迁移和热迁移，具体说明如下：

- 冷迁移。冷迁移是指将一台电源关闭或挂起的虚拟机迁移至新的主机中，具体过程便是将该虚拟机的配置文件和磁盘文件转移至另外的存储位置中，可以通过手动操作来进行迁移，也可以通过调度任务来完成。使用冷迁移，虚拟机可以在跨集群、数据中心和vCenter Server实例的主机之间进行迁移，但是不同的子网之间不能进行冷迁移。
- 热迁移。热迁移是指将一台正在运行的虚拟机迁移至新的主机中，该迁移方式也被称为实时迁移。使用热迁移时，不用关闭虚拟机或停止正在运行的应用，并且迁移过程中不会使用户察觉。vMotion技术属于热迁移方式，vMotion能够持续对虚拟机进行优化，自动将虚拟机从发生故障的服务器中移出，并立即确定虚拟机的最佳存储位置后进行安置。

② 根据迁移的虚拟机资源类型，迁移分为三种类型，分别为仅更改计算资源、仅更改存储和更改计算资源和存储。具体说明如下：

- 仅更改计算资源

仅更改计算资源是指仅将虚拟机（不包括存储）的计算资源如主机、集群、资源池或vApp转移至其他的主机中，过程中可以使用热迁移或冷迁移。

- 仅更改存储

仅更改存储即仅将虚拟机的存储资源（配置文件和磁盘文件）转移至同一主机的其他数据存储中，过程中可以使用热迁移或冷迁移。

- 更改计算资源和存储

更改计算资源和存储是指将虚拟机及其存储资源转移至其他的主机中，过程中可以使用热迁移或冷迁移。

2. vMotion 迁移

vMotion迁移无须关闭虚拟机，在迁移过程中虚拟机中的应用可以继续运行，是企业中常用的虚拟机迁移技术。

（1）vMotion迁移类型

使用vMotion迁移时，可以仅迁移正在运行虚拟机的计算资源，也可以同时迁移计算资源和存储。具体说明如下：

① 当vMotion仅迁移计算资源时，虚拟机的完整状态将会被移动至新的主机中，虚拟机移动成功后会立即在新主机中运行，这种迁移行为对于迁移的虚拟机来说是透明的。此处需要注意，两台主机的共享磁盘的位置不能变动。

② 当vMotion同时迁移计算资源和存储时，虚拟机的完整状态被移动至新主机中，虚拟磁盘被移动至新的数据存储中。

（2）vMotion迁移的工作过程

下面介绍vMotion如何进行虚拟机的迁移，vMotion迁移示意图如图6.1所示。

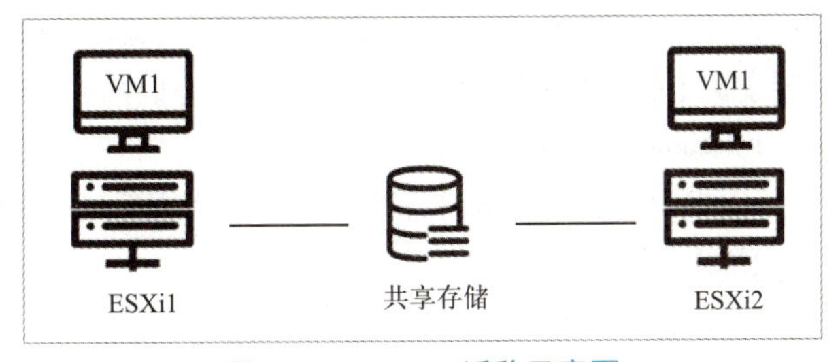

图 6.1 vMotion 迁移示意图

①“使用vMotion进行虚拟机迁移的原理如下：”将名为VM1的虚拟机从ESXi1主机中迁移至ESXi2主机中，两台主机之间共享存储，虚拟机状态包括内存内容和配置信息。

② 激活vMotion迁移操作，在主机ESXi2中会产生一台与VM1一样配置的虚拟机。ESXi1此时会创建内存位图，在进行vMotion迁移时，虚拟机的操作会记录到内存位图中。

③ 开始将ESXi1主机的内存数据和内存位图克隆到ESXi2主机中。

④ 内存位图克隆完成后，ESXi2主机根据内存位图激活虚拟机VM1。此时系统会对MAC地址重新定位，定位完成后，ESXi1主机中的VM1会被删除，释放内存容量，vMotion迁移结束。

（3）vMotion的主机配置

① 每台主机都需要进行正确的vMotion许可。

② 每台主机都需要满足vMotion的存储需求。

进行虚拟机迁移的两台主机之间必须进行共享存储，在进行vMotion时，需要迁移的虚拟机必须位于两台主机均可访问的存储器上。

③ 每台主机都需要满足vMotion的网络需求。

两台主机均要正确配置网络接口，每台主机至少配备一个vMotion流量网络接口。两台未进行共享存储的主机之间迁移虚拟机时，虚拟磁盘的内容可以通过网络进行传输。

（4）vMotion的虚拟机条件和限制

① 进行虚拟机迁移的两台主机的管理网络IP地址系列要匹配，使用IPv4协议的主机不能将虚拟机迁移到使用IPv6协议的主机中。

② 对具有大型vCPU配置文件的虚拟机进行迁移时，vMotion网络需要使用10 GbE网络适配器。

③ 启用虚拟CPU性能计数器后，可以将虚拟机只迁移到兼容虚拟CPU性能计数器的主机中。

④ 使用主机上连接的USB设备迁移虚拟机时，USB设备必须能够支持vMotion。

⑤ 若是虚拟机使用的虚拟设备不能够被目标主机所支持，则不能使用vMotion进行迁移。

⑥ 虚拟机在进行vMotion迁移时，若是使用了客户端计算机上设备支持的虚拟设备，则需要先把这些设备断开。

3. storage vMotion 迁移

通过storage vMotion，可以在虚拟机运行时将虚拟机的配置文件及虚拟磁盘从一个数据存储迁移至另一个数据存储中，并且用户可以选择将虚拟机的磁盘和配置文件放置到不同的位置，也可以将其放置到同一位置。storage vMotion迁移会更改虚拟机配置文件的名称。

4. VMware vCenter Converter Standalone 迁移

VMware vCenter Converter Standalone是一种能够将虚拟机和物理机转换为VMware虚拟机的可扩展解决方案。使用这种迁移方案时，VMware的托管产品既可以是转换源，也可以是转换目标，例如，VMware vCenter Server中ESXi主机上的虚拟机以及非ESXi主机上的虚拟机都可以作为转换源或转换目标。

VMware vCenter Converter Standalone迁移具备以下优势：

- 可以快速且不中断地将Windows或Linux操作系统的物理机或虚拟机转换迁移为VMware虚拟机。
- 将多台物理机集中式大范围地进行迁移转换。
- 迁移前可以对源物理机的操作系统拍摄静止快照，保障迁移的稳定性。

VMware vCenter Converter Standalone应用程序的组件包括Converter Standalone Server、Converter Standalone agent、Converter Standalone client和VMware vCenter Converter引导CD。Converter Standalone Server组件负责虚拟机的导入和导出；Converter Standalone agent是Converter Standalone Server在Windows物理机上安装的代理，将物理机作为虚拟机进行导入；Converter Standalone client为vSphere Client访问vCenter Converter提供权限；Vmware vCenter Converter引导CD是一个独立的组件，用于在物理机上执行冷克隆。此处要注意的是，VMware vCenter Converter Standalone应用程序仅能安装在Windows操作系统上。

本项目讲述以Linux为操作系统的服务器源的远程热克隆操作，下面对操作流程做简单介绍，具体流程如图6.2所示。

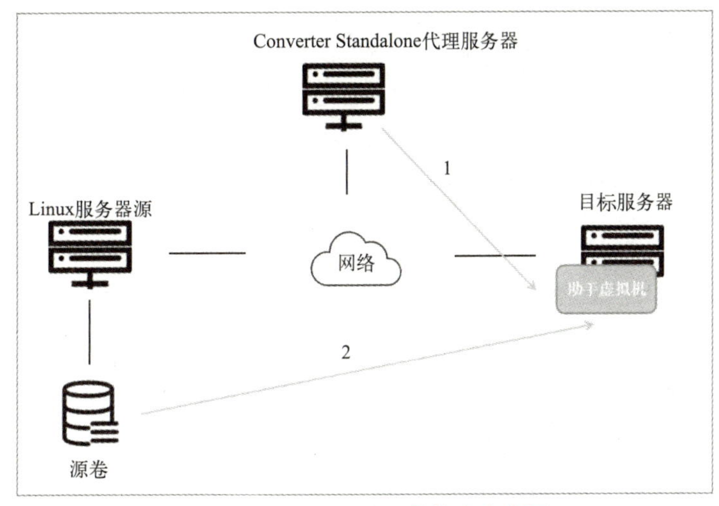

图 6.2　服务器源的远程热克隆流程

图6.2中，Converter Standalone代理服务器通过网络连接到源服务器并检索信息，根据转换任务创建一个空的助手虚拟机，Converter Standalone将该助手虚拟机放置于目标服务器中，该助手虚拟机将用于放置转换后的新虚拟机，通过Converter Standalone代理服务器上的*.iso文件进行引导。

启动助手虚拟机，使用Linux镜像进行引导，通过网络连接Linux服务器源并检索所选信息。在设置转换任务时，可以选择将哪些源卷复制至目标服务器。

数据复制完成后，对目标服务器进行重新配置使操作系统能够在虚拟机中进行引导。

Converter Standalone关闭助手虚拟机，完成转换迁移。

任务一　使用 vMotion 迁移虚拟机

该任务主要是让读者掌握使用vMotion迁移虚拟机的操作。

在项目四中已将主机添加到了分布式交换机中，并且为其添加了VMkernel适配器，启动了vMotion服务。使用vSphere Client登录vCenter，单击数据中心中任意一台加入分布式交换机的主机，进入其配置界面，选择“网络”下的“VMkernel适配器”选项可以查看主机的VMkernel适配器信息，如图6.3所示。

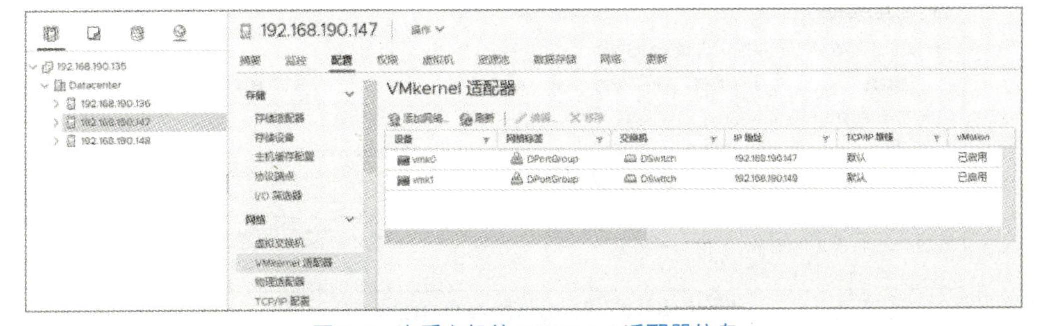

图 6.3　查看主机的 VMkernel 适配器信息

1. 配置共享存储

进行迁移之前要在两台主机之间做共享存储，单击图6.3中“存储”下的“存储适配器”选项，如图6.4所示。

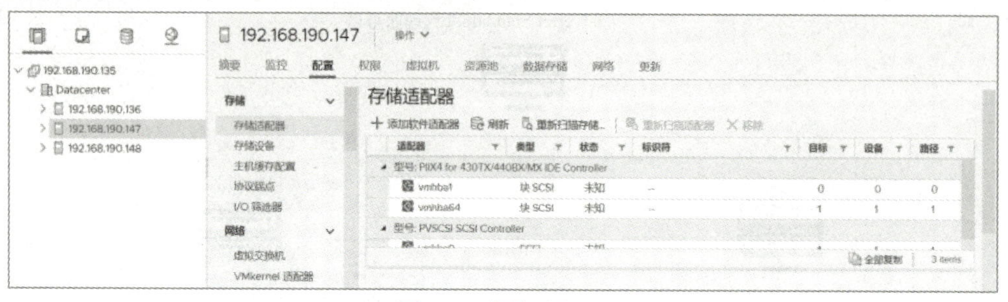

图 6.4　存储适配器

单击图6.4中的“添加软件适配器”按钮进入“添加软件适配器”对话框，选择“添加软件iSCSI适配器”单选按钮，如图6.5所示。

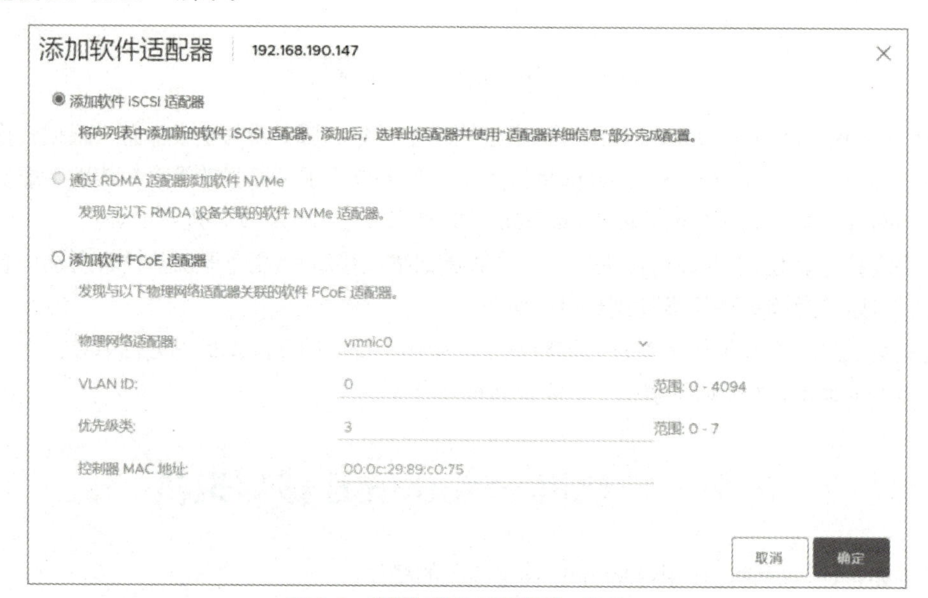

图 6.5　“添加软件适配器”对话框

单击“确定”按钮完成添加，返回“存储适配器”对话框，查看新添加的适配器，如图6.6所示。

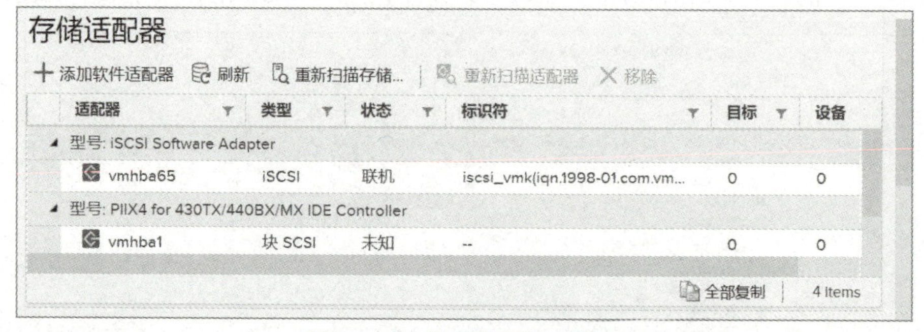

图 6.6　“存储适配器”对话框

选中新添加的适配器，下滑界面，单击“动态发现”中的“+”按钮，如图6.7所示。

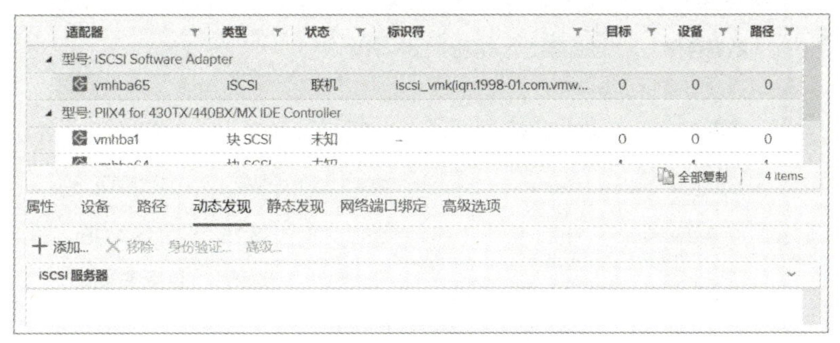

图 6.7　“动态发现”对话框

单击“+”按钮后，在对话框内输入Openfiler外部存储的IP地址，如图6.8所示。

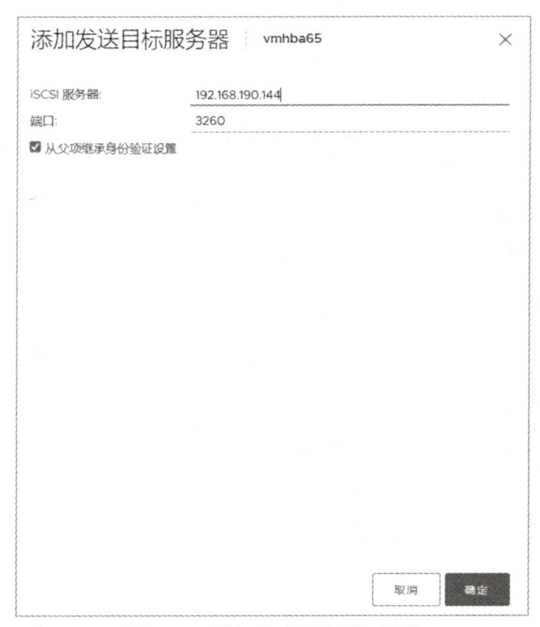

图 6.8　添加发送目标服务器

单击“确定”按钮即可完成添加，可在“动态发现”界面查看，如图6.9所示。

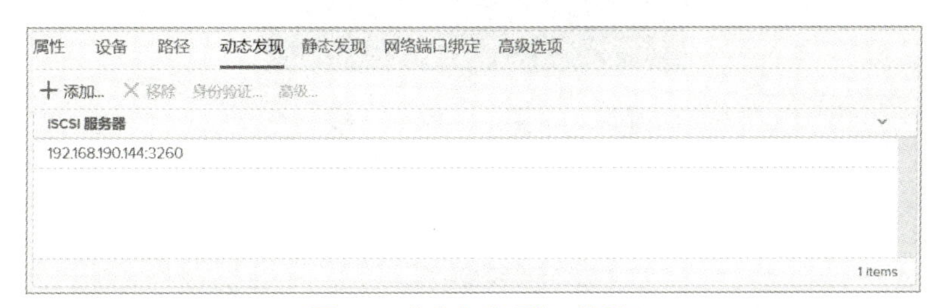

图 6.9　“动态发现”对话框

执行上述相同操作为另一台主机也添加共享存储，添加完成后可以通过VMware Host Client登入该ESXi主机查看是否配置成功，如图6.10所示。

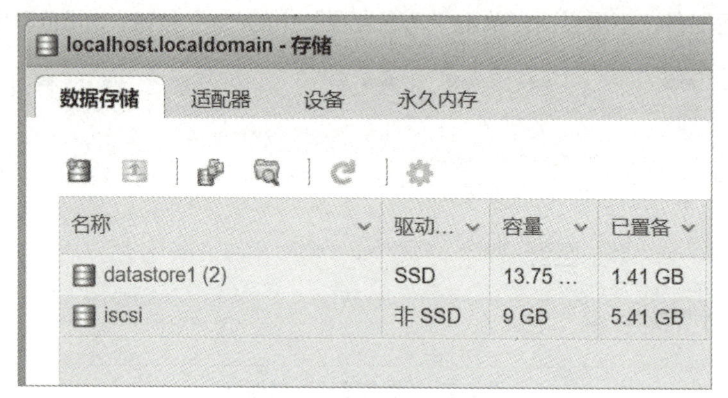

图 6.10　查看 192.168.190.147 主机的外部存储

2. 创建虚拟机

添加完共享存储后，在其中一台主机内创建虚拟机，创建虚拟机的操作见项目二，但必须将虚拟机安装到Openfiler外部存储中，如图6.11所示。

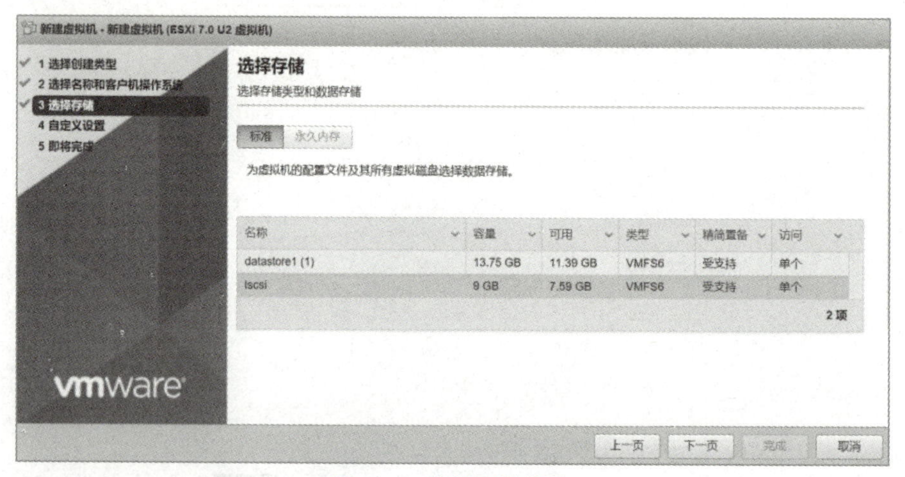

图 6.11　选择存储位置

虚拟机创建完成后可以在vCenter界面查看，如图6.12所示。

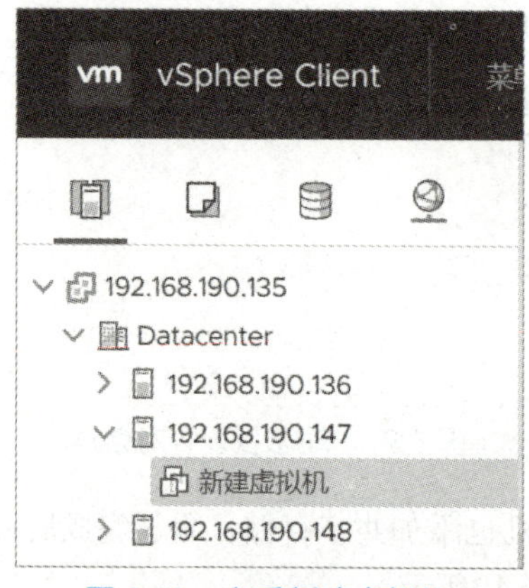

图 6.12　查看新建虚拟机

3. 迁移虚拟机

右击要进行迁移的虚拟机，选择“迁移”命令，如图6.13所示。

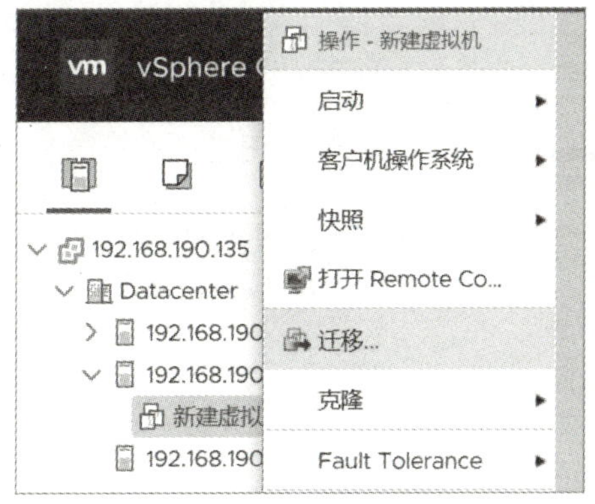

图 6.13　迁移虚拟机

在“选择迁移类型”对话框中选择迁移类型，其中有三个选项，分别是仅更改计算资源、仅更改存储及更改计算资源和存储。此处选择“仅更改计算资源”单选按钮，如图6.14所示。

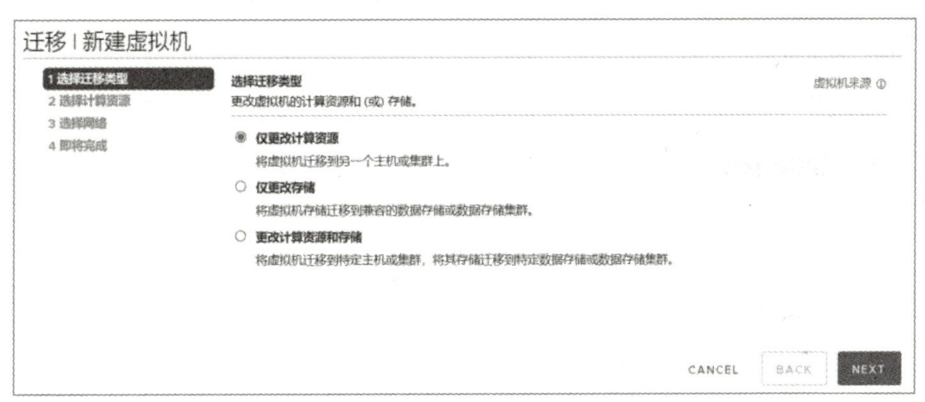

图 6.14　“选择迁移类型”对话框

单击“NEXT”按钮进入“选择计算资源”对话框，选择要进行迁移的目标主机，如图6.15所示。

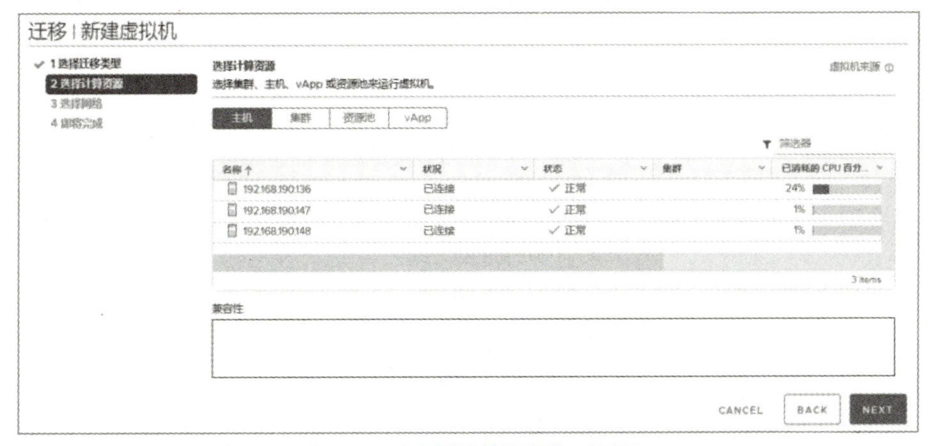

图 6.15　“选择计算资源”对话框

该任务的目的是将虚拟机从192.168.190.147主机迁移至192.168.190.148主机中，因此首先需要进入192.168.190.148主机的网络对话框。单击该主机，等待兼容性检查成功后单击“NEXT”按钮进入“选择网络”对话框，如图6.16所示。

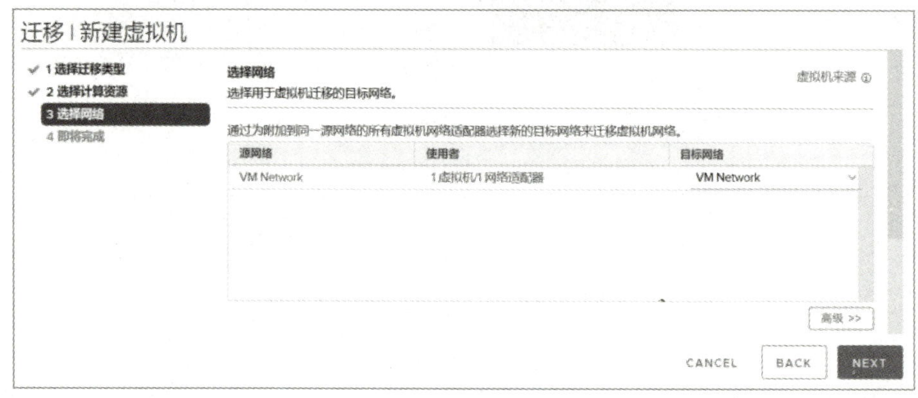

图 6.16 “选择网络”对话框

单击“NEXT”按钮进入“即将完成”对话框，核对配置信息，如图6.17所示。

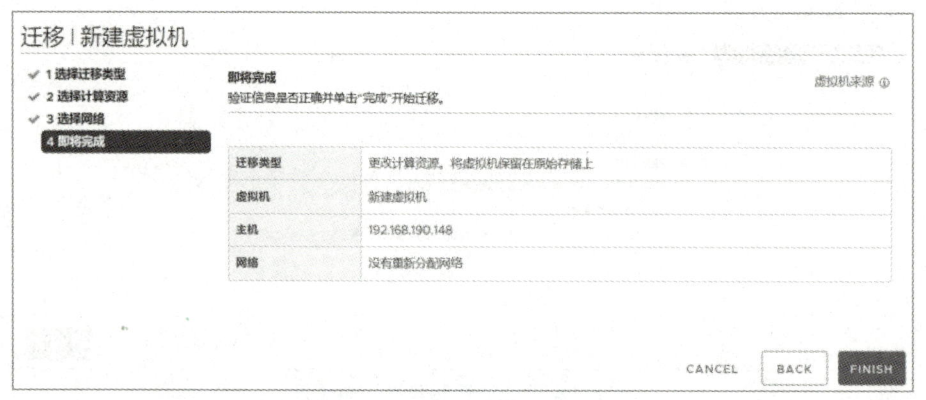

图 6.17 “即将完成”对话框

核对无误后，单击“FINISH”按钮完成虚拟机的迁移。在目标主机中查看虚拟机是否移动成功，如图6.18所示。

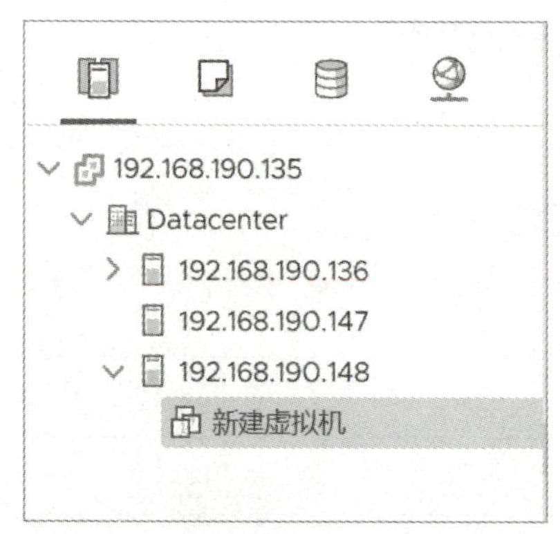

图 6.18 查看迁移虚拟机

由图6.18可知，129.168.190.147主机中的虚拟机已经成功迁移至192.168.190.148主机中。

任务二　使用 storage vMotion 迁移虚拟机存储

本任务主要目的是使用vMotion迁移虚拟机存储的操作，将192.168.190.148主机上虚拟机的存储和计算资源迁移到192.168.190.147主机中。

右击虚拟机，选择“迁移”命令，在“选择迁移类型”对话框中选择“更改计算资源和存储”单选按钮，如图6.19所示。

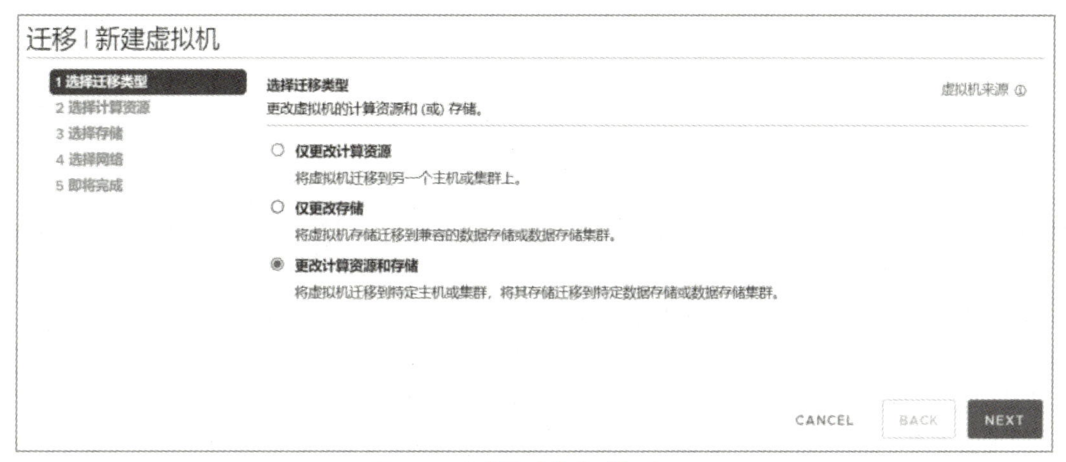

图 6.19　“选择迁移类型”对话框

单击“NEXT”按钮进入“选择计算资源”对话框，选择目标主机，检查兼容性，如图6.20所示。

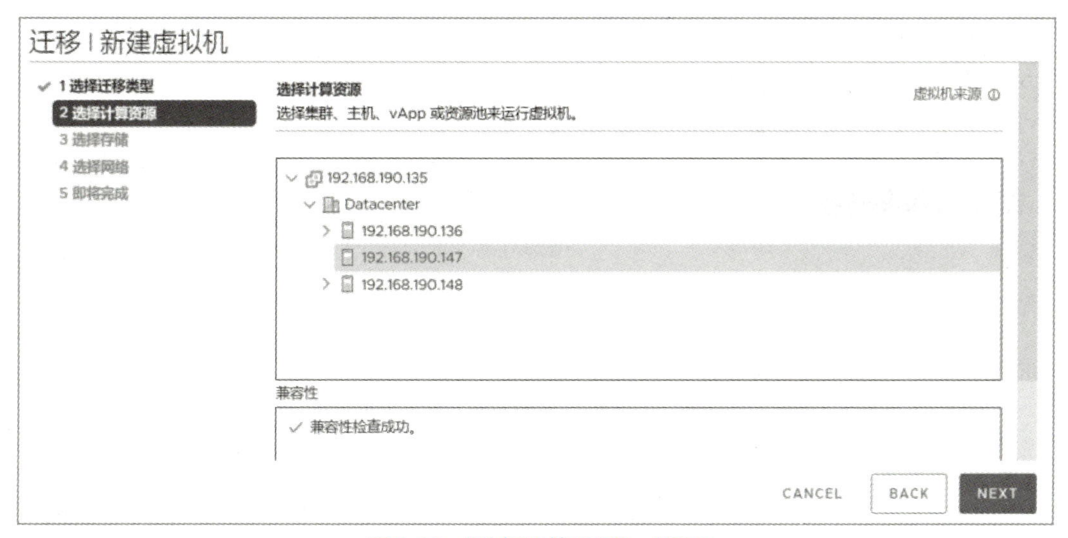

图 6.20　“选择计算资源”对话框

兼容性检查成功后，单击“NEXT”按钮进入“选择存储”对话框，选择虚拟磁盘格式及位置，如图6.21所示。

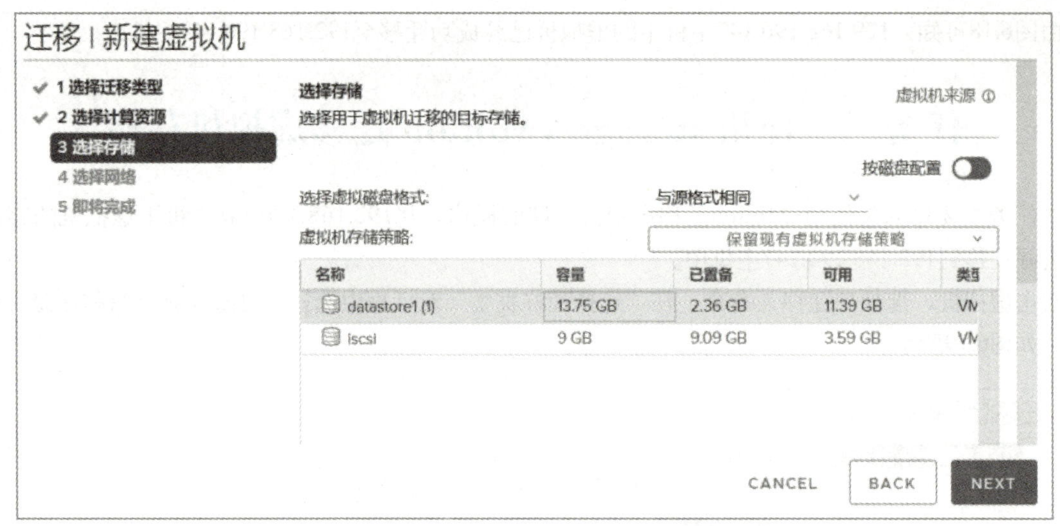

图 6.21 “选择存储”对话框

虚拟磁盘格式有四种，分别为与源格式相同、厚置备延迟置零、厚置备置零与精简置备，具体说明如下：

- 与源格式相同：使用与源虚拟机相同的格式。
- 厚置备延迟置零：使用默认的厚置备格式，创建虚拟机时为虚拟机分配空间，但不会擦除设备上的任何数据，但是在虚拟机首次执行写操作时会按需将其置零。
- 厚置备置零：与厚置备延迟置零类似，在创建虚拟机过程中会将物理设备上的数据置零。
- 精简置备：精简置备的磁盘起初只会使用最初的所需空间，后期可以根据需要扩展容量。

选择完磁盘格式和位置后，单击图6.21中的“NEXT”按钮进入“选择网络”对话框，如图6.22所示。

图 6.22 “选择网络”对话框

兼容性检查成功后，单击“NEXT”按钮进入“即将完成”对话框，检查配置信息，如图6.23所示。

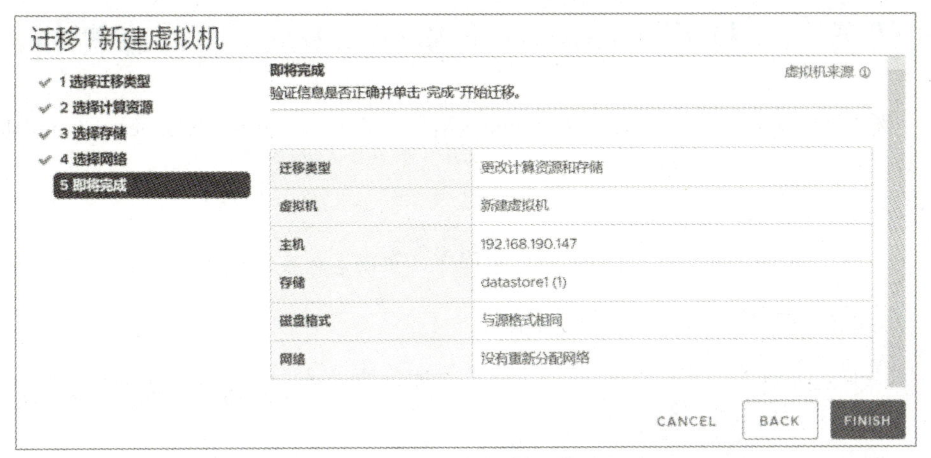

图 6.23　“即将完成”对话框

核对无误后，单击“FINISH”按钮完成虚拟机存储的迁移。在vCenter查看是否迁移成功，如图6.24所示。

图 6.24　查看迁移虚拟机

单击“数据存储”按钮查看该虚拟机的存储是否迁移成功，如图6.25所示。

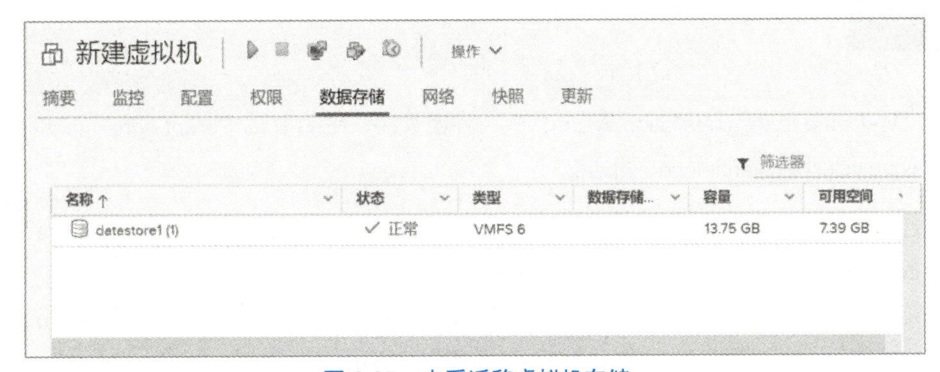

图 6.25　查看迁移虚拟机存储

图6.25中，虚拟机存储已经由iscsi外部存储迁移至datastore1。

任务三　使用 Converter Standalone 迁移虚拟机

本任务主要是让读者掌握Converter Standalone应用程序的安装以及使用Converter Standalone将ESXi主机下的虚拟机迁移至VMware Workstation。

1. 安装 Converter Standalone

在vSphere官网上下载Converter Standalone应用程序，双击运行安装程序，如图6.26和图6.27所示。

图 6.26　Converter Standalone 安装程序启动界面

图 6.27　Converter Standalone 安装界面

程序启动完成后，进入“Welcome to the Installation Wizard for VMware vCenter Standalone”对话框，如图6.28所示。

单击图6.28中的“NEXT”按钮进入“End-User Parent Agreement”对话框，如图6.29所示。

图 6.28　“Welcome to the Installation Wizard for VMware vCenter Standalone”对话框

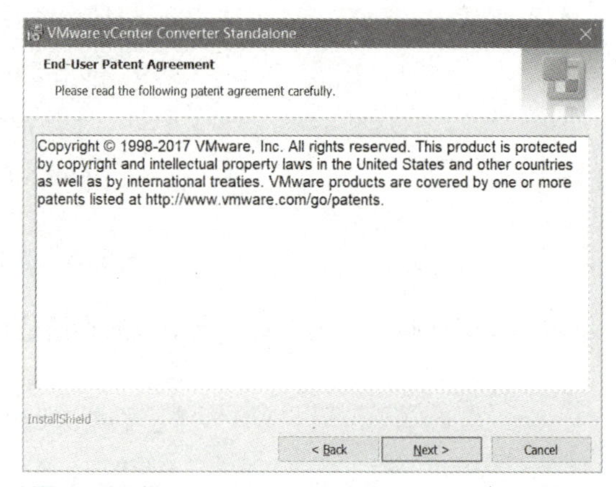

图 6.29　“End-User Parent Agreement”对话框

单击图6.29中的“NEXT”按钮进入“End-User License Agreement”对话框，选择“I agree to the terms in the License Agreement”单选按钮，即同意上述协议，如图6.30所示。

单击图6.30中的“NEXT”按钮进入“Destination Folder”对话框，通过单击“Change”按钮为VMware vCenter Converter设置安装位置，如图6.31和图6.32所示。

单击图6.32中的“OK”按钮确定安装位置，然后，单击图6.31中的“Next”按钮进入“Setup Type”对话框，如图6.33所示。

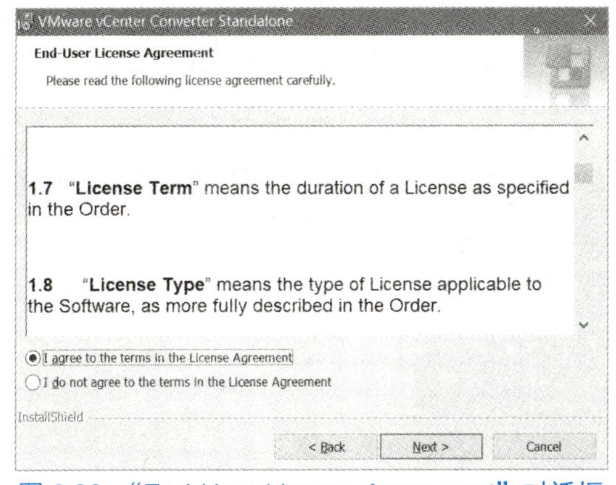

图 6.30　“End-User License Agreement”对话框

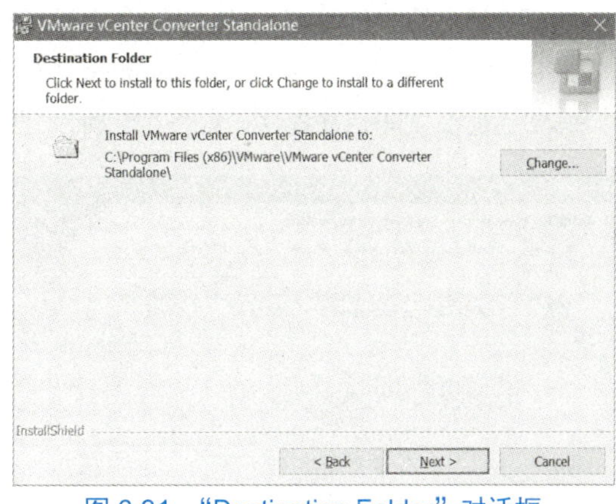

图 6.31　“Destination Folder”对话框

图 6.32　为程序设置安装位置

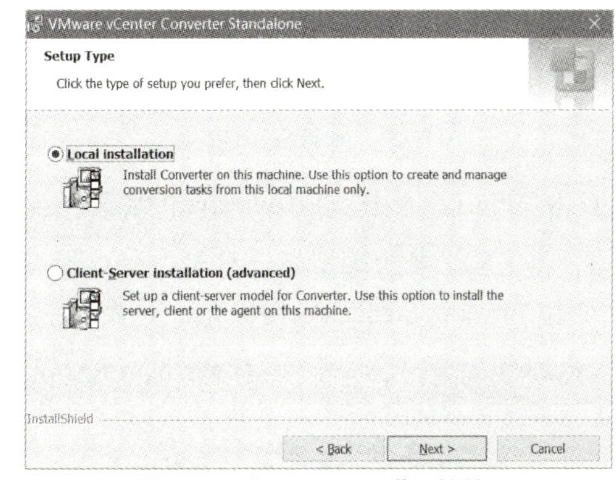

图 6.33　“Setup Type”对话框

在图6.33中选择安装类型。安装类型分为两类，一种是Local installation本地安装，也就是直接在该机器上安装Converter，另一种是Client-Server installation客户-服务模式安装，选择该类型可以在该机器上安装服务、客户或代理。该项目此处选择本地安装，选中后单击“Next”按钮进入“User Experience Settings”对话框，如图6.34所示。

在图6.34中通过是否勾选“Join VMware’s Customer Experience Improvement Program”复选框来决定是否加入VMware的客户体验提升项目，此处默认勾选，单击“Next”按钮进入“Ready to Install”对话框，如图6.35所示。

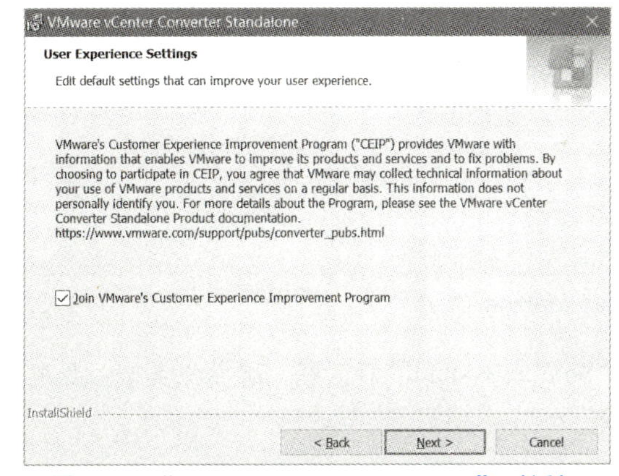

图 6.34　“User Experience Settings”对话框

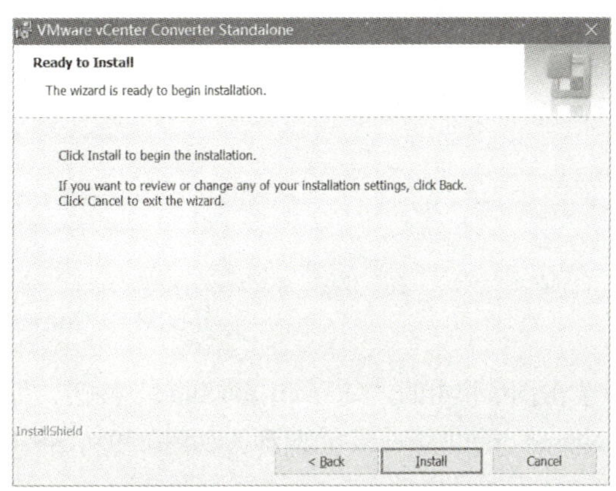

图 6.35　“Ready to Install”对话框

单击图6.35中的“Install”按钮开始安装Converter，如图6.36所示。

安装完成后进入“Installation Completed”对话框，通过是否勾选“Run Converter Standalone Client now”来决定是否立即启动程序，如图6.37所示。

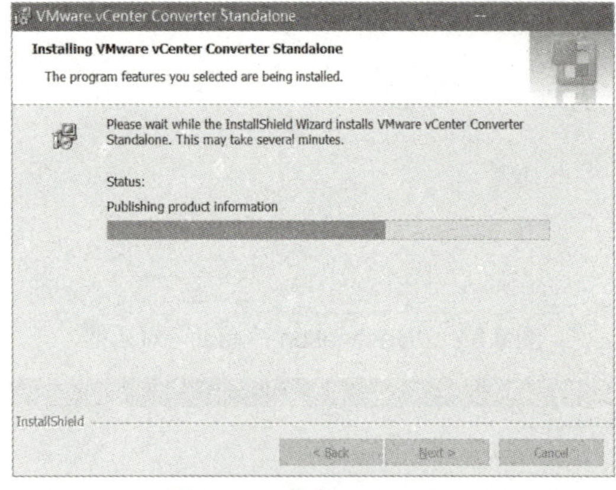

图 6.36 安装 Converter

图 6.37 “Installation Completed”对话框

单击“Finish”按钮完成Converter的安装。

2. 将 ESXi 中的虚拟机迁移至 VMware Workstation

双击Converter Standalone图标，进入软件界面，如图6.38所示。

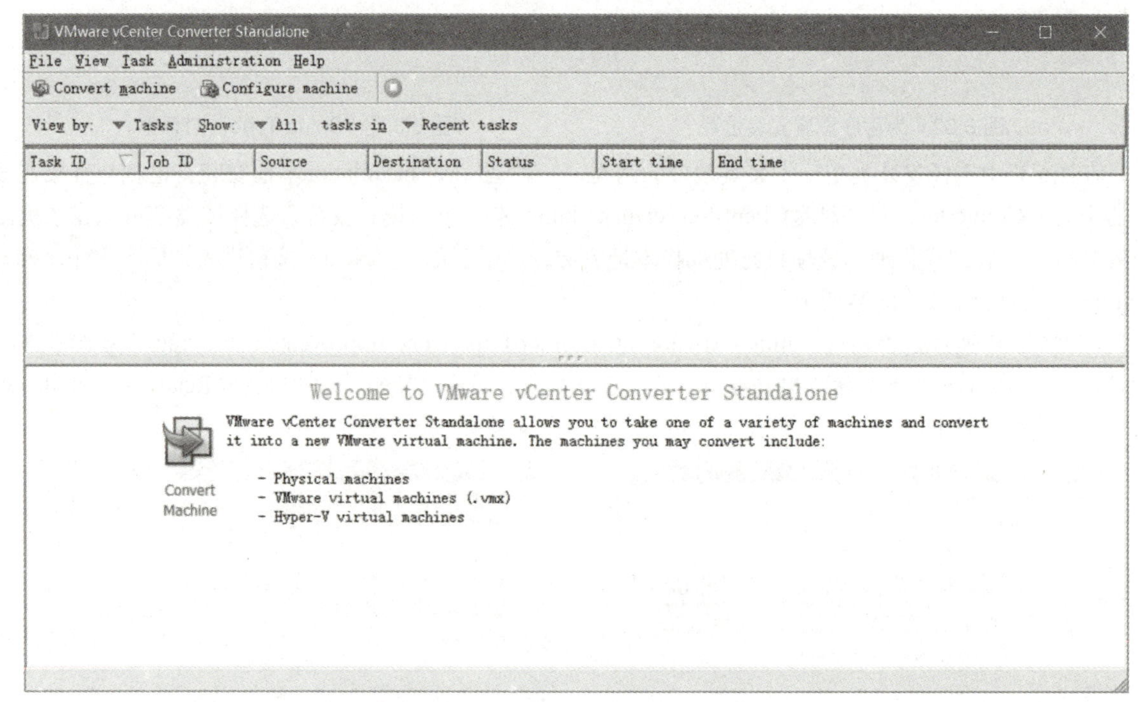

图 6.38 “Converter Standalone”窗口

单击图6.38中的“Convert machine”按钮，弹出“Source System”对话框，选择源类型。源类型分为Powered on和Powered off两种，如图6.39和图6.40所示。

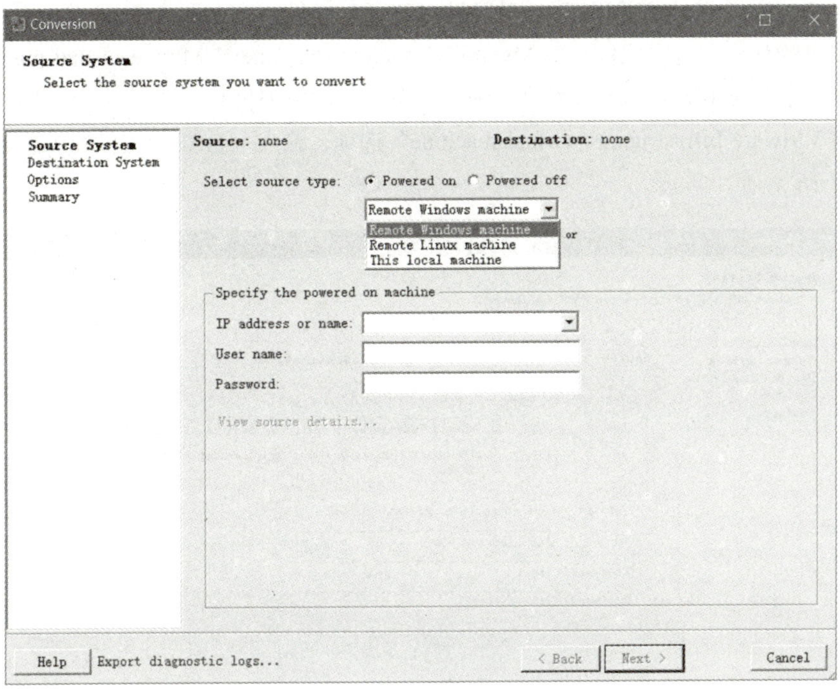

图 6.39　Powered on 类型

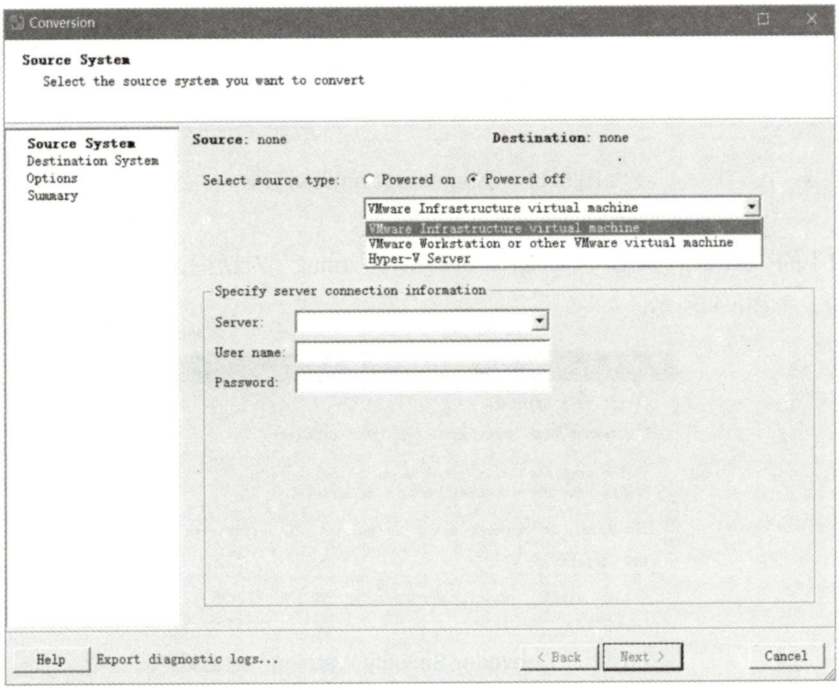

图 6.40　Powered off 类型

由图6.39可知，Powered on适用于迁移在线的Windows或Linux服务器，包括Remote Windows machine（远程Windows机器）、Remote Linux machine（远程Linux机器）和This local machine（本地机器）。

由图6.40可知，Powered off适用于对虚拟机进行迁移，包括VMware Infrastructure virtual machine（vCenter或ESXi下的任意一台虚拟机）、VMware Workstation or other VMware virtual machine（VMware产品下的虚拟机）和Hyper-V Server（微软Hyper-V服务器下的虚拟机）。

此处选择“VMware Infrastructure virtual machine”选项，输入一台ESXi主机的IP地址、用户名和密码，如图6.41所示。

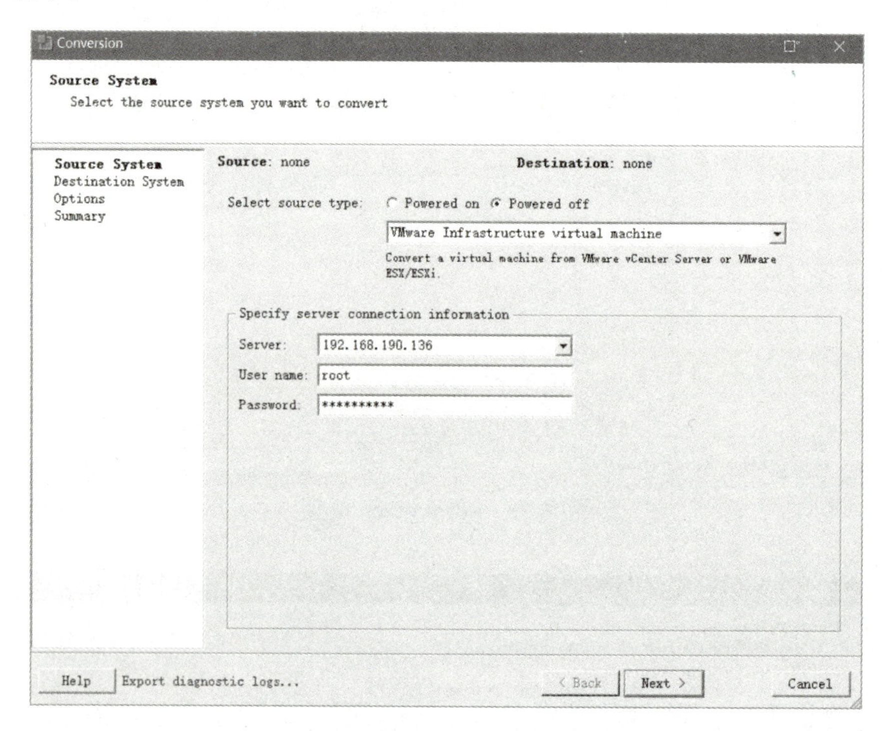

图 6.41 “Source System”对话框

单击图6.41中的“Next”，弹出“Converter Security Warning”对话框，单击“Ignore”按钮继续使用当前的安全证书，如图6.42所示。

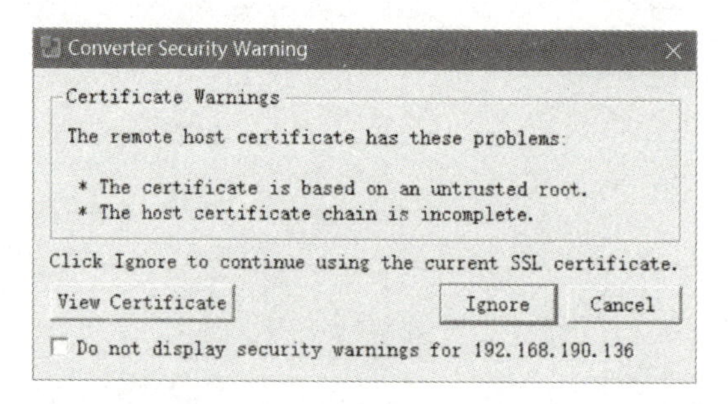

图 6.42 “Converter Security Warning”对话框

单击图6.42中的“Ignore”按钮后回到“Source Machine”对话框，选择ESXi主机中的虚拟机进行迁移转换，此处选择一个临时新建的虚拟机，如图6.43所示。

Conversion
Source Machine
Select the virtual machine you want to convert
Source System
Source Machine
Destination System
Options
Summary
Source: 192.168.190.136 (VMware ESXi 7.0.2) Destination: none
Inventory for: 192.168.190.136
Search for name with:
Clear
VM name
Power state
VMware vCenter Server Running
ubuntu Running
新建虚拟机 Powered off
Refresh
View source details...
Help
Export diagnostic logs...
< Back
Next >
Cancel

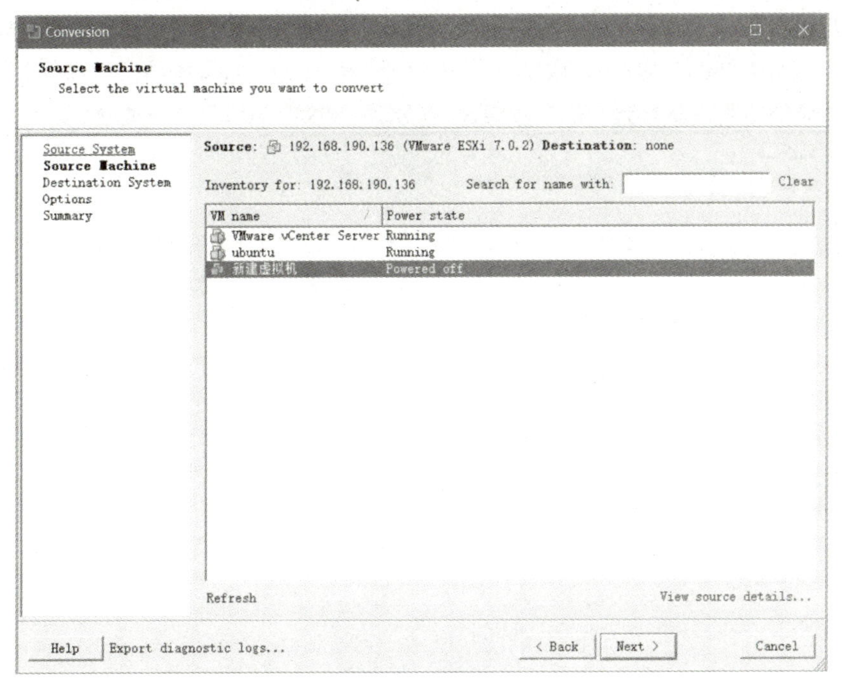

图 6.43　选择虚拟机

单击“Next”按钮进入“Destination System”对话框，选择转换的文件类型，包括VMware Workstation or other VMware virtual machine（VMware Workstation或其他 VMware虚拟机），此处选择第二种。文件类型选择完毕后，选择VMware的产品类型，设置虚拟机迁移转换后的名称和位置，如图6.44所示。

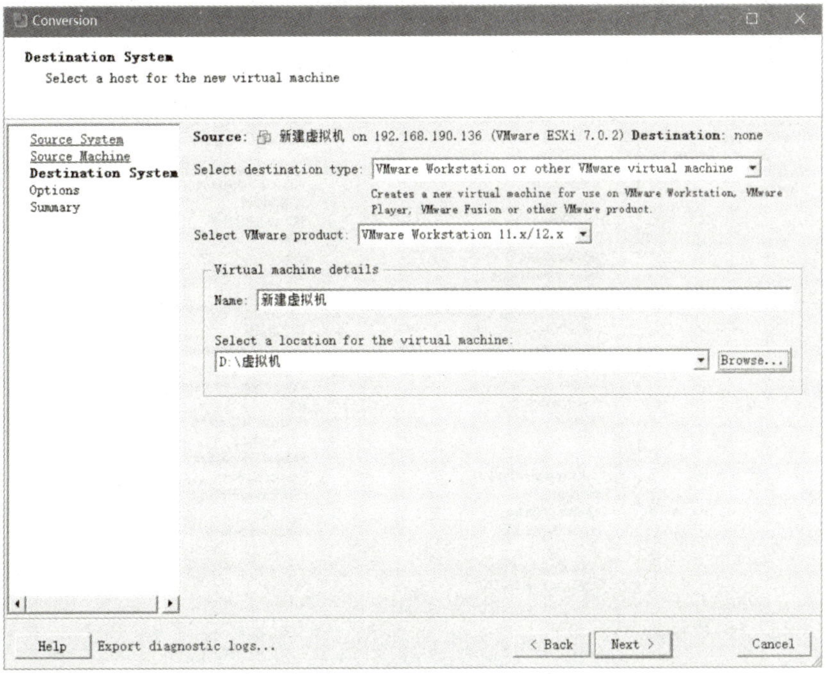

Conversion
Destination System
Select a host for the new virtual machine
Source System
Source Machine
Destination System
Options
Summary
Source: 新建虚拟机 on 192.168.190.136 (VMware ESXi 7.0.2) Destination: none
Select destination type: VMware Workstation or other VMware virtual machine
Creates a new virtual machine for use on VMware Workstation, VMware Player, VMware Fusion or other VMware product.
Select VMware product: VMware Workstation 11.x/12.x
Virtual machine details
Name: 新建虚拟机
Select a location for the virtual machine:
D:\虚拟机
Browse...
Help
Export diagnostic logs...
< Back
Next >
Cancel

图 6.44　“Destination System”对话框

单击图6.44中的“Next”按钮进入“Options”对话框，提供多个配置项，如转换拷贝的数据、设备配置和网络配置等。单击“Edit”按钮即可对相对应内容进行编辑，如图6.45所示。

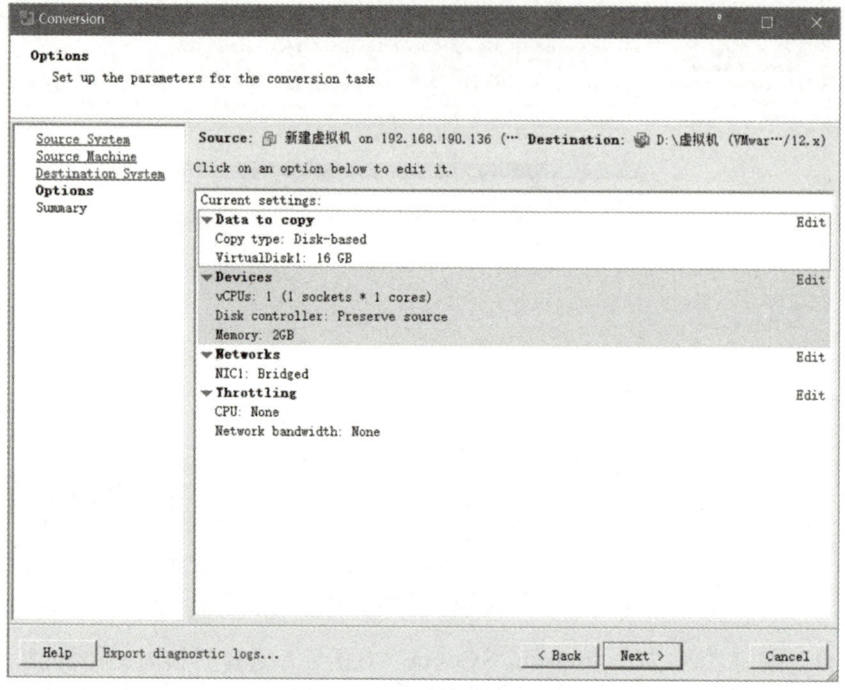

图 6.45 “Options”对话框

单击图6.45中的“Next”按钮进入“Summary”对话框，核对上述配置信息，如图6.46所示。

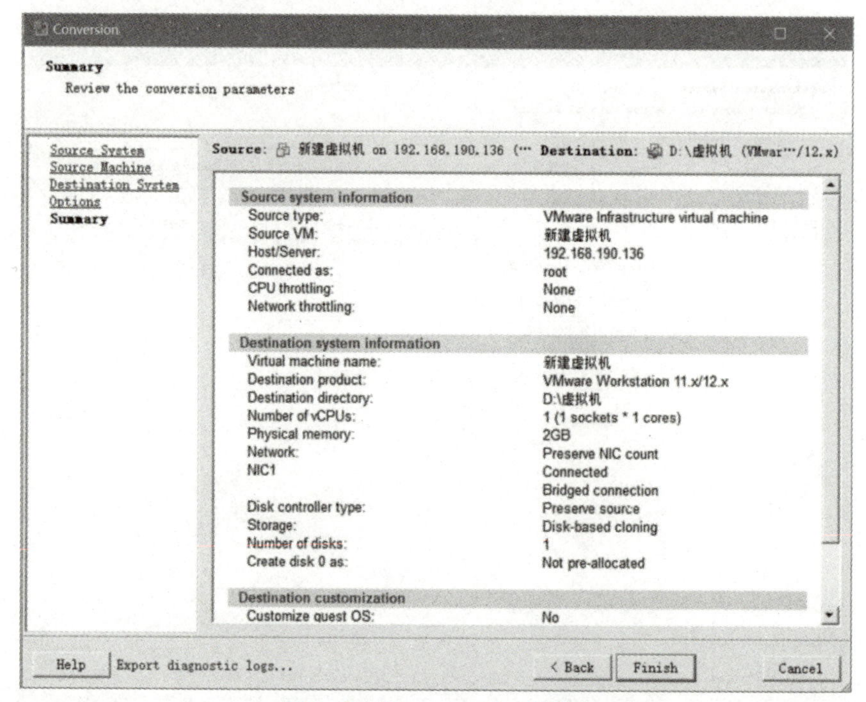

图 6.46 “Summary”对话框

单击“Finish”按钮开始转换迁移虚拟机，虚拟机迁移转换完成后，如图6.47所示。

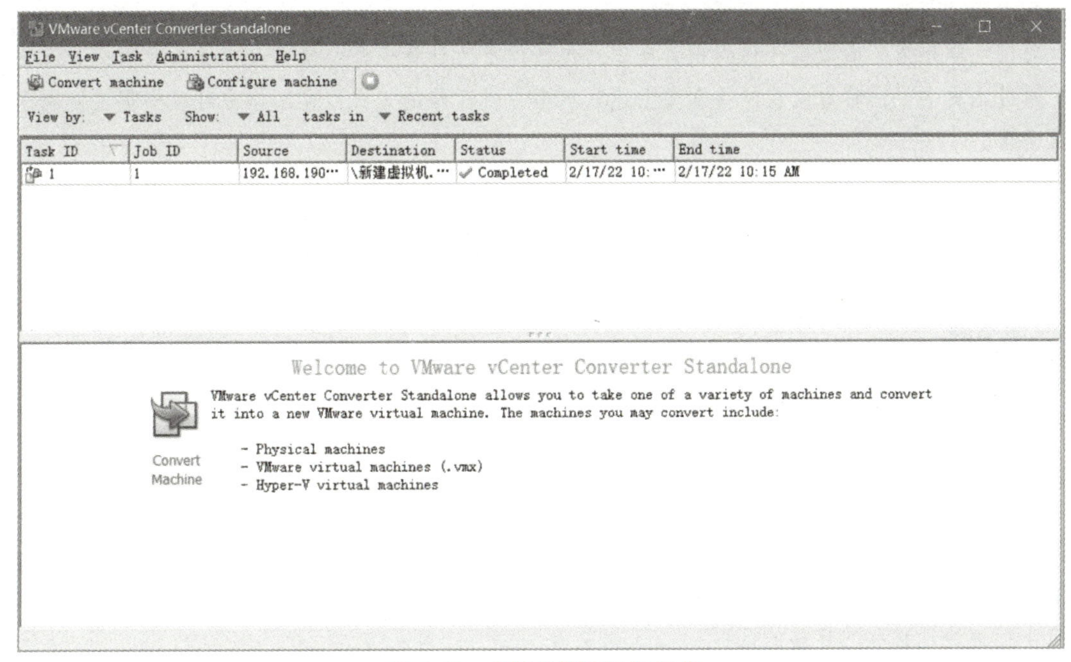

图 6.47　虚拟机迁移转换完成

打开VMware Workstation查看虚拟机是否迁移成功，如图6.48所示。

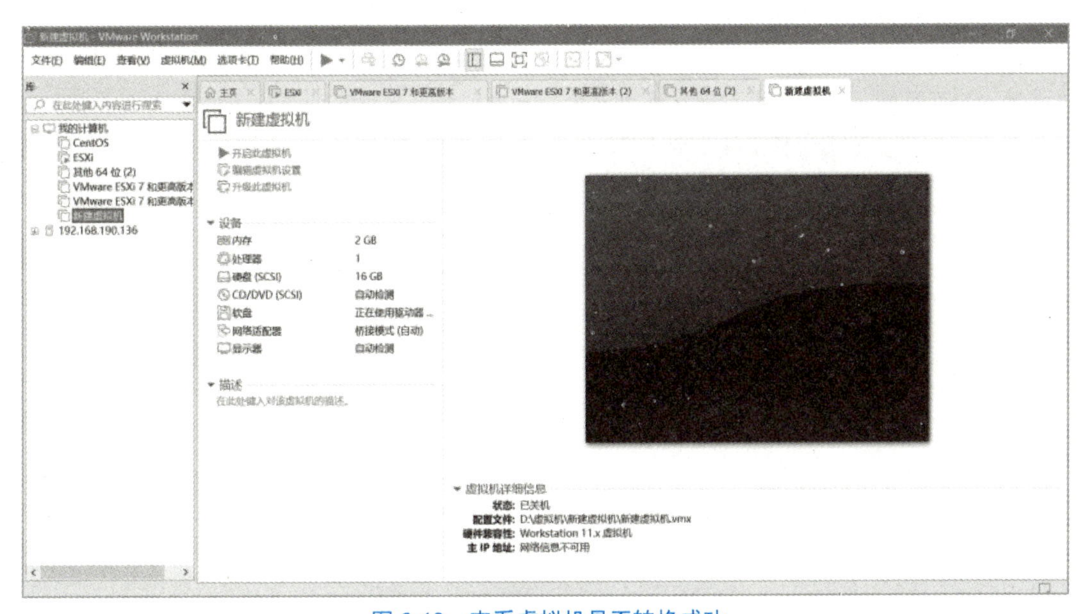

图 6.48　查看虚拟机是否转换成功

迁移转换的虚拟机需要VMware Workstation通过虚拟机的安装位置将其打开。

项目小结

本项目主要介绍了虚拟机迁移的相关操作，包括仅更改计算资源、仅更改存储以及更改计算资源和存储。通过本次学习，希望读者能够掌握上述三种虚拟机迁移的方式，在工作中可以根据实际需求实现虚拟机迁移。

习　题

1. 填空题

（1）根据虚拟机的电源状态，虚拟机迁移分为________、________。

（2）根据迁移的虚拟机资源类型，迁移分为________、________、________。

（3）虚拟磁盘格式分为________、________、________、________。

（4）VMware vCenter Converter Standalone应用程序的组件包括________、________、________。

（5）Converter Standalone Server组件________________。

2. 思考题

（1）简述冷迁移和热迁移的区别。

（2）简述三种迁移的虚拟机资源类型的区别。

（3）简述vMotion的工作过程。

（4）简述四种虚拟磁盘格式的区别。

3. 实操题

准备两台ESXi主机，并在其中一台主机内创建一台虚拟机，虚拟机的操作系统及版本由读者自行决定，将一台主机内的虚拟机迁移至另一台主机。

项目七

管理 vSphere 资源

学习目标

◎了解资源管理的概念。
◎熟悉资源分配的设置。
◎掌握 CPU 虚拟化的内存虚拟化的基础知识。
◎掌握资源池的管理。
◎掌握 DRS 集群和数据存储集群的管理。

在实际工作中，随着数据的变更或项目的更改，资源的需求和容量会随之改变，此时就需要对资源进行管理。资源管理是从资源提供方获取资源分配给资源用户的过程，通过资源管理可以动态分配资源，合理利用资源。本项目将从如何分配资源、资源池以及集群等方面来介绍资源管理知识。

项目准备

该项目主要介绍资源管理的相关知识，包括资源管理的组成、资源分配设置、CPU虚拟化知识、内存虚拟化知识、资源池和DRS。

1. 资源管理的组成

资源管理包括资源类型、资源提供方、资源用户和资源管理的目标。

（1）资源类型

资源类型包括CPU、内存、网络和存储资源。

（2）资源提供方

资源提供方包括主机和集群。主机中的剩余资源都可以作为提供的资源。集群分为DRS集群和数据存储集群，使用vSphere Client创建集群，将主机和数据存储分别添加到这两个集群中，再通过vCenter Server进行管理。

（3）资源用户

虚拟机是资源用户。在创建虚拟机时，系统会根据默认规则为虚拟机分配资源，用户也可以手动设置资源分配规则，或重新为虚拟机分配资源。

（4）资源管理的目标

对资源进行管理，不仅能够减少资源的过剩问题，还能达到性能隔离、高效使用和易于管理等目标。通过动态分配资源，能够提高资源的使用率以及系统的稳定性。

2. 资源分配设置

当默认的资源配置规则无法满足虚拟机的需要时，管理员可以手动为虚拟机分配资源。其中，资源分配设置包括份额、预留和限制。

（1）资源分配份额

资源分配份额值一般分为高、正常和低，比例为4∶2∶1。当两台虚拟机争抢资源时，份额值高者有权消耗更多的资源。但需要注意的是，份额值只应用于同级虚拟机资源分配的场景。三种份额值所对应的CPU和内存份额值如表7.1所示。

表 7.1　按键操作说明

设置	CPU 份额值	内存份额值
高	每个虚拟 CPU 具有 2 000 个份额	内存的每兆字节具有 20 个份额
正常	每个虚拟 CPU 具有 1 000 个份额	内存的每兆字节具有 10 个份额
低	每个虚拟 CPU 具有 500 个份额	内存的每兆字节具有 5 个份额

（2）资源分配预留

资源分配预留是指为虚拟机分配的最少资源量。即使物理服务器过载，也会保证该资源量，所以只有当主机剩余资源量能够满足预留资源量时，vCenter Server才会允许用户打开电源。

（3）资源分配限制

资源分配限制是为虚拟机指定资源上限，防止资源过剩。资源分配时，虚拟机可以获得的资源可以大于预留量，但不能大于限制量，即使主机还有剩余资源。

3. CPU 虚拟化知识

虚拟机所使用的CPU本质上是基于物理CPU的虚拟CPU。CPU虚拟化着重于性能，主要利用底层物理资源，直接在物理CPU上运行。当ESXi主机中有多台虚拟机时，按照默认资源配置，每个虚拟机都将获得相同份额的CPU资源。

4. 内存虚拟化知识

VMkernel负责管理主机上的所有物理内存，VMkernel会占用一部分物理内存容量，剩余的将分配给虚拟机。由于虚拟化引入了内存映射，所以ESXi可以跨虚拟机进行管理。其中，内存空间被分为内存块，也称为内存页。ESXi内存映射的架构如图7.1所示。

内存空间划分为块，块也可以称为页。图7.1中的方框表示内存块，箭头表示不同的内存映射。从客户机虚拟内存到客户机物理内存的箭头表示客户机中页表保持的内存映射，从客户机物理内存到ESXi物理内存的箭头和虚线箭头均表示虚拟机监视程序保持的内存映射。

虚拟机内存有多种使用机制，包括内存超额分配、Ballon Driver、Transparent Page Sharing和Memory Compression等。

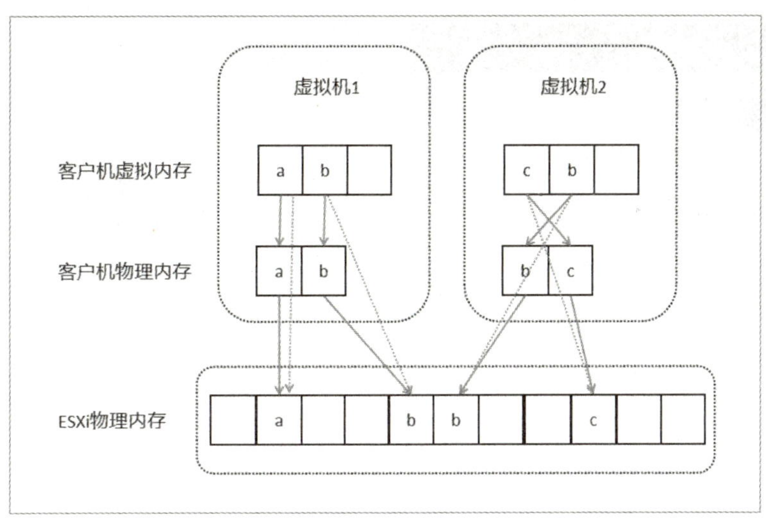

图 7.1　ESXi 内存映射架构

● 内存超额分配：若是一台ESXi主机的物理内存容量已经全部分配给了所有虚拟机，此时再创建一台虚拟机，仍然可以为其分配物理内存容量，并且该虚拟机也可正常运行，这就叫作内存超额分配。但是内存超额分配也不是没有上限的，会受到物理内存容量的限制，分配到一定量时，虚拟机可能出现性能下降的情况 。

● Ballon Driver：当虚拟机在内存容量不足时可以将硬盘的部分空间用于缓存，作为交换分区。

● Transparent Page Sharing：虚拟机共享具有相同内容的内存界面，降低内存的浪费。

● Memory Compression：内存压缩功能，只有物理内存资源匮乏时才能使用。

5. 资源池

每个独立主机和集群都拥有一个不可见的根资源池，该资源池的主要作用是对主机和集群的资源进行分区管理。用户可以在根资源池的基础上创建子资源池，也可以基于子资源池创建子资源池，一个资源池可以包含多个子资源池，每个子资源池都会拥有父资源池的部分父级资源。

6. DRS

DRS是分布式资源调度程序，通过对资源池资源负载的动态监控，可以根据实时需求合理分配资源，起到负载均衡的作用。DRS有两种分配资源的方式，一种是将虚拟机迁移到另外一台拥有合适资源的主机上，另一种是将该主机上的其他虚拟机迁移出去。

任务一　管理资源池

该任务的主要目的是让读者掌握创建和管理资源池的技能。

1. 创建集群

登录vClient，右击主界面的数据中心，选择“新建集群”命令，如图7.2所示。

选择“新建集群”命令后进入“新建集群”对话框，为集群设置名称，如图7.3所示。

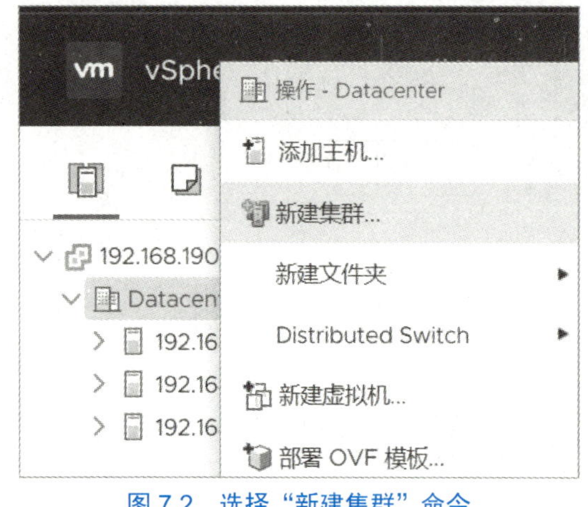

图 7.2　选择“新建集群”命令

图 7.3　“新建集群”对话框

名称设置完毕后，单击“确定”按钮完成集群的创建。集群完成创建后，可以在vCenter的导航器中看到新建的集群。此时集群中没有主机，可以使用鼠标左键将vCenter中的主机拖到集群中，如图7.4所示。

图 7.4　集群与主机

2. 创建资源池

此时右击“新建集群”时会发现“创建资源池”选项呈现灰色，这是因为vSphere DRS功能未开启。vSphere DRS是vSphere中的一项重要功能，若要使vSphere集群内的工作负载正常运行，那么就需要将该功能开启。

单击集群名称，选中集群，在右边“配置”页面中选择“服务”下的“vSphere DRS”选项，如图7.5所示。

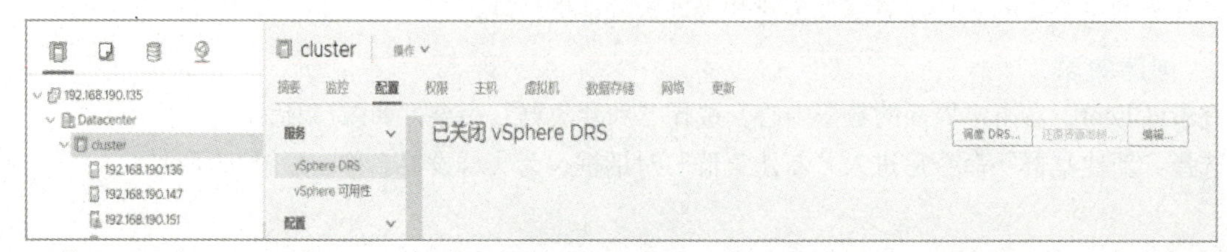

图 7.5　已关闭 vSphere DRS 功能

单击图7.5中的“编辑”按钮进入“编辑集群设置”对话框，将vSphere DRS功能开启，开启后单击“确定”按钮即可，如图7.6所示。

编辑集群设置　新建集群
vSphere DRS
自动化　其他选项　电源管理　高级选项
自动化级别　全自动
打开虚拟机电源时，DRS 会自动将虚拟机置于主机上，且虚拟机将自动从一个主机迁移到其他主机以优化资源利用率。
迁移阈值　保守 (不太频繁的 vMotion)　激进 (较频繁的 vMotion)
当工作负载中度不平衡时，DRS 会提供建议。此阈值建议用于工作负载稳定的环境。(默认)
Predictive DRS　启用
虚拟机自动化　启用
取消　确定

图 7.6　“编辑集群设置”对话框

右击新建的集群，选择“新建资源池”命令，如图7.7所示。

进入“新建资源池”对话框，为资源池设置名称、CPU份额和内存份额，如图7.8所示。

图 7.7　选择“新建资源池”命令

图 7.8　“新建资源池”对话框

设置完毕后，单击“确定”按钮即可。新建资源池创建成功后，可以在vCenter的导航栏中查看，如图7.9所示。

3. 将虚拟机添加至资源池

资源池创建成功后，可以将虚拟机迁移到资源池中，且该虚拟机资源的预留和限制不会更改。如果该虚拟机的份额为高、中或低，则份额百分比会进行调整以适应资源池；如果该虚拟机的份额为自定义，则份额保持不变。

将vCenter中的新建虚拟机直接拖至资源池中，如图7.10所示。

图 7.9 查看新建资源池

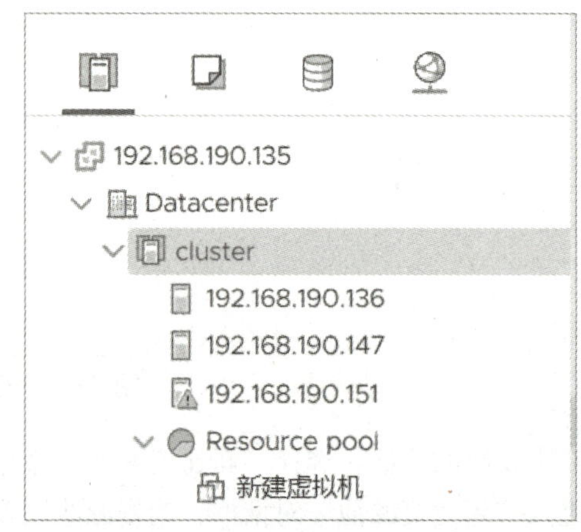

图 7.10 将虚拟机添加至资源池

单击cluster集群，在右边“摘要”页面可以看到集群的全部资源，如图7.11所示。

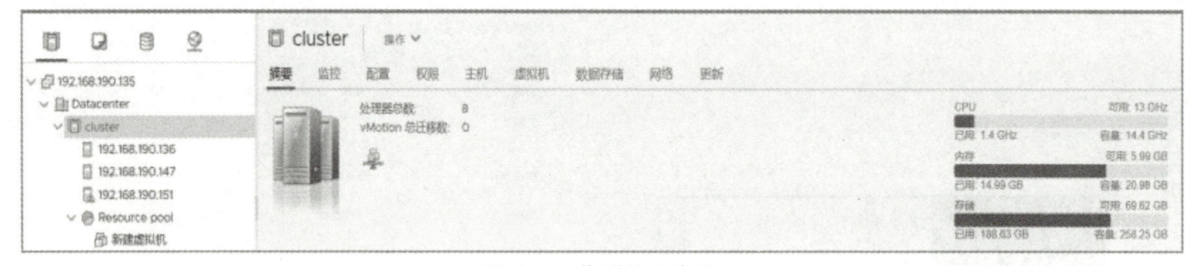

图 7.11 集群的总资源

任务二 使用 DRS 集群管理资源

本任务的主要目的是让读者掌握DRS服务的配置，以及使用DRS集群对资源进行管理。

1. 配置使用 DRS

在vCenter主界面中，选择集群“cluster”，在右边页面中单击“配置”页面，选择“vSphere DRS”服务，单击“编辑”按钮进入“编辑群集设置”对话框，vSphere DRS服务的自动化级别分为全自动、半自动和手动。在全自动模式下，DRS服务自动将虚拟机迁移至合适的物理服务器中，并为其拟定适当的分配方案。在半自动模式下，虚拟机的电源启动时会自动选择启动的ESXi主机，当负载过重需要迁移时，系统会给出迁移建议，管理员确认后才会进行迁移。在手动模式下，DRS给出虚拟机分配方案，由管理员进行确认后才会实施该方案。

迁移阈值指的是DRS建议迁移的激进程度，通过移动滑块可以修改迁移阈值，共分为5个等级，每向右移动一下，激进程度加1，每向左移动一下，激进程度减1。

此处选择手动模式和等级3的迁移阈值，选择完毕后，单击“确定”按钮即可，如图7.12所示。

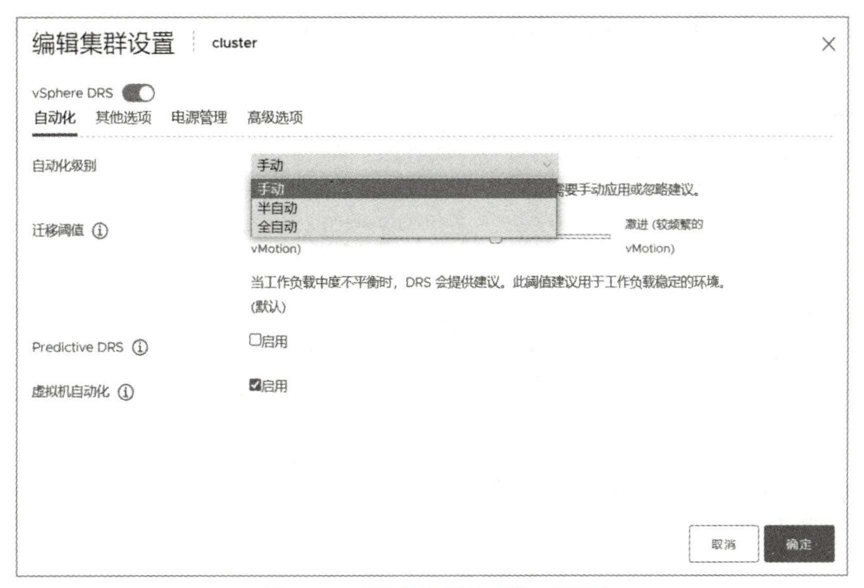

图 7.12　“编辑集群设置”对话框

单击资源池“Resource pool”下的“新建虚拟机”选项，DRS服务开始工作，弹出“打开电源建议”对话框，单击“确定”按钮即可，如图7.13所示。

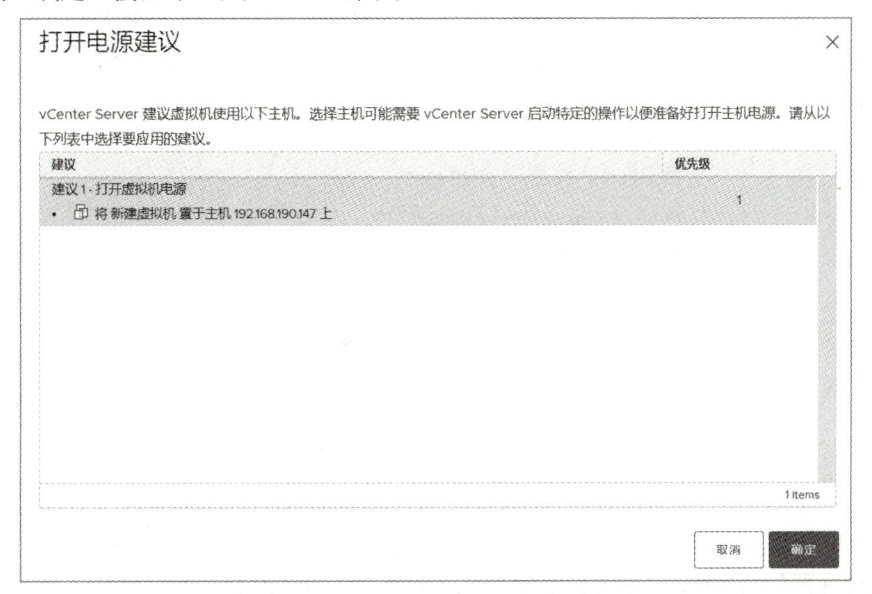

图 7.13　“打开电源建议”对话框

若是选择全自动模式，DRS服务开始工作后，不会弹出“打开电源建议”对话框，而是直接开启电源。

2. 使用 DRS 集群管理资源

(1) 将主机移入集群中

除了通过拖动方式将主机加入集群外，还可以通过右击主机，选择“移至”命令进行移动，如图7.14所示。

单击“移至”命令后，进入“移至”对话框，选择要移入的集群，再单击“确定”按钮，如图7.15所示。

图 7.14 选择“移至”命令

图 7.15 “移至”对话框

单击“确定”按钮后，弹出“将主机移入集群”对话框，有两种选项，一种是将此主机的虚拟机置于集群的根资源池中，另一种是为此主机的虚拟机和资源创建资源池。此处选择第一种，单击“确定”按钮即可，如图7.16所示。

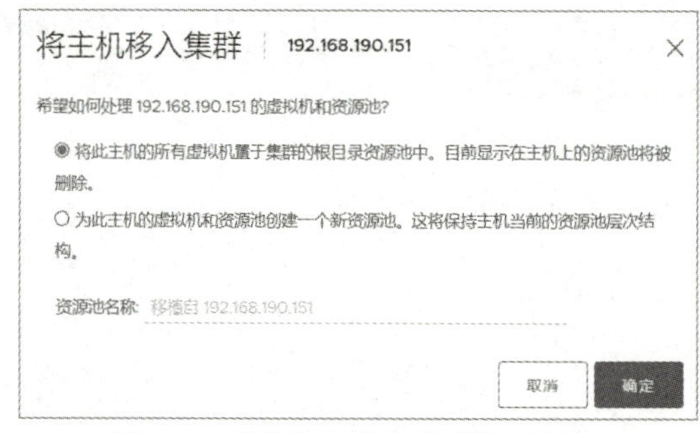

图 7.16 “将主机移入集群”对话框

(2) 使用DRS关联性规则

DRS关联性规则包括两种，一种是虚拟机组和主机组之间的关联性，另一种是各个虚拟机之间的关联性规则。

① 虚拟机组和主机组之间的关联性规则。

创建虚拟机组和主机组之间的关联性之前，需要先创建虚拟机组和主机组。

登录vSphere Client并选择相应的vCenter，在导航栏中选择所需的集群，进入右侧页面并单击“配置”选项卡。然后，在“配置”下方选择“虚拟机/主机组”，单击“+添加”以打开“创建虚拟机/主机组”对话框，如图7.17所示。

在图7.17中的“名称”输入主机组或虚拟机组的名称，通过下拉列表选择创建组的类型，单击“+添加”按钮添加主机或虚拟机，选择完毕后单击“确定”按钮即可，如图7.18和图7.19所示。

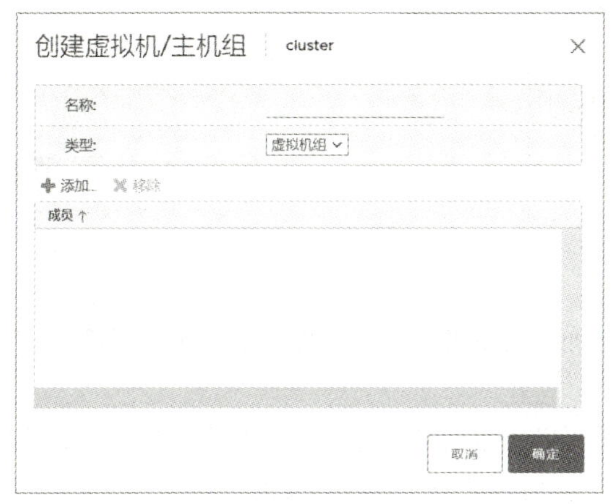

图 7.17 “创建虚拟机 / 主机组”对话框

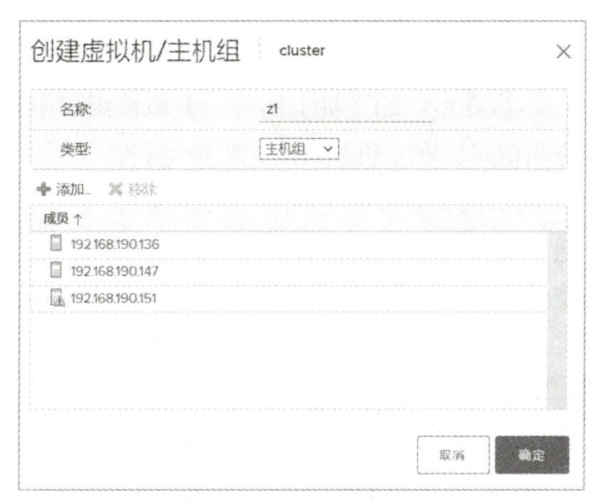

图 7.18 创建主机组

在“配置”选项卡中选择“虚拟机/主机规则”，单击“+添加”按钮进入“创建虚拟机/主机规则”对话框，如图7.20所示。

图 7.19 创建虚拟机组

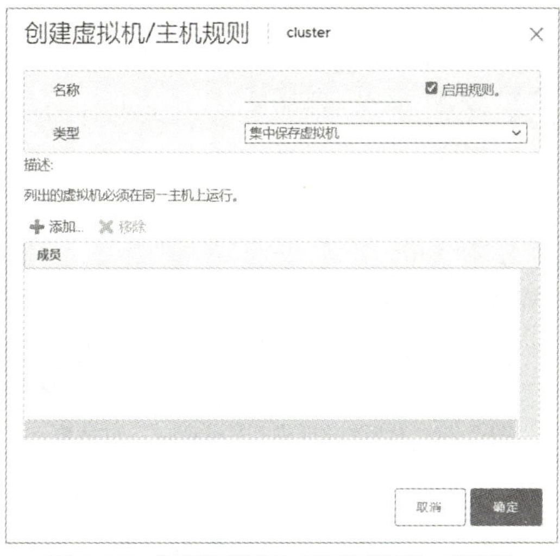

图 7.20 “创建虚拟机 / 主机规则”对话框

在图7.20中，输入规则的名称到“名称”项中，选择“虚拟机到主机”的类型，然后选择该规则所应用到的虚拟机DRS组和主机DRS组，在下拉列表中选择规范，选择完毕后单击“确定”按钮即可，如图7.21所示。

上述规则的规范分为四种，包括必须在组中的主机上运行、应在组中的主机上运行、不得在组中的主机上运行和不应在组中的主机上运行。

- 必须在组中的主机上运行：虚拟机组z2中的虚拟机必须在主机组z1的主机中运行。
- 应在组中的主机上运行：虚拟机组z2中的虚拟机应当但非必须在主机组z1的主机中运行。
- 不得在组中的主机上运行：虚拟机组z2中的虚拟机绝对不能在主机组z1的主机中运行。
- 不应在组中的主机上运行：虚拟机组z2中的虚拟机不应当但可以在主机组z1的主机中运行。

② 虚拟机和虚拟机之间的关联性规则。

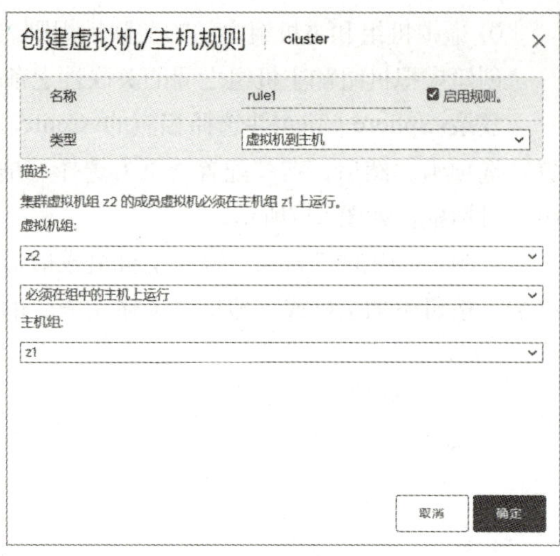

图 7.21　创建规则 rule1

通过vSphere Client登录vCenter，在vCenter导航栏中选中集群“cluster”，在右边页面单击“配置”选项卡，选择“配置”下方的“虚拟机/主机规则”，单击“+添加”按钮进入“创建虚拟机/主机规则”对话框，如图7.22所示。

在图7.22中的“名称”项中输入规则的名称，设置规则类型为“集中保存虚拟机”或“分别保存虚拟机”，并至少添加两台虚拟机，如图7.23所示，配置完成后，单击“确定”按钮。

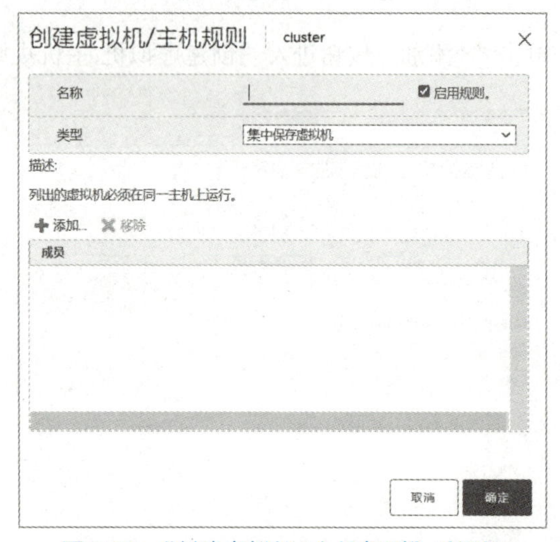

图 7.22　“创建虚拟机 / 主机规则”对话框

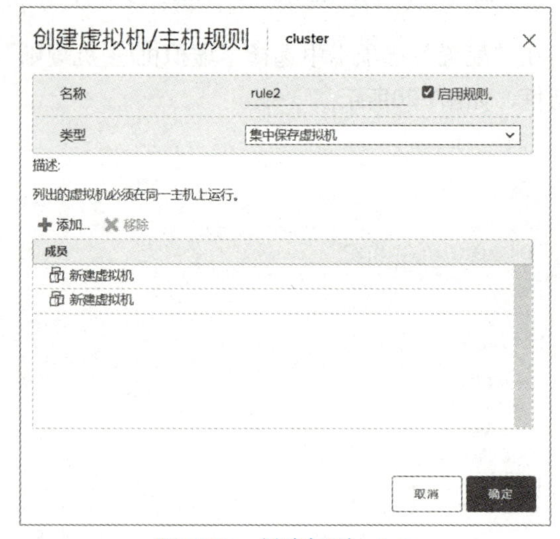

图 7.23　创建规则 rule2

任务三　创建数据存储集群

本任务主要是让读者掌握数据存储集群的创建。

通过vSphere Client登入vCenter，在vCenter导航栏中右击数据中心“Datacenter”，选择“存储”→“新建数据存储集群”命令，如图7.24所示。

图 7.24　选择“新建数据存储集群”命令

进入“新建数据存储集群”对话框，输入集群的名称，在选项框内选择是否开启Storage DRS，如图7.25所示。

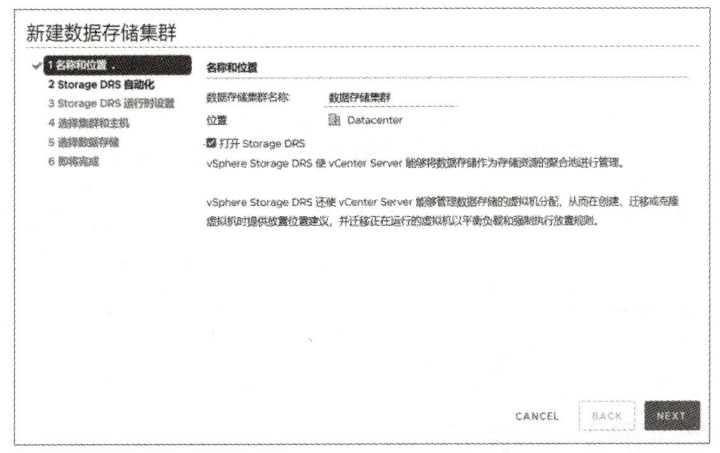

图 7.25　“名称和位置”对话框

单击图7.25中的“NEXT”按钮进入“Storage DRS自动化”对话框，设置自动化级级别，如图7.26所示。

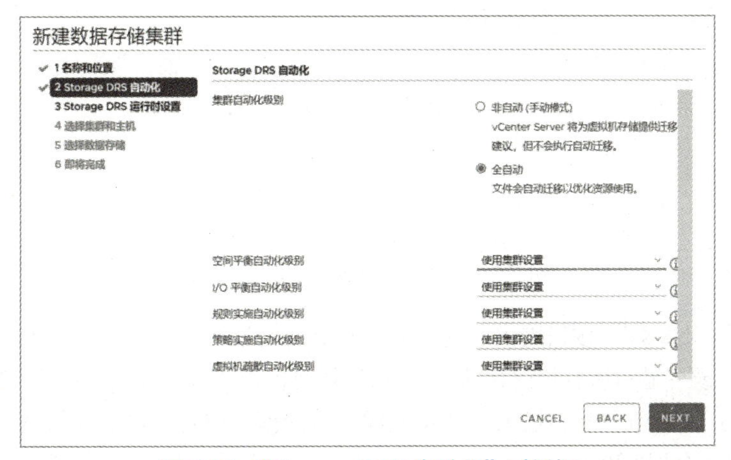

图 7.26　“Storage DRS 自动化”对话框

单击图7.26中的“NEXT”按钮进入“Storage DRS运行时设置”对话框，设置I/O衡量指标、I/O延迟阈值和空间阈值，如图7.27所示。

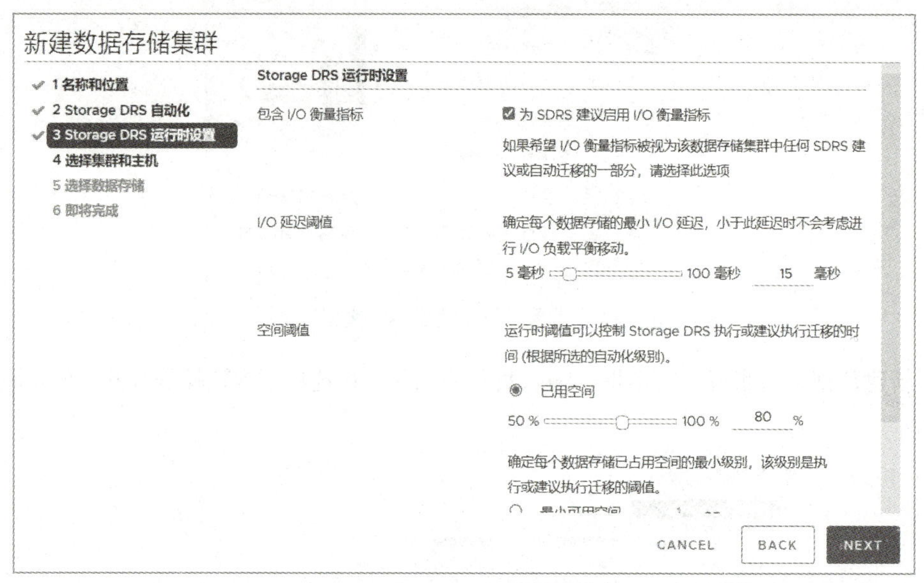

图 7.27 “Storage DRS 运行时设置”对话框

单击图7.27中的“NEXT”按钮进入“选择集群和主机”对话框，选择集群或独立主机，如图7.28所示。

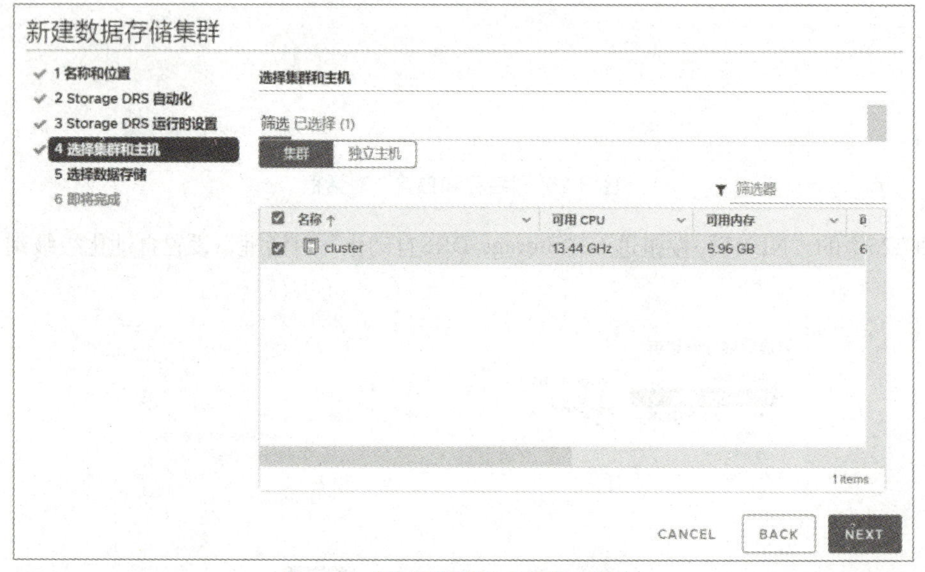

图 7.28 “选择集群和主机”对话框

单击图7.28中的“NEXT”按钮进入“选择数据存储”对话框，通过下拉列表选择“显示连接到所有主机的数据存储”或“显示所有数据存储”，然后选择要使用的数据存储，如图7.29所示。

单击图7.29中的“NEXT”按钮进入“即将完成”对话框，核对上述配置信息。核对无误后，单击“FINISH”按钮即可，如图7.30所示。

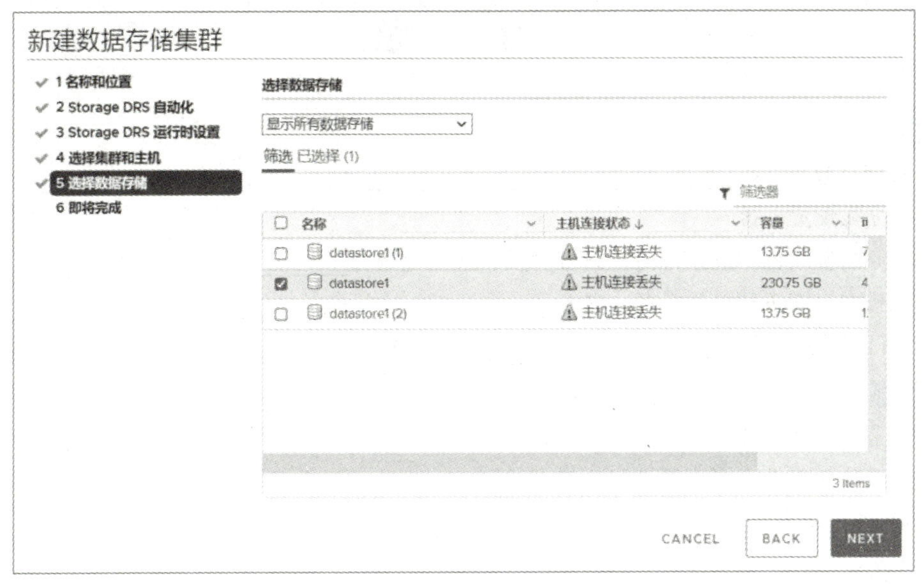

图 7.29　“选择数据存储”对话框

图 7.30　“即将完成”对话框

项目小结

本项目主要介绍了vSphere资源的相关知识，包括资源管理的基础知识、资源的分配、CPU虚拟化、内存虚拟化以及资源池和集群，通过本次学习，希望读者能够对虚拟资源以及资源的存储有一定了解，并能够根据实际需求在vSphere中创建资源池以及集群。

习　题

1. 填空题

（1）资源管理包括________、________、________、________。

（2）资源分配设置包括________、________、________。

（3）资源分配份额值一般分为高、正常和低，按照比例为________：________：________。

（4）虚拟机内存有多种使用机制，包括________、________、________、________。

（5）DRS有两种分配资源的方式，一种是________，另一种是________。

2. 思考题

（1）简述资源分配的份额、预留和限制的概念。

（2）简述四种虚拟机内存使用机制的概念。

（3）简述DRS的概念。

3. 实操题

在vSphere中创建一个资源池和一个DRS集群。

项目八

部署 vSphere 高可用方案

学习目标

◎熟悉 vSphere 的高可用方案。
◎熟悉 Fault Tolerance 的概念。
◎掌握 vCenter 高可用的部署配置。

在实际工作中，服务停机是不可避免的，但是不管是计划停机还是非计划停机，都会带来相当大的成本问题。高可用服务可以尽量减少计划停机的时间以及非计划停机的出现，从而降低成本。VMware软件可以为应用提供低成本和高级别的可用性，本项目将介绍vSphere高可用方案vSphere High Availability（HA）和vSphere Fault Tolerance。

项目准备

高可用（high availability）是指通过专门的架构设计，减少业务维护时间，增加线上业务的高度可用性。如果一个业务能够一直提供服务给用户，则业务的可用性为100%。如果一个业务每运行100个时间单位，就会有1个时间单位无法提供服务，则该业务的可用性为99%。大多数企业的业务都追求99.99%的可用性，也就是在一年当中只有约53分钟的停机时间。

高可用集群（high availability cluster，HA Cluster），是指以减少服务中断时间为目的的服务器集群技术。它通过保护用户的业务程序不宕机、不掉线、对外提供不间断的服务，把因软件、硬件及人为造成的故障对业务的影响降低到最小。

只有两个节点的高可用集群称为“双机热备”，即使用两台服务器互相备份，如图8.1所示。

当一台服务器出现故障时，可由另一台服务器继续工作，从而在不需要人工干预的情况下，保证网站能持续对外提供服务，如图8.2所示。

双机热备只是高可用集群的一种，高可用集群系统还可以支持两个以上的节点，提供比双机热备更多、更高级的功能，能够进一步满足用户不断变化的需求。

集群服务永远不停机，被认为是一件不可能完成的任务。比如，在电商网站的活动期间，访问量急剧增大，极有可能在客户端出现一些问题。

通常用平均无故障时间（mean time to failure，MTTF）来度量网站的可靠性，用平均故障维修时间（mean time to restoration，MTTR）来度量网站的可维护性。于是可用性的公式被定义为：HA=MTTF/(MTTF+MTTR)×100%。

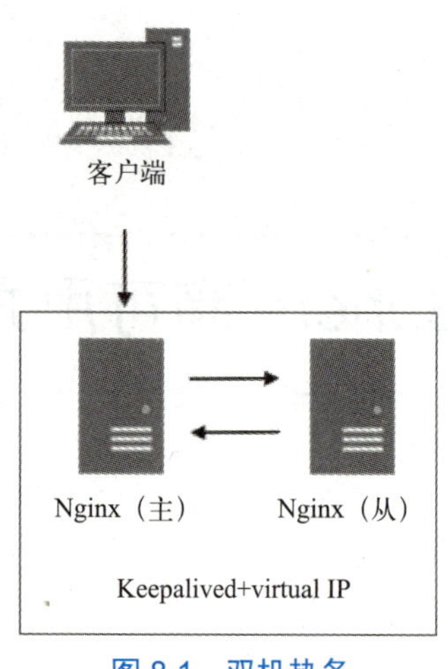

图 8.1　双机热备

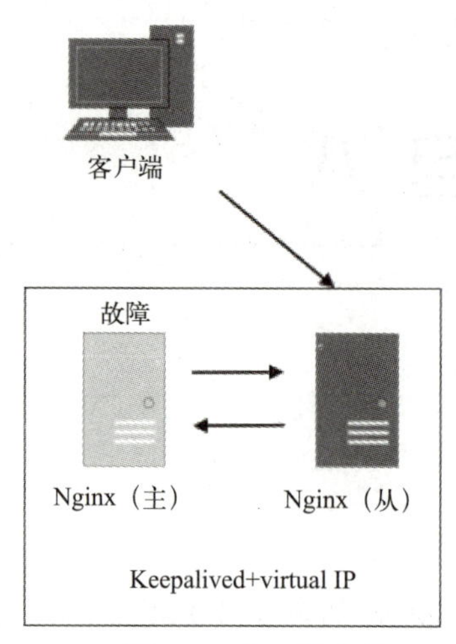

图 8.2　高可用实现

具体的衡量标准如图8.3所示。

描述	通俗叫法	可用性级别	年度停机时间
基本可用性	2个9	99%	87.6小时
较高可用性	3个9	99.9%	8.8小时
具有故障自动恢复能力的可用性	4个9	99.99%	53分钟
极高可用性	5个9	99.999%	5分钟

图 8.3　高可用衡量标准

高可用集群最大程度地保证了服务7×24小时（一周之内）可用，当集群中的某个节点或服务器发生故障时，另一个节点将在短时间内主动接替它继续对外提供服务。对于用户而言，这几秒时间并不会造成太大的损失，所以业务不会因服务问题受到影响，而这一切对于客户而言是不可知的。

高可用集群软件的主要作用就是实现故障检查和业务切换的自动化，用于单个节点发生故障时，能够自动将资源、服务进行切换，尽可能保证服务一直在线。

自动侦测阶段是由实现高可用的服务软件通过冗余侦测线，经过复杂的监听程序，逻辑判断，来相互侦测对方运行的情况。常用的方法是，集群各节点间通过心跳信息判断节点是否仍在运行中。

自动切换阶段是，当某一服务器确认对方故障，则该服务器替代故障服务器继续进行之前的任务。通俗地说，当A服务器无法为用户服务时，系统能够自动地切换，使B服务器能够及时地替代A服务器继续为用户提供服务，但是对于用户来说，服务从未停止。

本项目重点介绍vSphere高可用的相关知识，包括vSphere高可用基本方案、Fault Tolerance和vCenter High Availability。

1. vSphere 高可用基本方案

vSphere高可用基本方案经过专门的设计，能够有效减少停工的时间，从而保证其服务的高可用性。

（1）减少计划的停机时间

实际工作中，计划的停机时间占总停机时间的80%，硬件维护、服务器迁移和项目更新等操作一般都需要在停止的服务器中执行。使用vSphere，可以有效降低停机时间，因为在vSphere环境中，无须中断服务便可迁移至其他物理服务器。管理员使用vSphere可以透明且快速地执行维护操作，无须中断或停止服务。

（2）防止非计划的停机时间

服务器硬件或程序出现故障也可能会造成服务器停机，这种非计划的停机可能会对公司造成不必要的损害。在vSphere环境中，vSphere会将重要的功能构建在数据中心基础架构中，这样可以防止出现非计划停机或尽量降低非计划停机所造成的危害。这些重要的功能是虚拟基础架构的一部分，所以对系统和程序而言它们是透明的。

vSphere中的重要功能包括共享存储器、网络接口绑定、存储多路径、vSphere HA和Fault Tolerance。其中，共享存储器可以通过存储虚拟机文件来消除单点故障，网络接口绑定允许单个网卡故障，存储多路径允许存储路径发生故障，vSphere HA提供中断快速恢复功能，Fault Tolerance提供连续可用性功能。

2. Fault Tolerance

Fault Tolerance基于ESXi主机，通过在单独的主机上运行相同的虚拟机来提供连续可用性功能。受保护的虚拟机称为主虚拟机，在另外一台主机上运行相同的虚拟机，称为辅助虚拟机。两台虚拟机之间互相监控，当主虚拟机发生故障时，便会启动辅助虚拟机，并重新建立Fault Tolerance，若是辅助虚拟机也出现故障，则该主机也会立刻被替换。Fault Tolerance的工作原理如图8.4所示。

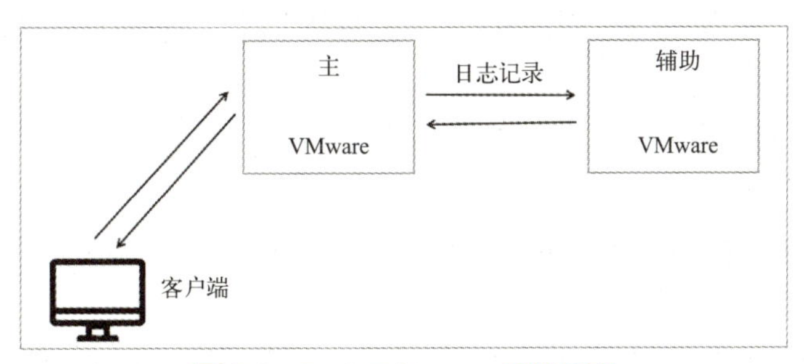

图 8.4　Fault Tolerance 工作原理

3. vCenter High Availability

vCenter High Availability通过HA集群内的多台ESXi主机，为系统和程序提供中断快速恢复功能，保证整体架构的高可用性。HA保证高可用性的方式如下。

- 利用集群内的多台ESXi主机，单台主机出现故障或需要停机时，可将虚拟机迁移至集群内的其他主机中继续运行。
- 通过监控虚拟机的运行，及时发现故障，然后对其进行重设。
- 通过具有访问权限的其他主机上重启虚拟机，防止出现存储访问故障。

（1）首选主机和辅助主机

创建HA集群后，集群会自动将一台主机设置首选主机，通常挂载数据存储数量最多的主机有较大可能被设置为首选主机。一个集群中只能有一个首选主机，其他主机只能作为辅助主机。首选主机可以与vCenter Server进行通信，并且对集群内的其他主机进行监控，当其他主机出现故障时，首选主机必须及时发现并解决问题。首选主机的主要职能如下。

- 监控辅选主机运行状况，若辅选主机发生故障，则首选主机必须立刻在其他主机上重启故障主机内的虚拟机。
- 监控受保护虚拟机的运行状况，若任意一台虚拟机发生故障，则首选主机需立刻将该虚拟机执行重启操作。

- 管理集群内的主机和虚拟机。
- 向vCenter Server汇报集群信息。

（2）主机故障类型

vSphere HA集群中，有三种主机故障的类型，分别为故障、隔离和分区。故障表示集群主机停止运行；隔离表示主机出现了网络隔离；分区表示主机与首选主机失去了网络连接。

首选主机通过每秒交换一次网络检测信号来监控集群中辅助主机的活跃度，当首选主机停止接收辅助主机发送的网络检测信号时，会对辅助主机的活跃度进行检查来确定该辅助主机是否在与任意一台数据存储交换检测信号，并且还会对管理辅助主机IP地址的ICMP ping进行响应，检查完毕后，首选主机判断并声明辅助主机的故障。

当首选主机无法与辅助主机上的代理进行通信时，辅助主机不会对ICMP ping进行响应，并且该辅助主机上的代理也不会发出被视为出现故障的检测信号，此时首选主机会在其他主机上重新启动故障主机上的虚拟机。如果该辅助主机与数据存储交换检测信号，首选主机会假定该辅助主机处于隔离状态，继续监控该主机及主机内的虚拟机。

当主机继续运行但无法监视网络上vSphere HA代理的流量时，会发生主机网络隔离，但是如果主机停止监视该流量，主机会尝试ping集群隔离地址，若是依然失败，主机将声明自己与网络隔离。

任务一　创建配置 vSphere 高可用

该任务主要是让读者掌握创建vSphere高可用和故障切换的操作，该实验需要注意的是集群中的主机需要共享存储，配置共享存储的方式可回顾项目六。

首先创建一个空集群，将三台ESXi主机移入集群内。集群创建完毕后，单击集群，在右边“配置”页面中选择“服务”下的“vSphere可用性”，单击“已关闭vSphere HA”右边的“编辑”开启vSphere HA，如图8.5所示。

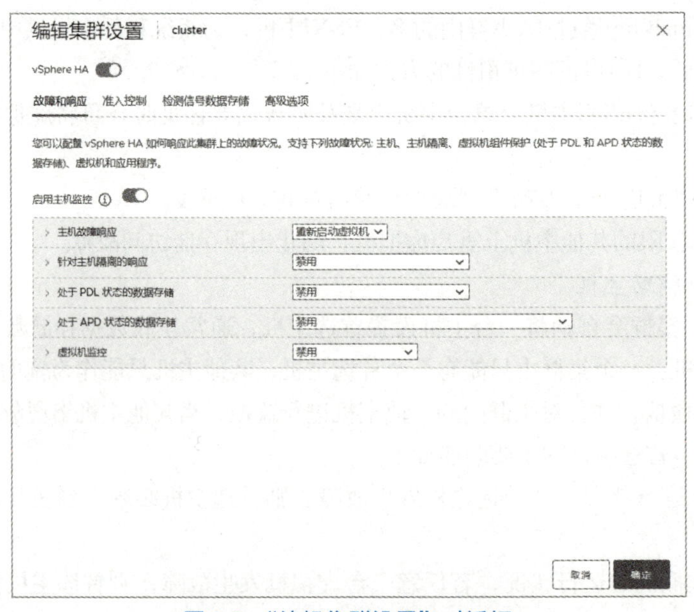

图 8.5 “编辑集群设置”对话框

在图8.5中，单击“vSphere HA”右边的开关打开vSphere HA。通过“故障和响应”选项卡下方各个选项的下拉列表，用户可以对选项进行手动配置。需要注意的是，处于PDL和APD状态的数据存储，存储会显示不可用，要将这两项的响应方式设置为禁用，如图8.6和图8.7所示。

图 8.6 处于 PDL 状态的数据存储

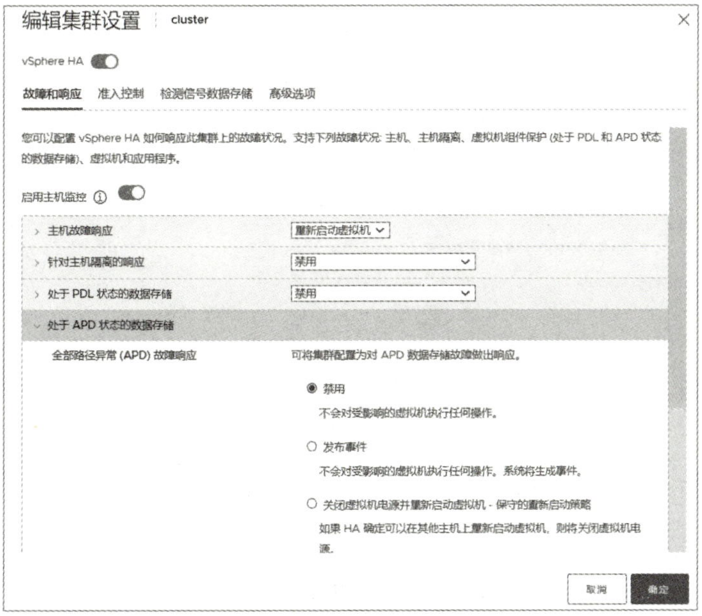

图 8.7 处于 APD 状态的数据存储

单击“准入控制”进入选项卡，配置集群允许的主机故障数目、主机故障切换容量的定义依据以及虚拟机允许的性能降低，其中主机故障切换容量的定义依据选择“集群资源百分比”，其他选项选择默认设置，如图8.8所示。

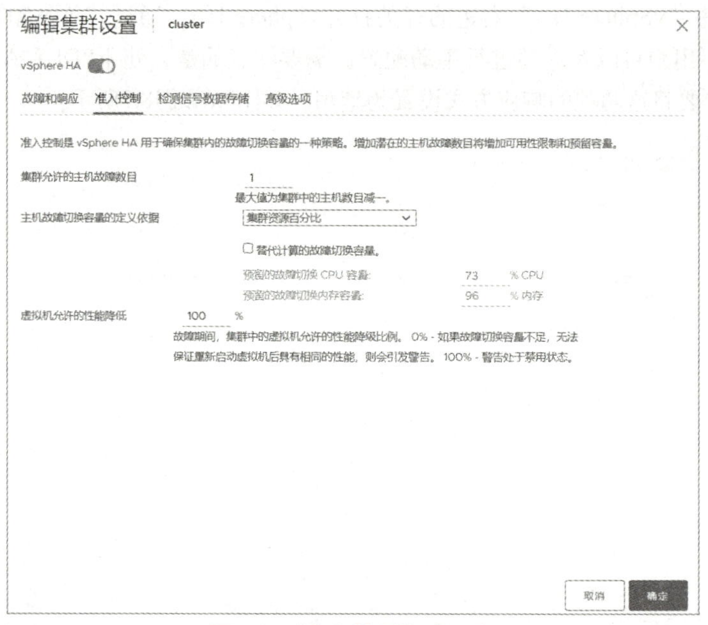

图 8.8 “准入控制”选项卡

单击“检测信号数据存储”选项卡，vSphere HA需要配置数据存储用于监控虚拟机和主机，策略选择“仅使用指定列表中的数据存储”单选按钮，如图8.9所示。

图 8.9 “检测信号数据存储”选项卡

单击“高级选项”选项卡，该选项卡内一般不进行任何操作，但由于集群主机需要配置两个共享存储，此处仅使用了一个存储，因此主机与集群会进行报警提示，此处输入一条命令即可消除报警提示，如图8.10所示。

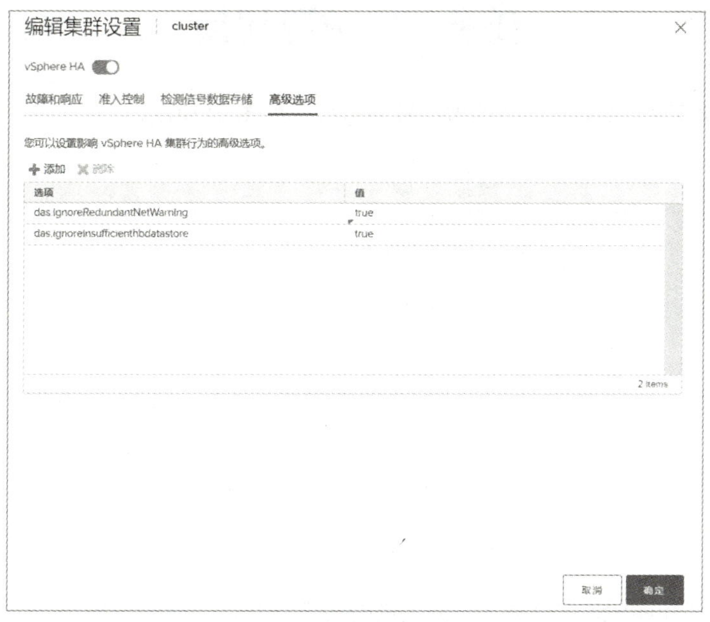

图 8.10　“高级选项”选项卡

添加完成后，单击“确定”按钮即可。HA服务启用完成后，可在“配置”界面查看是否启动成功，如图8.11所示。

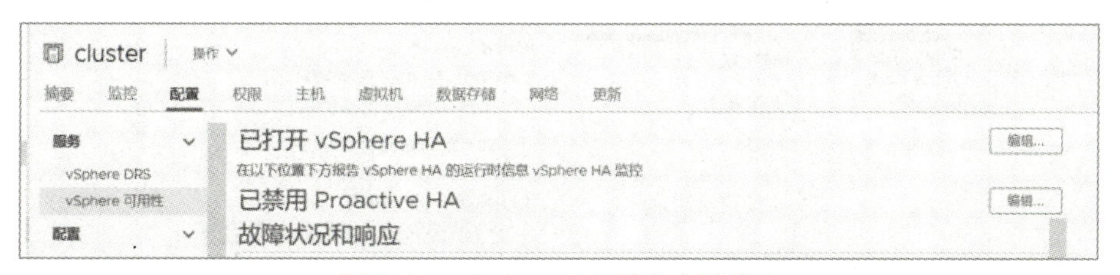

图 8.11　vSphere HA 服务启用成功

单击图8.11中的“vSphere HA监控”链接，向下滑动页面，查看“vSphere HA”下方的“配置问题”，如果HA的配置存在问题，则可以在该页面进行查看，如图8.12所示。

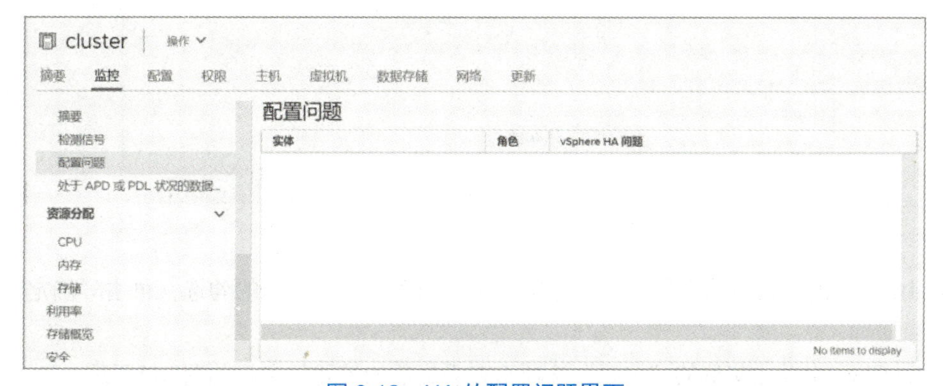

图 8.12　HA 的配置问题界面

任务二　故障切换

在主机192.168.58.134下创建一个新的虚拟机并运行，如图8.13所示。

图 8.13　新建虚拟机

在VMware Workstation中将192.168.58.134主机的网络断开，如图8.14所示。

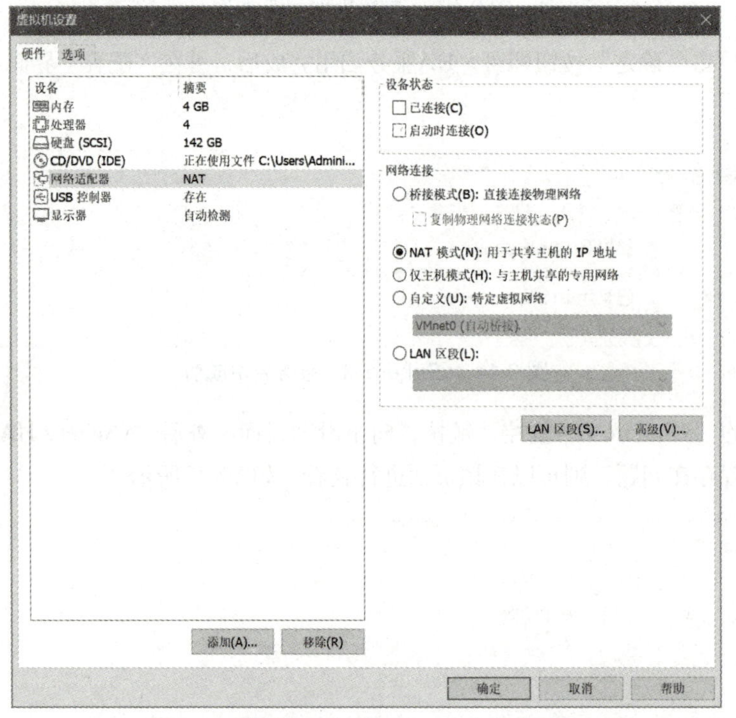

图 8.14　断开 192.168.58.134 主机的网络

在图8.14中，取消“设备状态”下“已连接”和“启动时连接”前的勾选，单击“确定”按钮即可断开网络。

在vSphere Client中单击集群的“摘要”选项卡查看集群的摘要信息，如图8.15所示。

vSphere HA故障切换会将出现故障主机中的虚拟机，迁移至集群内其他主机中并重新启动，如图8.16所示。

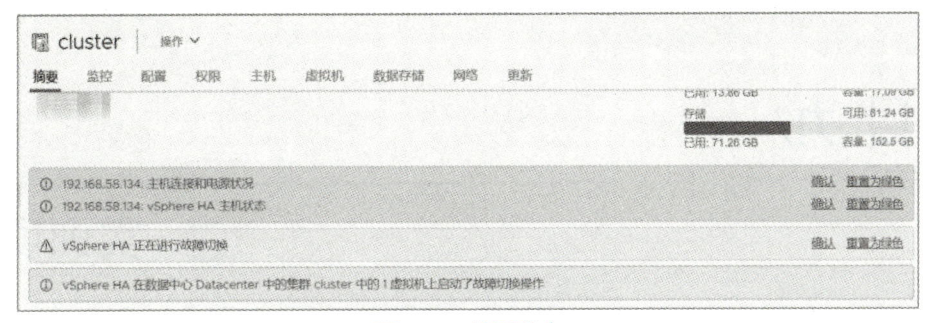

图 8.15　摘要信息

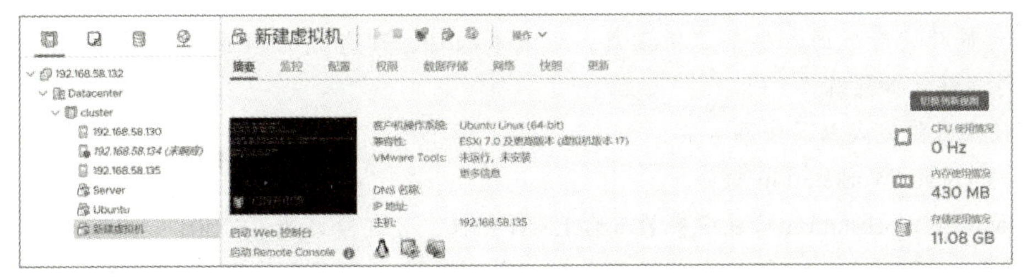

图 8.16　故障切换

由图8.16可知，主机192.168.58.134仍然处于未响应状态，新建虚拟机切换到主机192.168.58.134中运行。

项目小结

本项目主要介绍了vSphere高可用的相关知识，包括vSphere高可用的概念、Fault Tolerance的概念和vSphere 高可用集群的搭建。通过本次项目的学习，希望读者能够了解高可用与Fault Tolerance的概念，熟悉高可用架构方案，掌握高可用集群的部署方式，通过搭建高可用集群实现故障的切换。

习　　题

1. 填空题

（1）共享存储器可以通过________来消除单点故障。

（2）网络接口绑定允许________故障。

（3）vSphere HA提供________功能。

（4）Fault Tolerance提供________功能。

（5）vSphere HA集群的三种主机故障类型分别为________、________、________。

2. 思考题

（1）简述Fault Tolerance的工作原理。

（2）简述HA实现高可用性使用的方式。

（3）简述集群中的首选主机的主要职能。

3. 实操题

在vSphere中创建一个集群并对集群配置高可用实现故障切换。

项目九

实训项目

本项目为帮助读者巩固本书知识所设计，通过本项目，读者能够加强对VMware虚拟化的认识，对虚拟机操作能够更加熟练。

本项目读者需要完成以下任务：

① 安装 VMware Workstation 软件。

② 在 VMware Workstation 软件中安装三台 ESXi 主机，分别命名为 ESXi01、ESXi02 和 ESXi03。

③ 在 VMware Workstation 软件中部署 Openfiler 外部存储，作为三台 ESXi 主机的共享存储。

④ 在主机 ESXi01 中安装 Ubuntu 64 操作系统和 VMware vCenter Server。

⑤ 在主机 ESXi02 中安装 CentOS 7 操作系统。

⑥ 在主机 ESXi03 中配置标准交换机。

⑦ 使用 vMotion 实现虚拟机迁移。

⑧ 创建 DRS 集群并使用 DRS 集群管理 vSphere 资源。

任务一　准备实训环境

本任务介绍实训项目所需环境。

1. 拓扑结构

项目所需环境的拓扑结构如图9.1所示。

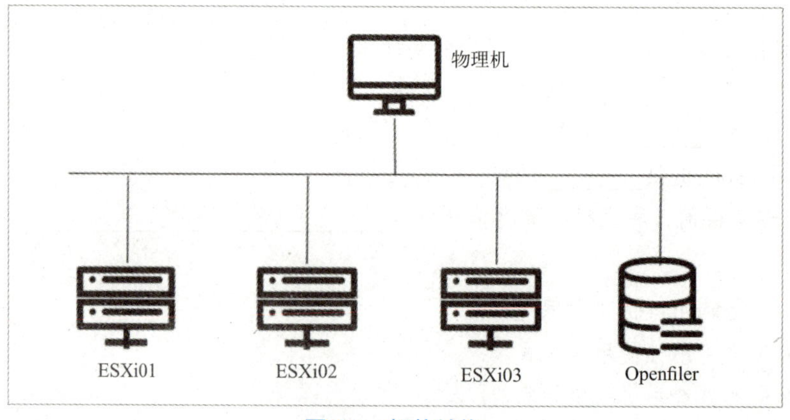

图 9.1　拓扑结构

2. 硬件和软件环境

项目所需的硬件和软件环境如表9.1和表9.2所示。

表 9.1　硬件环境

硬　件	建　议
内存	13 GB 及以上
存储	100 GB 及以上
CPU	4 个及以上
处理器	核心速度为 1.3 GHz 及以上的 64 位 x86 CPU
网络	建议使用千兆位连接

表 9.2　软件环境

软　件	建　议
虚拟软件	VMware Workstation Pro
操作系统	模拟物理服务器时可以使用 Ubuntu 系统或 Windows Server 2008 R2 系统
vCenter	7.0 版本
ESXi	7.0 版本
Openfiler	openfileresa-2.99.1-x86_64
VMware Convert	VMware-converter-en-6.2.0-8466193

3. 内存和硬盘容量分配

内存与硬盘容量分配如表9.3所示。

表 9.3　内存与硬盘容量分配

设备	内存空间 /GB	硬盘数量	硬盘空间 /GB
ESXi01	13	1	142
ESXi02	4	1	142
ESXIi03	4	1	142
Openfiler	2	4	44

任务二　安装设备

接下来介绍项目中所需要安装的设备。

1. 安装 VMware Workstation Pro 软件

从官网中下载VMware Workstation Pro软件，并安装到Windows中。

2. 安装 VMware ESXi

在VMware Workstation Pro中创建三个虚拟机，分别命名为ESXi01、ESXi02和ESXi03，执行以下步骤。

① 为ESXi01虚拟机分配13 GB内存容量，142 GB磁盘容量，网络方式选择NAT，在ESXi01中创建Ubuntu操作系统虚拟机和vCenter Server，如图9.2和图9.3所示。

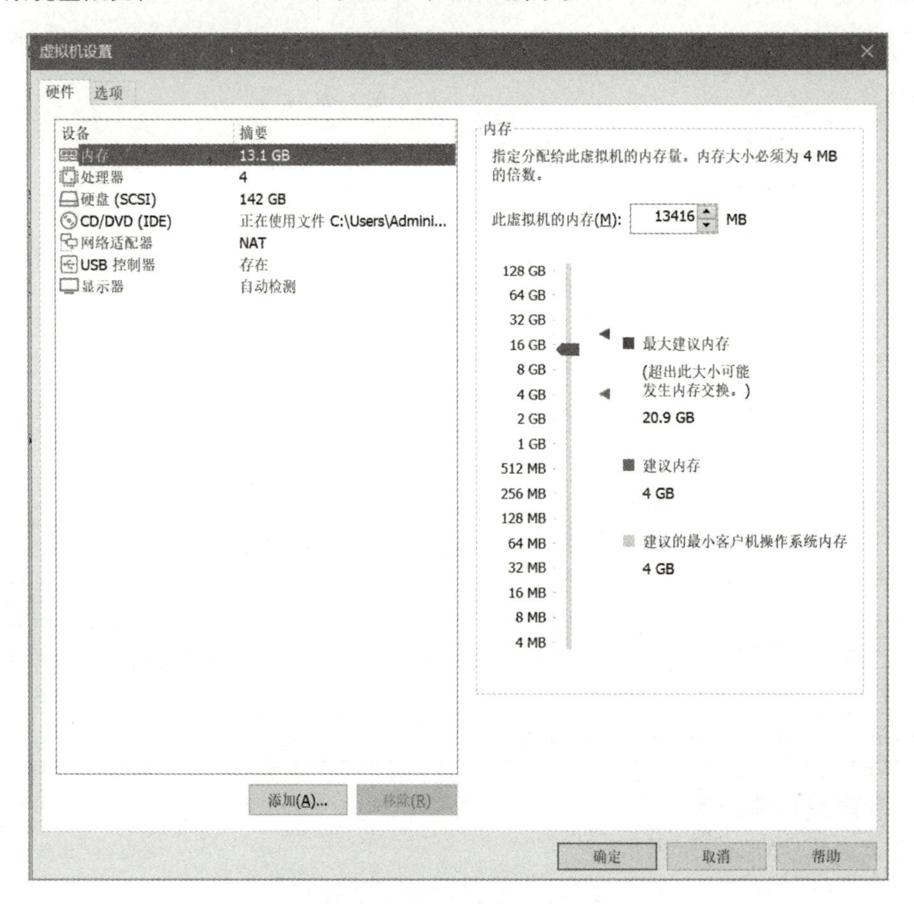

图 9.2　ESXi1 虚拟机设置

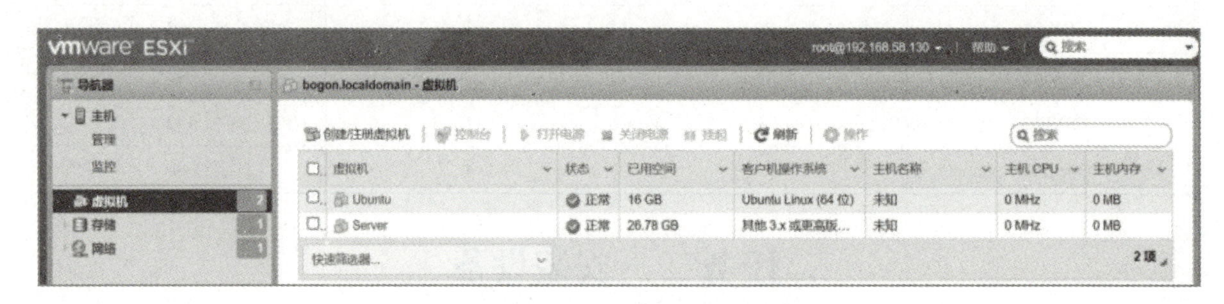

图 9.3　创建 Ubuntu 和 vCenter Server

② 为ESXi02虚拟机分配4 GB内存容量，142 GB磁盘容量，网络方式选择NAT，在ESXi02中创建CentOS7操作系统虚拟机，如图9.4和图9.5所示。

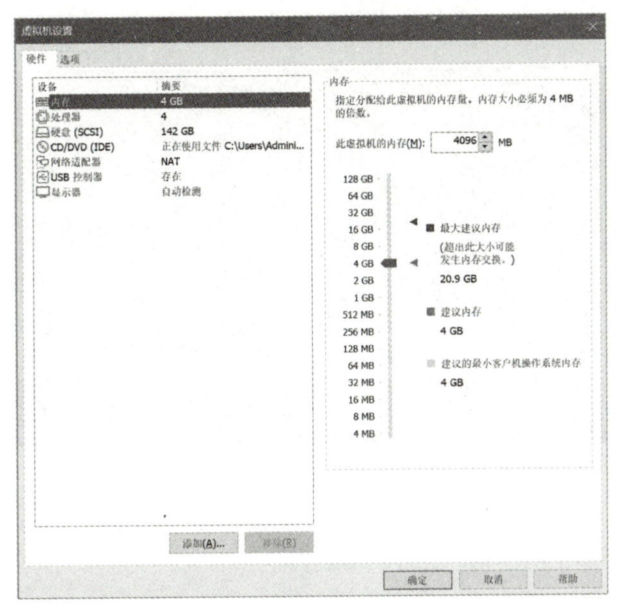

图 9.4　ESXi2 虚拟机设置

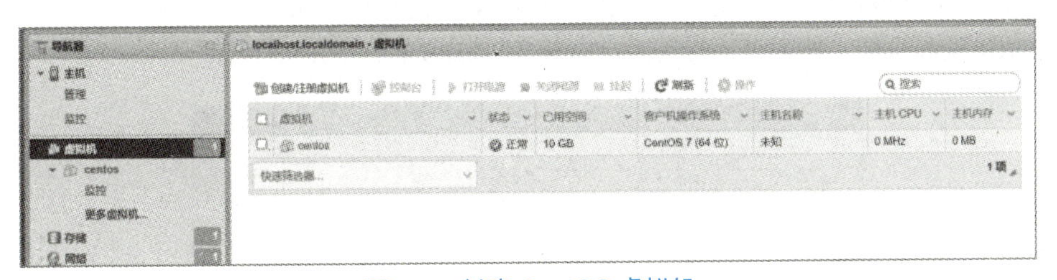

图 9.5　创建 CentOS 虚拟机

③ 为ESXi03虚拟机分配4 GB内存容量，142 GB磁盘容量，网络方式选择NAT，如图9.6所示。

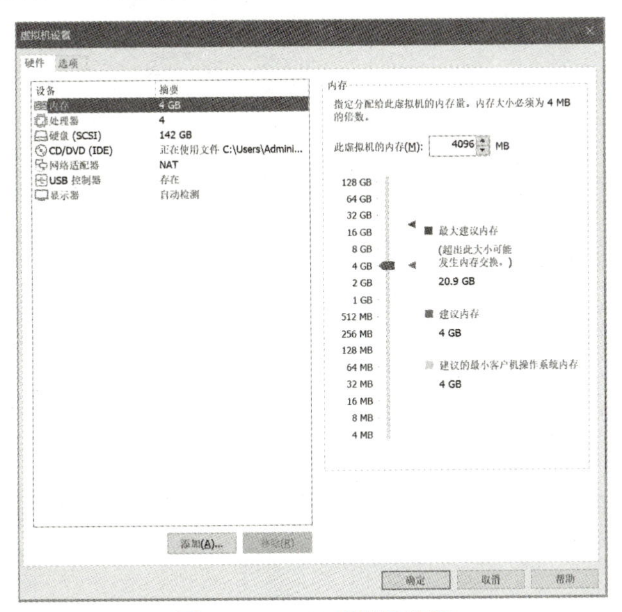

图 9.6　ESXi3 虚拟机设置

④ 虚拟机创建完成后，在三台虚拟机中安装7.0版本的ESXi镜像，如图9.7所示。

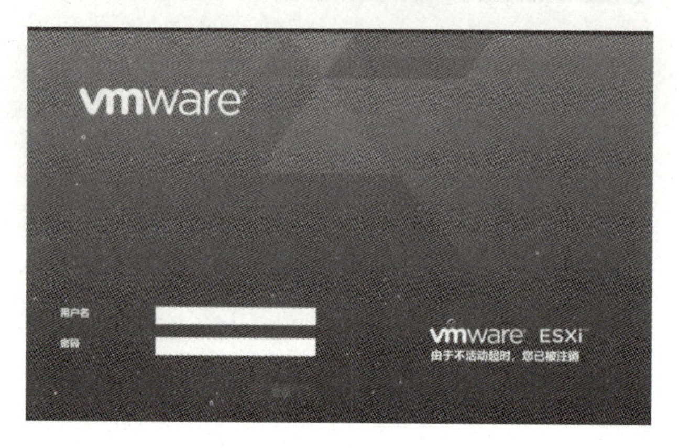

图 9.7　VMware ESXi 界面

⑤ 安装完成后，在ESXi主机控制台进行网络配置。

3. 安装 Openfiler

在VMware Workstation Pro中创建一个命名为openfiler的虚拟机，执行以下步骤。

① 为虚拟机额外分配三块磁盘，每块磁盘容量为8 GB容量，如图9.8所示。

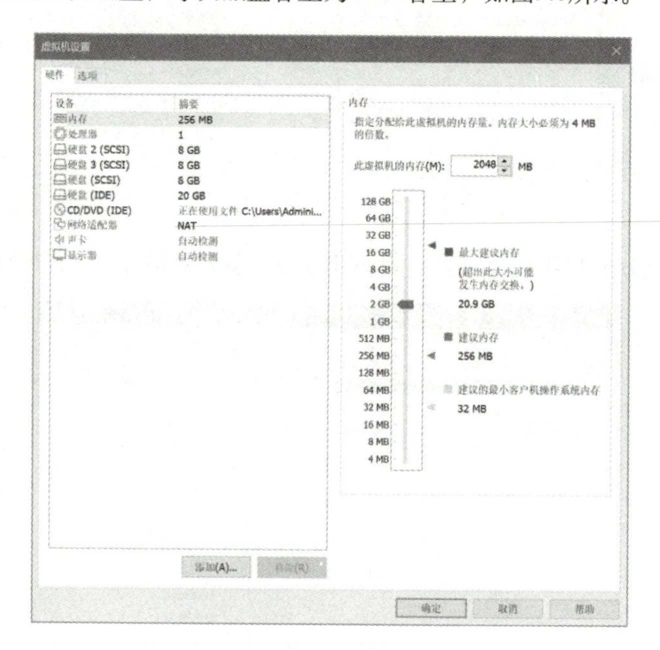

图 9.8　Openfiler 虚拟机设置

② 虚拟机创建完成后，在新建虚拟机中安装Openfiler，如图9.9所示。

③ 使用浏览器访问Openfiler，地址为https://IP:446，使用默认用户名Openfiler和默认密码password进行登录，如图9.10所示。

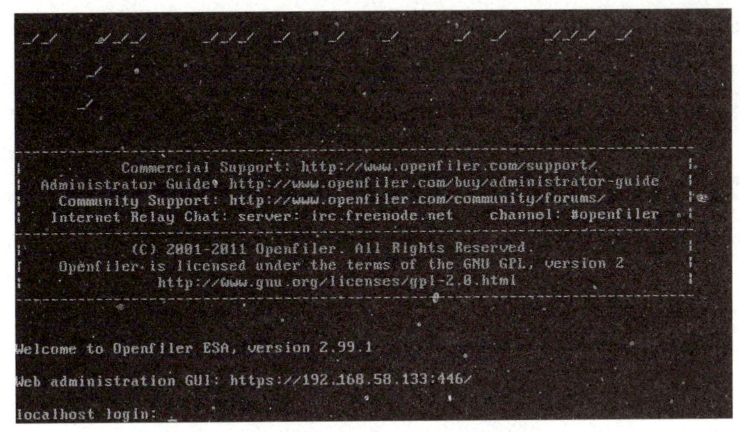

图 9.9 Openfiler 创建完成

图 9.10 Openfiler 登录

4. 安装 vConverter

在官网下载安装包进行安装即可。

任务三 配置外部存储

在三台主机中配置Openfiler外部存储，步骤如下。

① 开启ESXi01、ESXi02和ESXi03主机。

② 开启Openfiler存储，如图9.11所示。

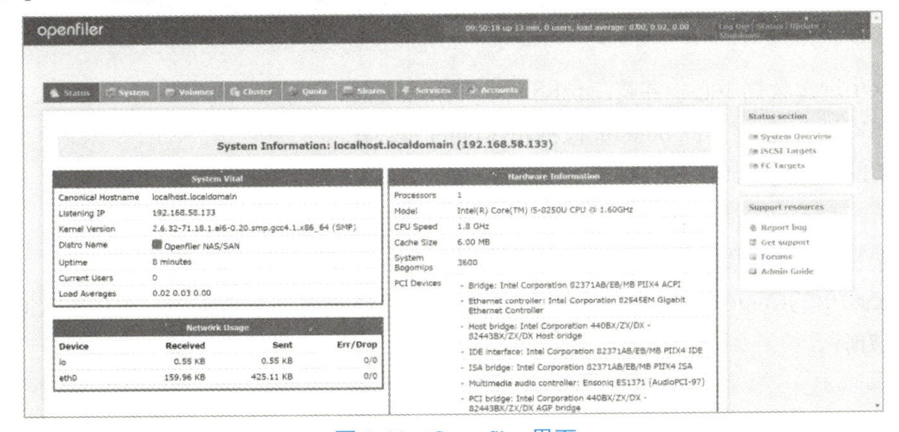

图 9.11 Openfiler 界面

③ 配置Openfiler存储，如图9.12所示。

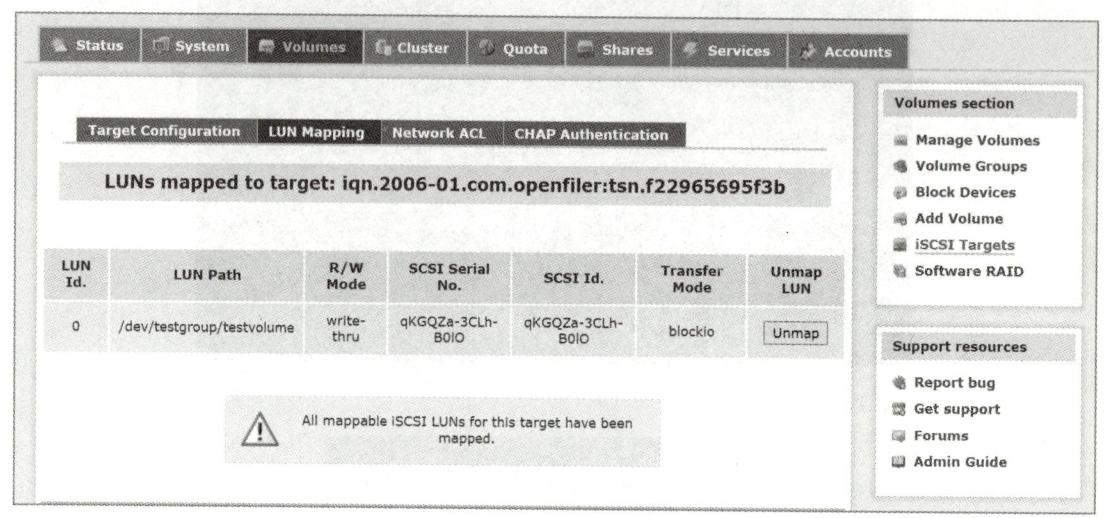

图 9.12　Openfiler 配置完成

④ 通过VMware Host Client登录三台主机，配置iSCSI外部存储，如图9.13所示。

localhost.localdomain - 存储

数据存储　适配器　设备　永久内存

新建数据存储　增加容量　注册虚拟机　数据存储浏览器　刷新　操作　搜索

名称	驱动...	容量	已置备	可用	类型	精简...	访问
datastore1	SSD	131.5 GB	128.99 ...	2.51 GB	VMFS6	受支持	单个
iscsi	非 SSD	9 GB	1.41 GB	7.59 GB	VMFS6	受支持	单个

2 项

图 9.13　iSCSI 外部存储配置完成

任务四　使用 vMotion 迁移虚拟机

在vCenter 中创建数据中心，并将三台ESXi主机添加进去，步骤如下。

① 开启ESXi01主机，打开Ubuntu虚拟机和vCenter Server。

② 使用vClient登录vCenter Server。

③ 在vCenter Server中创建数据中心，如图9.14所示。

④ 将三台主机添加至数据中心中，如图9.15所示。

⑤ 将ESXi02中的CentOS虚拟机使用vMotion的方式迁移至同一个数据中心中的ESXi03主机中，如图9.16和图9.17所示。

图 9.14　创建数据中心

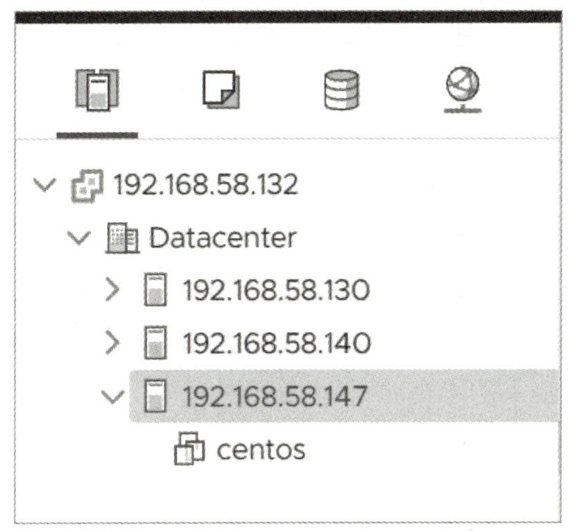

图 9.15　将主机添加至数据中心中

图 9.16　使用 vMotion 进行虚拟机迁移

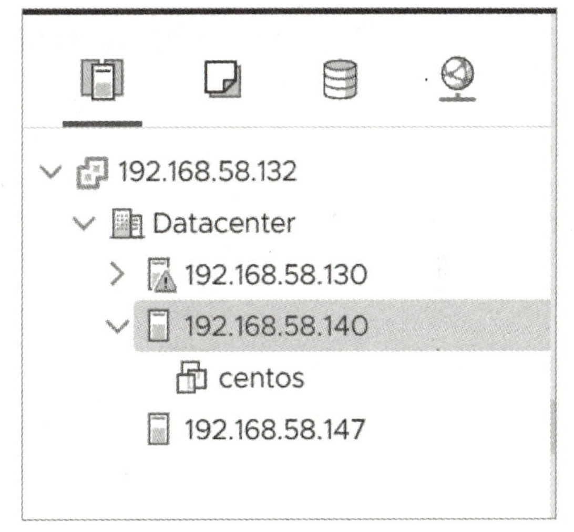

图 9.17　虚拟机迁移成功

任务五　使用 vConverter 迁移虚拟机

本任务的主要目的是使用vConverter将ESXi03中的虚拟机迁移成为VMware Workstation中的虚拟机，步骤如下。

① 在物理机中安装vConverter软件并开启，如图9.18所示。

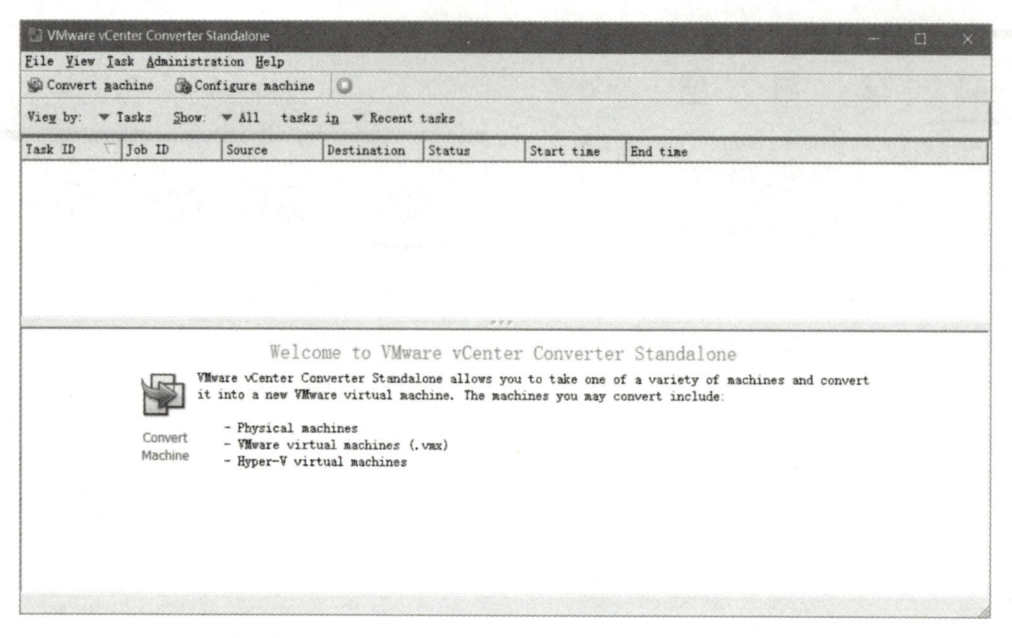

图 9.18 vConverter 界面

② 关闭ESXi03中的CentOS虚拟机。

③ 使用vConverter软件进行迁移，如图9.19所示。

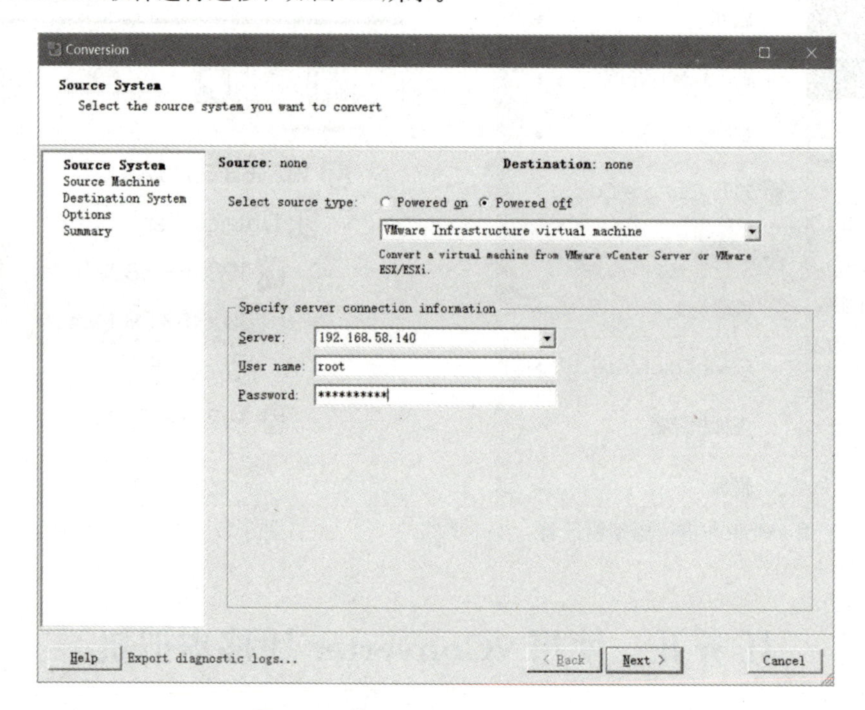

图 9.19 使用 vConverter 进行迁移

④ 迁移成功后的虚拟机可以在VMware Workstation的虚拟机列表中查看，如图9.20所示。

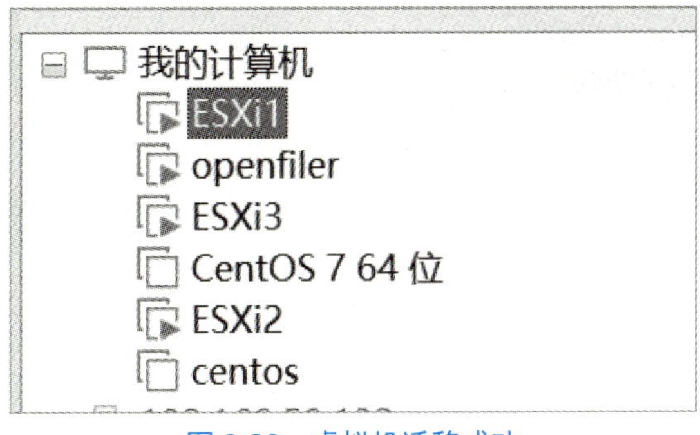

图 9.20　虚拟机迁移成功

任务六　配置标准交换机

接下来为主机ESXi03配置标准交换机，步骤如下。

① 关闭ESXi03主机，为ESX03主机增添三块虚拟网卡，网络连接模式设置为NAT，如图9.21所示。

② 开启ESXi03主机，使用vSphere Client登录主机，如图9.22所示。

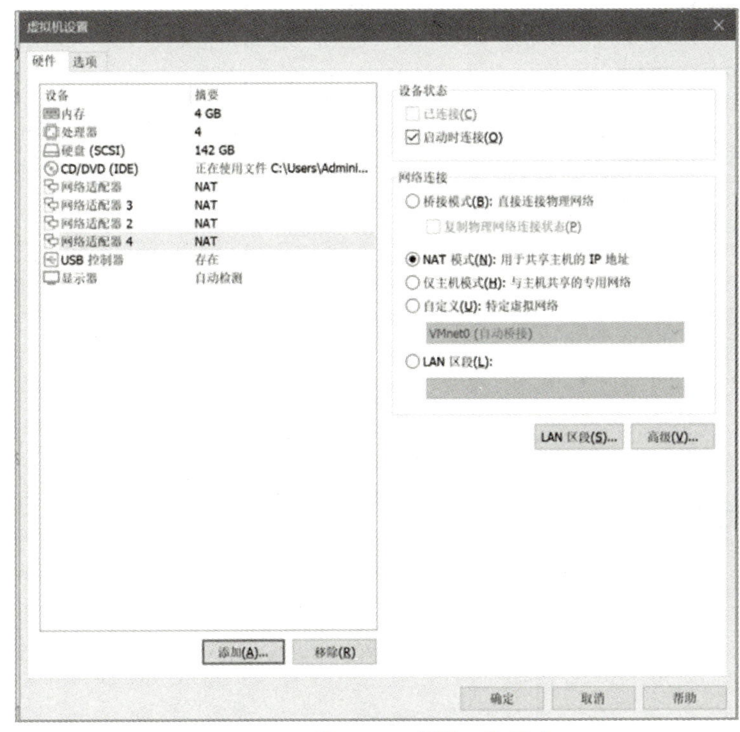

图 9.21　为 ESXi3 增添三块网卡

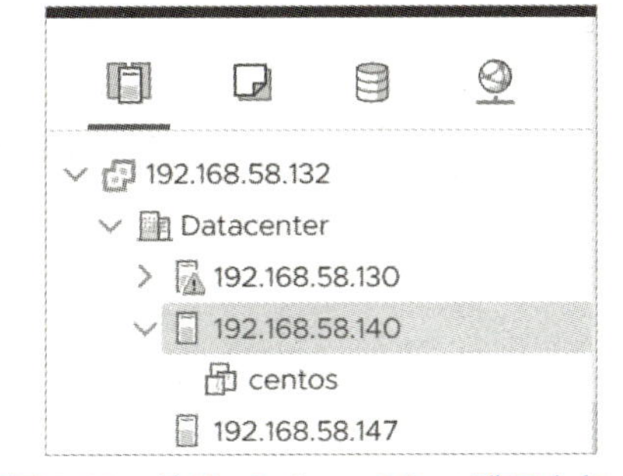

图 9.22　使用 vSphere Client 登录主机

③ 创建vSphere标准交换机，如图9.23所示。

图 9.23　创建标准交换机

④ 添加虚拟机端口组，如图9.24所示。

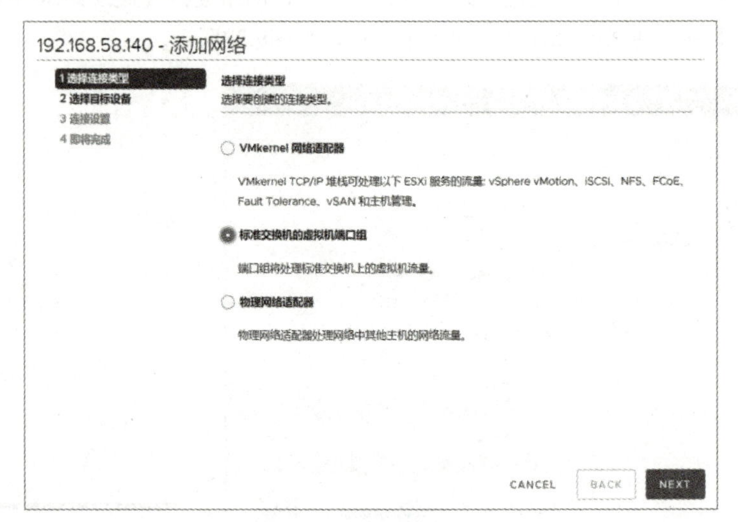

图 9.24　添加端口组

⑤ 编辑标准交换机端口组，如图9.25所示。

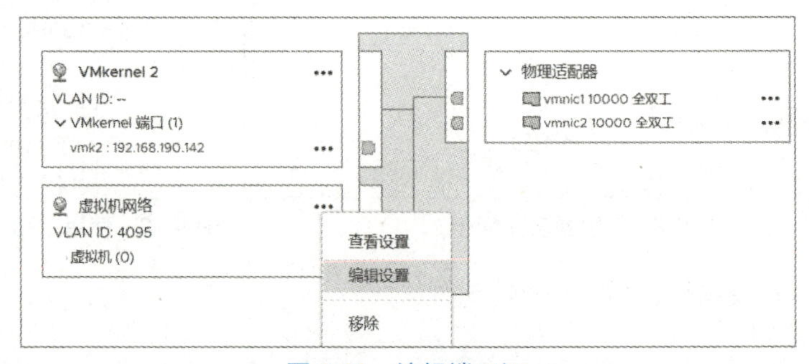

图 9.25　编辑端口组

任务七　管理 vSphere 资源

接下来创建资源池，步骤如下。

① 使用vClient登录vCenter，右击数据中心创建集群。

② 将三台主机添加至新建集群中。

③ 开启DRS功能后右击集群创建资源池，如图9.26和图9.27所示。

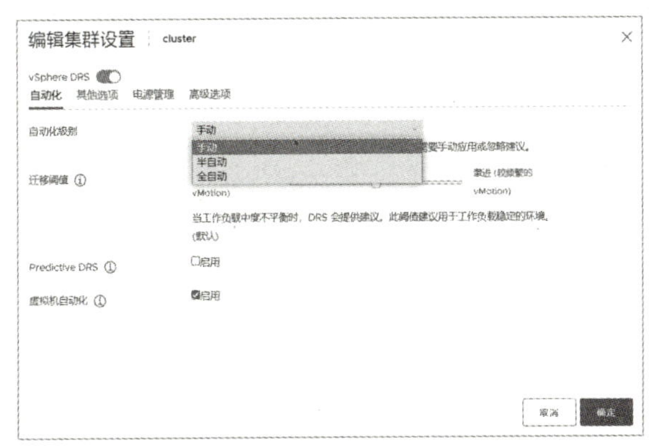

图 9.26　开启 DRS

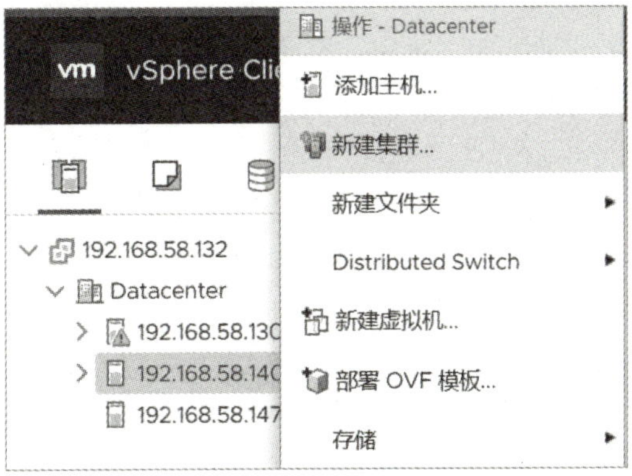

操作 - Datacenter
添加主机...
新建集群...
新建文件夹
Distributed Switch
新建虚拟机...
部署 OVF 模板...
存储

图 9.27　创建集群

④ 将虚拟机添加至新建资源池，如图9.28所示。

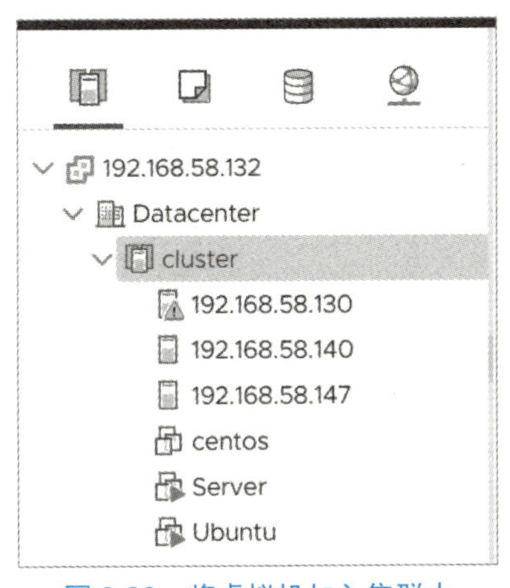

图 9.28　将虚拟机加入集群中

⑤ 资源池创建成功后，用户可自定义配置DRS并管理资源。

项 目 小 结

本项目内容基于前八个项目所讲解的知识点而设计，主要介绍了企业实践中常用的虚拟化技术，包括 VMotion 迁移虚拟机、vConverter 迁移虚拟机、标准交换机配置以及 vSphere 资源管理。在本项目的学习中，希望读者能够独自完成上述任务，获得宝贵的实践经验，在实际工作中能够得心应手。

本项目作为综合项目，结合了全书知识点。全书旨在讲解VMware虚拟化技术的原理与应用，其中主要讲解了VMware Workstation应用、VMware ESXi虚拟机平台、VMware vCenter Server服务、vSphere网络、vSphere存储的部署与管理、虚拟机迁移技术，以及vSphere资源管理与高可用部署方案。通过本项目的学习，希望读者能够温度而知新，将全书知识点融会贯通。